소설처럼 아름다운 수학 이야기

소설처럼 아름다운 수학 이야기

∫

수포자였던 어느 소설가가 들려주는
소설보다 재미있는 수학의 세계

김정희 지음

prologue

다시, 수학의 아름다움에 도달하기 위하여

이 책은 수학을 취미 삼을 수 있도록 도와주는 책이다.

소설과 수학을 결합한 이 책의 초판본이 나온 것은 2002년도였다. 돌이켜보면 지금에 비해 매우 고전적인 시절이었다. 세기말의 불안과 새 천년의 희망이 공존하던 시대. Y2K, 밀레니엄 버그와 같은 단어들이 흔하게 쓰였던, 소설 제목 같은 시절이라고나 할까.

나는 이 책을 쓰기 전까지 수학에 관한 책을 내겠다는 생각을 해본 일이 없었다.

어느 날 동아일보사 편집부의 '윤아저씨'가 전화를 해왔다. 그는 내게 요즘 뭐 하고 지내느냐고 물었다. 학원에서 수학을 가르치고 있다고 말하자 수학을 잘하느냐는 질문이 되돌아왔다. 나는 잘하지는 못해도 좋아한다고 대답했다.

며칠 후 나는 충정로에서 '윤아저씨'를 만났다.

"수학 책 써볼 생각 있어요?"

그는 내가 한 번도 생각해보지 않은 일을 제안했다. 나는 전공자도 아닌데 어찌 감히 수학에 대해 쓸 수 있겠는가, 하고 반문했다. 그는 소설가가 수학에 대해 말하면 훨씬 재미있을 거라고 했다. 전문가들이 쓴 책은 대중들이 어렵게 생각할 수도 있다, 수학이 재미있다는 것을 알려주면 된다, 이야기처럼 술술 읽히는 그런 책이 있으면 좋겠다고 나를 설득했다.

나는 수학자가 아니다. 죽기 전까지 아무리 수많은 책을 읽고 연구한다고 해도 진짜 수학자가 될 수는 없을 것이다. 그저 재미 삼아 독학으로 얻은 지식이 사람들에게 무슨 도움이 되겠는가. 이런저런 고민들을 많이 했지만, 머릿속으로는 벌써 어떻게 책을 쓸지 생각하고 있었다. 그리고 첫 부분을 신나고 경쾌한 문체로 시작했다.

내 취미는 수학! 수학은 아름다워!

문체는 글 쓰는 이의 지문이라는 말이 있다. 예전의 나는 지금보다 훨씬 밝고 낙관적인 정서를 가지고 있었다는 확신이 든다. 글을 쓰던 때는 20대였기에, 어린 시절의 기억을 많이 간직하고 있었다.

나는 어릴 때부터 많은 취미를 즐겼고, 그런 습성은 20대 후반까지도 쭉 이어졌다. 관심 있는 분야를 파고들어 연구하는 것도 좋아했다.

그 중의 하나가 수학이었다. 어릴 때 수학공포증이 있었지만, 나중에 수학의 재미를 발견하고 수학을 취미 삼게 되었다는 이야기를 한달음에 써내려갔다. 나는 편집자 '윤아저씨'에게 제1장을 완성해 보냈다. 그에게서 바로 계약서를 쓰자는 연락이 왔다.

그로부터 오랜 시간이 흘렀다. 강산이 변하듯 사람도 변한다. 인생이란 계절처럼 여러 가지 빛깔을 가지고 있어서 외부 환경에 따라 색이 진해지기도 하고 바래지기도 한다. 그 사이 내게도 많은 변화가 있었다. 내가 쓴 글을 다시 읽는 데는 큰 용기가 필요했다. 퇴고할 때에는 열심히 읽고 고치지만, 일단 발표를 하고 나면 차마 부끄러워서 다시 읽지 못한다. 책은 책꽂이에 꽂혀 있었지만, 들춰보지 못했다.

처음 책을 냈을 때의 반응은 두 가지로 갈라졌다. 소설가가 써서 재미있었다는 평가도, 소설은 안 쓰고 엉뚱한 책을 냈다는 비난도 들었다. 내가 걱정했던 부분이었다. 오류에 대한 책임, 전문가도 아니면서 수학 책을 썼다는 데 대한 죄책감, 잘못된 시도를 한 게 아닐까 하는 후회. 마음이 무거워서 앞으로는 수학에 대해 섣불리 말하지 않겠다고 다짐했다. 하지만 내가 낸 책이 그러하므로 계속해서 수학과 관련된 글을 써 달라는 제안을 받았다. 수학이 딜레마가 되어버린 것이다. 더 이상 내게 수학 이야기를 건네지 않았으면 하고 바랐으나 동시에 수학을 제대로 알고 싶다는 욕망이 꿈틀대기도 했다. 문과라는 한계로부터 자유로워져서 진짜 수학적으로 사고하는 법을 배우고 싶었다. 수학을 한다는 것, 과학을 한다는 것이 무엇인지 진심으로 알고 싶었다. 부정하려고 해도 수학은 이미 책 한 권을 쓰는 과정을 통해 내 인생에 깊이 들어와 버렸던 것이다. 나는 『앵무새의 정리*Le Th or me du Perroquet*』, 『수학자의 낙원*Villa des Hommes*』 등을 쓴 드니 게즈Denis Guedj 같은, 수학자이자 과학자이자 소설가인 이를 부러워했다.

저자인 나는 위축된 상태였지만, 책은 꾸준히 사랑을 받았다. 계속해서 읽어주는 고마운 독자들이 있어서 이 책은 사회로부터 단절된 순간에도 나를 작가로서 존재하게 했다. 앞으로는 이렇게 경쾌하게 앞으로 달려가는 듯한 글을 쓰지 못할 것만 같다. 내가 그런 존재가 못 되기 때문이다.

내 삶은 이 책을 쓰던 때와는 180도 다른 지점에 와 버렸다. 나는 이제 더 이상 취미가가 아니다. 음악과 영화, 그림을 즐기지 못한다. 하다못해 밤에 소파에 앉아서 드라마를 보는 일조차 쉽지 않다. 텔레비전을 보고 있으면 시간이 무의미하게 흘러가는 듯하여 몹시 초조하다. 늘 쫓기는 심정이다. 세상은 앞으로 달려 나가고 있는데, 나는 열심히 살면 살수록 계속해서 뒤로 밀려나고 있는 듯했다. 이미 뒤쳐졌으니, 아무리 달려도 간극을 좁힐 수 없을 것만 같았다. 제논의 역설[1]처럼 말이다(인생은 수학이다!). 막 아킬레스의 거북을 앞서려는 찰나, 냄비 끓어 넘치는 소리에 황급히 제자리로 돌아오는 삶. 살림을 열심히 하는 편

1 고대 그리스 철학자 제논이 주장한 역설. 아킬레스와 거북이의 달리기 시합을 예로 들었다. 거북이가 아킬레스보다 100미터 앞에서 출발한다면, 아킬레스가 아무리 빨리 달려도 느린 거북을 영원히 따라잡을 수 없다는 주장이다.

이 아닌데도, 나는 밥을 짓기 위해 지구에 머무는 듯하다.

아무리 바빠도 이전에 좋아하던 일 중에 한두 가지만은 절대 손에서 놓지 않았다. 책을 읽는 것은 실존과 관계되는 일이라 부지런히 했다. 책을 읽을 때 가장 편안하고 자연스러운 기분이 들기 때문이다. 그리고 수학. 수학은 수수께끼의 답을 생각할 때처럼 늘 내게 소소한 즐거움을 준다.

먼 훗날을 상상할 때면, 글을 쓰며 짬짬이 수학 연구도 하는 내 모습을 떠올린다. 그리고 여전히 언젠가는 좋은 소설가이자 동시에 반쪽짜리라도 수학자가 될 수 있을 거라는 꿈을 꾼다. 때론, 피아노를 치고 그림도 그리는 취미가의 삶을 회복하는 상상을 하기도 한다.

박완서[2] 선생님은 어느 산문에서 노년에 이르러서야 진정한 자유를 누리게 되었다고 쓰셨다. 그 자유에 자식들조차 들이고 싶지 않다고 아주 단호하게 말씀하셨다. 그 문장에 공감을 하게 되다니, 나도 이제는 더 이상 젊다고 할 수 없는 나이에 도달했나 보다. 나이가 든다고

2 **박완서(1931–2011)** 경기도 개풍 출생. 서울대학교 국문학과 재학 중 한국전쟁 발발로 학업을 중단했다. 1970년 마흔 살의 나이로 여성동아 장편소설 공모에 「나목」이 당선되어 작품 활동을 시작했다. 전쟁의 고통과 분단 문제, 현대 물질만능주의에 대한 풍자와 비판, 억압된 여성의 삶에 대한 문제의식 등을 소설로 써내 한국을 대표하는 작가가 되었다. 등단 후 40년간 '현역 작가'로 쉬지 않고 집필했다. 담낭암으로 투병 중 2011년 눈 오는 겨울 새벽, 아치울 자택에서 조용히 영면에 들었다. 주요 작품으로 「나목」 「목마른 계절」 「도시의 흉년」 「휘청거리는 오후」 「살아 있는 날의 시작」 「오만과 몽상」 「엄마의 말뚝」 「그해 겨울은 따뜻했네」 「서있는 여자」 「미망」 「그대 아직도 꿈꾸고 있는가」 「그 많던 싱아는 누가 먹었을까」 「그 산이 정말 거기 있었을까」 「아주 오래된 농담」 「그 남자네 집」 「친절한 복희씨」 「그 여자네 집」 「저문 날의 삽화」 「호미」 「노란집」 등이 있다.

해서 자유가 거저 생기는 것은 아니지만, 박완서 선생님이 소설에서 쓰신 '복 좋은 노인네'가 될 수 없을까봐 많이 두렵다.

지금은 늘 갈팡질팡하며 열심히만 산다. 세상은 아이 엄마의 꿈을 백일몽처럼 쓸데없는 일로 여긴다. 애나 잘 키워, 밥이나 잘해, 애들이 엄마를 필요로 하잖아, 일은 좀 나중에 하면 되지. 이런 말들 앞에서 엄마들의 꿈은 한순간의 넋두리로 전락해 버린다.

나중에, 나중에는 모든 게 가능할까? 이미 오랫동안 사라졌던 사람에게 사회가 흔쾌히 "여기로 오세요, 다시 시작해 보세요."라고 말해줄까? 나는 프리모 레비Primo Levi[3]가 쓴 『지금이 아니면 언제?*Se non ora, quando?*』라는 책 제목을 좋아해서 가끔 혼잣말을 한다.

"지금이 아니라면 언제?"

프리모 레비의 삶은 너무도 무거워서 그의 문장을 이토록 가벼이 써 버린다는 것이 편치는 않지만 말이다.

지금, 그 지금이라는 단어를 나는 두려워한다. 아이들은 항상 '지금' 엄마 손을 필요로 한다. 아이들의 지금은 십 년 혹은 이십 년의 세월이다. 그토록 긴 '지금'은 한 개인에게도 중요한 시간이다. 그러나 엄마라는 존재는 두 가지 삶을 동시에 보듬어야 한다.

지금, 나는 세 아이들을 통해서 다시 성장하는 중인지도 모르겠다.

3 **프리모 레비(1919~1987)** 이탈리아 태생. 화학자이자 작가. 제2차 세계대전 중 아우슈비츠 강제 수용소에 수감되어 고통을 받았으며, 기적적으로 살아남았다. 아우슈비츠 생존자로서 회고록과 소설을 지속적으로 발표해 세계적인 명성을 얻었다. 시대의 증언자이자 문호이다. 주요 작품으로 「주기율표」 「지금이 아니면 언제?」 「이것이 인간인가」 「가라앉은 자와 구조된 자」 등이 있다.

지금에 이르고 보니 삼십 대 시절이 잘 생각나지 않는다. 어느 날 잠에서 깨니 시간이 저 혼자 흘러가버린 후였다. 십 수 년 동안, 아이를 임신하고 출산하고 키우는 과정을 세 번 겪었다. 아이를 하나 낳을 때마다 나는 엄마로서 거듭났다. 남자 형제도 없는 내가 남자 아이 셋을 낳고 키우면서 겪은 많은 일들은 나를 시몬 드 보부아르Simone de Beauvoir가 말한 '실존의 실패'를 겪은 중년 여인으로 만들었다. 평소 나이를 중요하게 생각하지 않음에도 불구하고 말이다.

내가 어릴 때 고요한 몽상가처럼 살 수 있었던 것은 아무도 나를 방해하는 이가 없었기 때문이다. 덕분에 책을 많이 읽었고, 조용히 많은 것을 생각할 수 있었다. 내 아이들은 그런 삶을 모른다. 천둥 번개가 매일 우리 집에만 내리꽂히는 게 아닐까 할 정도로 소란해서 맨 아래층에 살 수밖에 없다. 삼형제를 데리고 나갈 때마다 아이들이 어디로 튀어 나갈까봐 잔뜩 긴장해서 주변의 풀 한포기도 곁눈질하지 못했다. 내 주의력은 오로지 세 아이를 단속하고 안전하게 지키는 일에만 사용되었다. 아이들이 어릴 때는 조용히 있고 싶어서 눈물을 흘린 일도 많았다.

나는 세상에 계속 신호를 보냈지만, 내 신호를 알아채는 이는 없었다. 바깥은 한 사람의 여성을 쉽게 지운다. 엄마가 된다는 것은 고립된 채 삶을 홀로 견디는 거란 생각이 든다. 아이들이 어느 정도 클 때까지는. 이것은 나만의 고민이 아니다. 수학이 여성의 삶을 말해준다. 통계만 봐도 30대 여성들이 사회에서 급격히 사라지는 것을 알 수 있다. 그들은 한순간, 썰물처럼 사라진다.

이제 아이들이 모두 학교에 다닌다. 겨우 한숨을 돌릴 수 있게 되었고, 아이들이 학교 간 사이에 글쓰기를 할 수 있다. 학부모로서의 삶도 바쁘다. 적극적으로 참여하지 않는데도 이런저런 일이 많이 생긴다. 아이가 셋이다 보니 엄마 노릇도 세 배가 된다. 여전히 정신없이 바쁘지만, 자연인으로서의 삶에 대해 생각할 여유가 조금 생겼다.

때때로 실패의 감정을 느끼기도 한다. 그 많던 날들은 다 어디로 갔을까. 아이들이 이렇게 생생하게 자라고 있는데, 왜 나는 한 인간으로서 실패자라고 느끼는 것일까. 이런 감정조차 검열당하고 금지가 된다면, 어느 누구도 숨 쉬고 살 수가 없을 것이다.

어느 날 나는 편집자 홍현경 님과 통화를 하게 되었다. 나는 '윤아저씨'는 잘 계시냐고 물었다. 내게 그는 언제까지나 '윤아저씨'였다. 대학 때 장편소설이 당선되어 동아일보사 출판부에 드나들게 되면서 본 편집자들은 내게 다 까마득한 어른들처럼 보였다. 내게 남자들은 아저씨처럼, 여자들은 언니처럼 보였다.

홍현경 님은 몇 초 동안 아무 말도 하지 못했다. 그리고 그가 이미 몇 년 전에 암으로 돌아가셨다는 소식을 전했다. 그는 인상이 좋고 푸근한 성격의 아저씨였다. 출판부 사람들과 같이 점심을 먹고 지하철 계단을 내려가면서 아들이 5학년이라고 말하던 장면이 생각난다. 그는 내가 사회에서 만난 좋은 사람 중의 하나였다. 아이는 이제 성인이 되었을 테고, 그는 세상을 떠나고 없다. 그는 병마와 싸우는, 혼자만의 전쟁을 치르며 시를 썼고 유고 시집 『나 혼자만의 전쟁』을 남겼다. 그의 이름은 윤성근 님이다. 고故 윤성근 님의 명복을 빈다.

이 책은 소설과 수학의 결합이라는 한 편집자의 아이디어에서 출발했고, 오랜 세월을 거치며 우여곡절을 겪었지만 이렇게 다시 쓰이길 기다리고 있다. 책은 16년 만에 동아일보를 떠나 혜다출판사로 간다. 시간을 통과해서 이 날에 도달했고, 서문을 쓰며 어떻게 하면 좋은 책이 될지에 대해 고심한다. 한 치의 결점도 없는 책이란 존재하지 않을지도 모른다. 대신 장점이 많은 책, 정말 읽을 만한 책이 되어 많은 독자들을 만나게 되길 바란다. 그래서 병 속에 든 편지처럼 이 글을 써서 띄워 보낸다.

내가 쓴 서문은 실패의 기록일지도 모른다. 내가 이렇게 실패했다는 말을 부끄러운 줄도 모르고 하고 있는지도. 많은 청소년 독자들을 배신하는 글일지도 모르겠다. 그래서 당신은 16년이 흐른 후에 이런 글을 쓰고 있군요, 하고 실망하게 될지도.

아이의 성장에 힘쓰다 보면 깊은 연구를 할 시간이 없다. 오만 가지 이유로 연구가 계속 중단되기 때문이다. 왜 역사 속의 위대한 사상가들은 모두 남자일까. 소피아 코발레프스카야Sofia Kovalevskaya[4] 같은 천재 수

4 **소피아 코발레프스카야(1850~1891)** 러시아의 수학자, 과학자. 어릴 때부터 글쓰기를 좋아했고, 문학에 심취했다. 수학과 문학은 통한다고 믿은 그녀는 "좋은 수학자가 되려면 영혼의 시인이 되어야 한다."고 말했다. 편미분방정식에 대한 '코시-코발레프스키 정리Cauchy-Kovalevski theorem'로 유명하다. 박사 학위를 받은 후 일자리를 얻으려 애썼으나 여성이라는 이유로 어려움을 겪었다. 논문이 해외에서 인정받아 교수가 되었으나, 고국인 러시아에서는 끝내 그녀에게 자리를 내주지 않았다.

학자이자 과학자도 '과학이냐, 가정이냐'라는 선택을 강요받았다. 하물며 나와 같은 필부匹婦에게 삶이란 더욱 협소한 것이다. 당신은 그동안 뭐 했는가, 라는 질문에 변명밖에 할 게 없다.

엄마가 되기 전에도 아이들을 좋아하는 편이었다. 엄마가 된 후에는 아이를 키우는 것의 어려움을 알게 되었다. 엄마의 사랑보다 아이들의 사랑이 더 강하다는 것도 알게 되었다. 아이들은 아무 조건 없이 엄마를 믿고 사랑한다. 부족한 나에게 세상에서 가장 좋은 우리 엄마라고 말해준다. 아이들과 있을 때 편안해진다. 그럼에도 불구하고 현재의 삶이 이전에 추구하던 삶과 거리가 멀어서 가끔씩 마음이 고달플 때가 있다. 아이들은 성장해 가는데, 나는 지친 채 제자리를 맴도는 느낌이다.

> 좀 더 변명을 하자면, 나는 처음부터 이 책을 성공을 위해 쓰지 않았다. 수학이 좋다, 수학이 재미있다 말하려고 쓴 책이다. 이 책은 무엇인가를 안다는 것의 즐거움에 대한 책이다.

앞서 고백했듯이 나는 이 책과 함께 많은 잘못을 저질렀다. 내가 수학을 말하는 것 자체가 실수이고, 책을 다시 낸다면 실수를 수습하기는커녕 더 큰 잘못을 저지르는 것인지도 모른다. 그러나 나는 엄밀하고 자유롭고 반짝이는, 수학적인 순간을 좋아한다. 그 순간을 수포자라고 불리는 많은 이들이 발견했으면 한다. 그것이 아주 오래전 이 책의 첫 문장을 쓰던 때의 바람이었다. 마음은 변함이 없다, 강산이 변했을지라도.

개정 작업은 이른바 톤을 낮추는 과정이었다. 색채가 달라지면 어떻게 될까. 책의 개성이 사라지는 게 아닐까, 고민이 많았다. 상상의 존재 아자젤[5]에게 내 삶의 엔트로피 수치를 낮춰 달라 부탁하고 싶었다. 이 일을 하는 데 집중할 시간이 절실하게 필요했다. 발자크Honore de Balzac[6]가 검은 석유라고 불렀던 커피의 힘도 필요했다. 아이들이 잠든 사이, 내가 '모비딕'[7]이라 이름 붙인 타자기(사실은 노트북)를 타닥타닥 두드리며 문장들을 꿰맨다.

글을 쓸 때면 거미가 헛간에서 거미줄을 잣고, 직녀가 베틀에서 실을 엮는 모습을 떠올리게 된다. 글 쓰는 여자는 거미이자 직녀라는 생각이 든다. 실존의 몰락을 경험한 여성이 갖는 자아상일지도 모른다. 인정받은 일이 너무도 오래되어 자신감을 잃어버린, 힘 있게 나아가지 못

5 아자젤은 아이작 아시모프(Isaac Asimov, 1920-1992)의 소설 「글 쓸 시간」에 등장하는, 소원을 들어주는 악마의 이름이다. 글 쓸 시간이 많아지기를 소원하는 주인공을 위해 아자젤은 주인공의 삶의 엔트로피 수치를 낮춰준다. 그 결과, 모든 일이 순조롭게 풀리고 시간은 많아지지만 정작 주인공은 글을 쓰지 못한다. 기차를 기다리는 시간, 무의미하게 낭비되는 시간이 없어지자 주인공은 생각할 시간을 잃어버리게 된 것이다.

6 **오노레 드 발자크(1799-1850)** 프랑스의 소설가. 「고리오 영감」 「인간희극」 「외제니 그랑데」 「골짜기의 백합」 등 사실주의 문학의 대표자로 꼽힌다. 왕성한 작품 활동을 했으며, 글을 쓰는 동안 커피를 계속해서 마신 걸로도 유명하다. 슈테판 츠바이크가 쓴 『발자크 평전』에 따르면 커피는 발자크에게 글을 쓰게 만드는 연료, 검은 석유와 같았다고 한다. 하루에 50잔 이상, 평생에 걸쳐 5만 잔의 커피를 마신 발자크는 카페인 중독으로 51세의 나이에 사망했다. 하루에 한두 잔의 커피는 건강에 좋다고 한다. 그러나 50잔이라면? 뭐든 지나친 것은 해로운 법이다.

7 허먼 멜빌(Herman Melville, 1819-1891)의 소설 『모비딕』에 나오는 흰 고래의 이름이다. 『백경』이라고도 불렸던 이 작품은 희고 거대한 향유고래 모비딕에게 한쪽 다리를 잃은 에이허브 선장이 고래와 사투를 벌이는 이야기이다. "나를 이슈마엘이라 불러다오."라고 말하는 화자가 포경선에 탔던 경험을 들려주는 방식으로 쓰였다. 스타벅스라는 커피숍의 이름이 이 소설 속에 등장하는 일등항해사 스타벅의 이름에서 온 것이라는 사실은 널리 알려져 있다. 스타벅이 소설 속에서 커피를 즐겼다고 오해하기 쉽지만, 그런 이야기는 전혀 나오지 않는다. 스타벅스의 창립자 중에 『모비딕』을 좋아하는 사람이 있었다는 것은 사실이라고 한다.

하고 뒤로 물러서서 자질구레한 일들에 묻혀버린 여성. 그런 여성의 글쓰기는 아무것도 아닐지 모른다. 그런 여성의 실은 너무도 무력하다.

그럼에도 불구하고 실잣기를 계속해 간다. '거미는 자신의 실로써 공간의 자유에 이른다.'[8]는 말을 가슴에 새긴 채. 이 문장은 시적이지만, 수학적이기도 하다. 유클리드 기하학에 빗대어 말하자면, 거미는 점이며 실은 선이다. 거미줄은 정교해질수록 평면에서 입체로 확장된다. 단 한 줄의 문장 안에 1차원, 2차원, 3차원, 4차원의 시공간이 모두 담겨 있다.

문장을 통해서 수학으로 가는 길, 이것이 지금 내가 해야 할 일이다. 내게 글쓰기는 현재의 처지에서 바깥(사회적 삶)에 가닿는 최선의 방식이자, 유일한 방법이다. 집안 구석에서 거미줄을 짜서 삶의 다채로운 무늬를 발견하는 것, 이것이 나의 노동이다.

다시, 수학의 아름다움에 도달하기 위하여.

바로 지금, 여기에서

김정희 2018.

8 줌파 라히리(Jhumpa Lahiri, 1967-)의 소설 『저지대』 466쪽 인용. 인도의 경전 『우파니샤드』와 『리그베다』에 나오는 문장이라고 한다.

목차

제1장

내 취미는 수학!

수학은 쉽게 습관이 될 수 있다. 쉽게 즐길 수 있고, 취미가 될 수 있고, 생활의 일부가 될 수 있고, 평생의 좋은 친구가 될 수 있다. 수학은 시험을 보기 위해 억지로 해야 하는 것만은 아니다. 수학은 천재들만이 즐길 수 있는 것도 아니다. 아직 산수 공부를 하는 초등학생일지라도, 학교를 떠난 지 너무 오래된 50대일지라도, 바쁜 일상에 치여 쉴 틈 없는 직장인일지라도, 누구나 수학을 시작할 수 있고, 즐길 수 있고, 취미 삼을 수 있다.

인간은 본래 무엇인가
무한無限에 비하면 무無이고,
무에 비하면 모든 것이며,
무와 모든 것 사이의 중간적인 것이다.

—파스칼의 『팡세』 중에서

취미의 재발견

"어린이에게도 고독이 필요하다. 고독은 창조력을 만든다. 고독은 내적 풍요와 외적 경험을 만든다. 자기 안에 있는 마음의 고향으로 기꺼이 들어가라."[1]

— 일리즈 보울딩Elise Boulding 미국 사회학자, 경제학자

'어린이의 고독'이라는 말을 들으면 어린 시절이 떠오른다. 산과 바닷가에서 살았던 유년기의 나는 분명히 '고독한 어린이'였다. 모든 것이 느렸다. 아무도 경쟁하려 들거나 재촉하는 일이 없는, 한가로움이 지속되는 나날이었다.

활동적인 아이들은 산으로 들로 뛰어다니며 손톱 밑이 까맣게 되도

1 「어린이와 고독」, 일리즈 보울딩, 김난령 옮김, 『창비어린이』 29호, 217p-235p.

록 흙을 파댔지만, 나는 집에 있는 날이 많았고 오후가 되면 시간이 늘어지는 것을 느꼈다. 그런 시간이 오면 혼자서 뭐든 하면서 지냈다. 아주 사소한 일들을 하면서 즐겁게 시간을 보냈다. 놀이의 발견, 취미의 발견이라고나 할까.

해바라기 씨의 배열이나 구름의 모양이 변하는 과정을 오랫동안 관찰했다. 해바라기 씨에는 규칙이 있었고, 구름은 불규칙하게 깨졌다가 모이기를 반복했다. 마당에 구멍을 파고 씨앗을 심은 후 싹이 피어나기를 오랫동안 기다리면서 주변 꽃들의 모양이나 잎맥을 관찰했다. 바다에 나가서 포말이 부서지는 것을 보았다. 벽지의 반복되는 모양들을 관찰했다. 온종일 다양한 패턴들을 그리고 가위질을 했다. 조각들을 모아서 다양한 모양을 만들었다. 종이 피아노를 펼쳐놓고 음악을 상상해가면서 따닥따닥 피아노 치는 시늉을 내기도 했다.

장래희망이 화가였던 때라 세상은 그림으로 이루어졌다고 생각했다. 그땐 그림에 대해 제법 진지하게 생각했던 것 같다. 수학을 떠올렸던 일은 없었다. 도시에서 자라난 이들도 보편적인 경험을 가지고 있을 것이라 추측해 본다. 물론 환경이 다르고 그 내용이 모두 다르더라도 말이다. 피보나치 수열, 프랙털 기하학, 테셀레이션같은 모양의 조각들을 서로 겹치거나 틈이 생기지 않게 늘어놓아 평면이나 공간을 덮는 것이나 화성학을 알지 못해도 아이들은 일상 속에서 그것들을 발견해내고 놀이 삼을 수 있다.

엘리스 보울딩이 말한 어린이의 '고독'은 단순히 홀로 있음이나 외로

움을 뜻하지 않는다. 고독은 완벽하게 자신에게 집중하는 순간이다. 어린이가 자기 자신으로서 존재하면서 매일 부여받은 시간을 풍요롭게 향유하는 것, 이 재능을 어른들은 나이가 들면서 서서히 잃어버린다. 그러나 어른이 되어서도 여전히 이 능력을 간직하는 사람들이 있다. 이를테면 뉴턴이나 피카소 같은, 인류사에 이름을 남긴 이들 말이다.

뉴턴은 자신을 바닷가에서 조개를 줍고 노니는 어린아이에 비유하곤 했다. 피카소도 어린아이와 같은 그림을 그리기까지 수십 년의 세월이 필요했다고 말했다. 오랜 세월 노력한 끝에 거장들이 비로소 가닿는 경지가 바로 어린아이와 같은 상태인 셈이다. 어린아이와 같다는 것은 유치하거나 미성숙함과는 다르다. 이들이 말하는 '어린아이'는 자기가 가진 고독한 시간을 최고로 누릴 수 있는 경지에 이른 사람을 말하는 게 아닐까. 아르키메데스가 땅바닥에 수식을 쓰는 모습이 마치 어린아이가 낙서를 하며 노니는 것처럼 보였듯이 말이다.

심심한 시간, 고독한 순간 아이들은 누구나 놀이의 천재가 된다. 아이들은 시간을 온전히 느끼기에 그들이 겪는 모든 경험은 새롭고 강렬하다. 계절의 변화에 민감하고, 작은 바람이 일으키는 신선한 감각을 놓치지 않는다. 새들이 바람의 길을 볼 수 있듯이, 아이들은 시간의 흐름을 볼 수 있는 것만 같다.

> 이 조그만 사람들은 선천적으로 자연과 예술을 사랑한다. 하루 종일 노래를 하고, 수를 세고, 그림을 그리고, 춤을 추면서 세계를 하나씩 경험해 간다. 아이들은 타고난 예술가이자, 수학자이자, 취미가이다.

취미란 누가 시키지 않았는데도 밥 먹는 것조차 잊어버릴 정도로 몰입하게 되는 행위, 개인의 행복에 지대한 영향을 끼치는 건전하고 자발적인 유희를 말한다. 아이들은 이런 삶이 어떤 것인지 잘 아는 듯하다. 이런 상태는 애쓰지 않으면 어느 순간 삶에서 사라져버린다. 기억력이 좋은 사람이 아니라면, 시간이 흐를수록 어린 시절의 기억이 희미해지는 것을 느낄 것이다. 십 년 전만 해도 간직하고 있던 기억이 감쪽같이 사라져 뇌 속에는 빈 상자들만 굴러다닌다. '뭐였더라, 내가 잊은 것이.' 아무리 돌이켜 봐도 생각나지 않는다. 이미 많은 것을 잃어버린 사람이 옛 시절의 감각을 회복할 수 있을까. 타임머신을 탈 수는 없지만, 바쁘게 돌아가는 21세기의 시간을 최대한 천천히 흐르게 만들 수는 있다.

나이가 들수록 시간이 빨리 흘러간다고들 한다. 3살 아이가 살아가는 시간은 일생의 $\frac{1}{3}$ 의 속도로 흐른다. 40세의 어른이 살아가는 시간은 온 일생의 $\frac{1}{40}$ 의 속도로 흐른다.

생의 흐름은 이처럼 분수分數의 문제에 비유할 수 있다. 시간의 상대성에 관한 문제는 은유적이라는 면에서 시의 영역처럼 보인다. 그러나 시인들뿐만 아니라 수학자들도 시간의 의미에 대해 생각했고, 아인슈타인에 이르러 시간에 대한 인식의 폭이 넓어졌다.

시간을 최대한 천천히 흐르게 하는 방법 중 하나는 취미에 기꺼이 시간을 투자하는 것이다. 오로지 즐거움을 위해서 말이다. 바쁜 일상 속에서 시간을 내기란 무척 어렵겠지만, 우리는 아주 짧은 순간이라도 자신의 시간을 되찾는 방법에 대해 고민해봐야 한다.

꿈을 쓰는 작가라고 불리는 미하엘 엔데Michael Ende는 『모모*Momo*』라는 소설에서 현대인의 초상을 그렸다. 모모는 어른들에게 잃어버린 시간을 찾아주는 신비한 소녀의 이름이다. 이 소설은 1973년도에 발표된 작품인데, 작가는 그 시절에 벌써 회색 옷을 입은 신사로 상징되는 시간 도둑이 인간의 삶을 빼앗아갈 것임을 예견했다. 마치 21세기를 훤히 들여다보는 것처럼 말이다. 미하엘 엔데는 1995년에 세상을 떠났지만, 그의 작품은 남아서 우리에게 현대인의 삶에 대해 생각하게 만든다.

21세기를 살아가는 우리는 기술의 발달로 모든 것을 이전보다 신속하게 처리할 수 있게 되었다. 그러나 과연 우리는 그만큼의 시간을 벌었을까? 사람들은 모든 것이 불편하고 더디기만 하던 시절보다 더 바쁘게 살고 있다. 세상이 너무도 빨리 돌아가기 때문에 같이 뛰지 않고는 보조를 맞출 수 없다. 결국, 기술로 절약된 시간이 기술 때문에 낭비되고 있는 것이다.

아이들조차 바쁜 삶을 살아간다. 심심한 시간을 견디지 못하고 디지털에 의존하기도 한다. 어린아이만이 누릴 수 있는 고독을 잃어버리고 있는 셈이다. 회색 옷을 입은 신사들은 이제 어린아이의 시간까지 훔쳐간다.

너무나 많은 정보들이 뇌 속으로 쉴 틈 없이 들어오지만, 그것을 처리할 시간은 갖기 어렵다. 몰라도 상관없는 정보들이 원치 않아도 쏟아져 들어온다. 정보의 과부하. 역사상 인류의 뇌가 이토록 괴로웠던 적은 없었다.

'느림'을 회복하는 것만이 뇌에 휴식을 줄 수 있다. 현대인에게 취미가 꼭 필요한 이유이다. 좋아하는 일에 집중하는 연습을 하다 보면 시간의 흐름을 자기 것으로 만들 수 있다. 피아노나 기타 같은 악기를 연주하고, 그림을 그리고, 운동을 하고, 춤을 추고, 글을 쓰고, 책을 읽는 것. 우리는 즐거움 위해 모든 것을 시도해 볼 수 있다. 아니면 아무것도 하지 않은 채 자신의 숨소리에 집중하는 것도 좋은 방법이다. 그러다 보면 비로소 시간은 온전히 내 것이 된다.

내 친구, 수학!

취미가들은 고독을 즐길 줄 알고, 혼자서 잘 노는 사람들이기도 하다. 나도 오타쿠나 마니아까지는 못 되어도 이것저것 관심 있는 것에 푹 빠져서 지냈다. 잘하는 것은 별로 없고, 좋아하는 것은 아주 많은 편이었다.

한 시절을 온통 만화 읽기와 그림 그리기에 몰두한 적도 있고, 작은 음악회를 꿈꾸며 피아노 치기에 열중하던 때도 있었다. 영화광으로서 숨겨진 영화들을 찾아다닌 적도 있다. 진짜 영화광들은 혼자서 영화 보는 일을 쑥스러워 하지 않는다. 발길이 닿는 대로 걷다가 영화관이 보이면 무작정 들어갔다. 한때는 부천 판타스틱 영화제의 단골손님이기도 했다. 영화제는 맘이 딱 맞는 친구와 함께 즐겨야 재미있다.

창작물들을 즐기는 것에 그치지 않고, 한 단계 정도 더 깊이 들어갔다. 좋아하는 음악이 생기면 악보를 구해서 연주를 해보고 편집 앨범을 만들었다. 마음에 드는 드라마나 영화의 대본을 구해서 시나리오와 영상을 비교해 보는 일도 재미있었다. 한때는 미국 드라마 보기에 열중하기도 했다. 잡지에서 요리 레시피를 오려내 작은 카드에 붙이고 나만의 요리책을 만들기도 했다. 방산시장 안을 이리저리 돌아다니는 것도 좋아했다. 지하철을 타고 가면서 책을 읽거나 멍하니 이런저런 이야기를 공상하는 것도 즐겼다. 아니, 나는 습관적으로 공상을 하는 몽상가였다.

밀가루와 버터의 혼합만으로 다양하게 변주되는 빵과 과자의 세계에 심취해서 오븐에다 빵 굽는 일을 즐기기도 했다. 반죽을 하느라 어깨가 빠질 뻔했지만, 처음 식빵 만들기에 성공했을 때는 기분이 날아갈 것만 같았다. 생크림 거품을 내서 가족들의 생일 케이크를 만들고, 친구를 만날 때 과자를 구워서 가지고 나가기도 했다.

언어에 관심이 많아서 외국어를 배우는 일에도 열중했다. 스페인어나 독일어를 연습하는 일은 늘 재미있었다. 물론 초보 수준이고 잘하지는 못했다. 한문을 좋아해서 『사서삼경』의 문장들을 외우기도 했다. 무엇이든 배우고 싶은 욕심이 많았다.

손으로 주물럭거리며 뭔가를 뚝딱 만들고 싶고, 새로운 악기를 연주해 보고 싶고, 더 많은 책을 읽고 싶었다. 심심하거나 지루할 틈이 없었다. 시간에 맞게 취미들을 잘 배분할 수 있도록 계획표를 세워야할 지경이었다.

이 열정적인 취미가의 이야기는 20세기로부터 온 것이다. 위에 열거한 것들은 90년대 대학생이 즐겼을 법한 취미들이다. 인터넷이 없던 시절, 정보가 드물었던 시절, 오직 취향의 더듬이만으로 소소한 즐거움을 찾아다녔던 시절의 이야기이다. 요즘은 이 정도를 가지고 취미라고 말하기 어려울지도 모르겠다. 스마트 시대에는 정보를 신속하고 정확하게 찾아낼 수 있다. 영드, 미드, 일드를 즐기는 이들도 많다. 음악을 듣는 일도 어렵지 않고, 영화 시나리오를 구하는 일은 식은 죽 먹기다. 이제는 직접 영상을 찍어서 편집하는 이들도 얼마든지 있다. 취미 삼아 말이다. 취미의 세계는 진보를 거듭해 나가고 있다.

나의 이야기에는 흥미로운 반전도 있다. 요리를 취미로 즐겼던 20세기 여성은 자기가 요리를 무척 좋아하고 잘한다고 믿었다. 20세기에 그토록 열심히 하던 빵 만들기는 어떤가. 그땐 젊음과 열정이 있었고, 무엇보다 24시간이 모두 나의 것이어서 시간이 무척 많았다. 학교에 다니고 졸업 후엔 일을 했지만 조그마한 규모의 삶 정도는 꾸려갈 여유가 있었다. 나 한 사람을 챙기는 일은 할만 했다.

20세기의 사람이 21세기가 되었다고 전혀 다른 사람이 될 수도 있는 걸까. 요리가 일상이 되니 밥짓기의 어려움을 알게 되었다. 관심을 다른 데로 돌리기도 어려워졌다. 음악도 영화도 즐기지 못한다. 좋아하는 음악, 좋아하는 영화도 20세기에 멈춰서 더 이상 나아가지 못했다. 모든 것이 20세기에 남아 있다. 나만의 것이었던 시간을 이제는 다른 이들과 함께 나눠야 하기 때문이다.

서문에 밝혔듯이 나는 아들 셋의 엄마가 되었다. 나는 더 이상 공상을 하면서 정처 없이 걷지 못한다. 허름한 동네 영화관들도 사라지고, 골목 귀퉁이의 서점도 사라지고, 열정적인 취미가도 함께 사라졌다.

포기한다는 것은 선택하는 것이다. 책 읽기와 글쓰기는 나의 삶이고, 나의 일이다. 이 둘을 잠시 중단했던 적은 있지만, 포기한 적은 없었다. 아주 오래 전에 이 일을 하기로 선택한 후, 책과 글은 마음에서 떠난 적이 없었다. 대신 취미로 즐기던 것들을 많이 포기했다. 일부러 마음먹지 않았는데도 뇌의 프로그램이 그렇게 작동되었다. 내가 쓸 수 있는 짧은 시간을 어떻게든 잘 활용해 보려는 선택의 결과였다.

나는 수학을 취미로 선택했다. 한동안 수학을 하지 못해서 다 잊어버린 적도 있었다. 그럴 때는 처음부터 시작했고 얼마 지나지 않아 다시 수학에 익숙해졌다.

아날로그적인 취미의 백미는 뭐니 뭐니 해도 수학이다. 수학이 디지털적인 것과 밀접한 관련이 있다 해도 나는 수학을 '아날로그적'이라 말하고 싶다. 수학을 완전하게 아날로그적인 방식으로 즐겨왔기 때문이다. 요즘은 코딩coding, 컴퓨터 프로그래밍의 다른 말을 하면서 수학의 쓸모를 배우기도 한다. 코딩을 배우는 21세기 아이들은 수학이 공간 속에서 무한히 확장된다는 것을 알고 있다. 수학은 소프트웨어의 영역인 셈이다. 그래도 취미로 수학을 시작하는 이들은 아날로그적인 방식을 선택하면 좋겠다. 뇌 속에 아날로그 방식으로 수학의 길을 만들고, 거창하지 않아도 수학자처럼 생각하는 연습을 통해 수학이 무엇인지 알아갔으면 한다.

> 내가 수학을 취미 삼게 된 것은 오래 전으로 거슬러 올라간다. 학창 시절부터 나는 수학을 일기 쓰기나 만화 그리기, 뜨개질 혹은 피아노 연습과 다르지 않다고 생각해 왔다. 자주 하는 것, 재미로 하는 것, 꾸준히 하는 것, 지루하지 않을 정도로 적당히 하는 것.

머리가 복잡하거나 무기력증에 빠질 때 수학 문제를 풀면 머리가 맑아지고 개운한 게 양치질을 하고 난 후의 느낌, 훌륭한 고전문학을 한 편 읽고 났을 때의 느낌이 든다. 두껍고 어려워 보이는 책을 처음 읽기 시작할 때는 갈 길이 막막하지만, 한 장 한 장 넘기면서 읽다 보면 결국 마지막 페이지에 다다르게 된다. 그 시절 책 한 권을 다 읽었을 때 느꼈던 뿌듯함을 잊을 수가 없다. 거대한 이야기와 문장들이 며칠씩이나 가슴을 울렸다. 그런 작은 성취감 때문에 청소년 시절 한 질의 문학 전집을 다 읽었다. 그 책들을 당시에 다 이해했다고 생각하지는 않는다. 책은 다시 읽을 때 의미가 있다는 것 또한 이제 와서 깨닫게 되었다. 지금은 책의 내용을 쉽게 읽어 내릴 수 있지만, 그 시절과 같은 떨림과 뿌듯함은 느끼지 못한다. 강렬함보다는 잔잔한 기쁨으로 읽어간다.

수학 문제도 책 읽는 것과 비슷하다. 문제에 대해서 생각하고, 마침내 답을 찾아내는 과정이 즐거운 것이다. 책은 끝까지 읽으려면 시간이 많이 걸리지만, 수학은 몇 분 내에 답을 얻어 낼 수 있어 더 실용적이다. 물론 일생을 바쳐야 하는 난제도 있긴 하다.

수학이 취미라니…. 그런 해괴한 소리가 어디 있느냐, 학교를 졸업했으면 그만이지 왜 지긋지긋한 수학 문제를 다시 풀고 있느냐며 고개를 절레절레 흔들지도 모르겠다. 수학은 학교를 떠남과 동시에 벗어나야 할 감옥처럼 여겨지고 있는 게 사실이다.

그러나 수학도 취미가 될 수 있다. 습관도 될 수 있다. 쉽게 즐길 수 있고, 생활의 일부가 될 수 있고, 평생의 좋은 친구가 될 수 있다. 수학은 시험을 보기 위해 억지로 해야 하는 것만은 아니다. 수학은 천재들만이 즐길 수 있는 것도, 전공자들의 전유물도 아니다. 수학은 음악처럼 모두가 즐길 수 있는 유희이다. 음악을 음악가들만 즐겨야 한다면 얼마나 삭막하겠는가. 훌륭한 예술을 창조해내는 것은 예술가들의 영역이겠지만, 보통 사람들도 얼마든지 예술을 즐기며 살 수 있다. 그림을 좋아하는 사람에게 그림을 그리지 말라 할 수는 없듯 수학도 마찬가지다. 막 1 더하기 1을 시작한 어린아이일지라도, 학교를 떠난 지 오래된 성인일지라도, 바쁜 일상에 치여 쉴 틈 없는 직장인일지라도, 모두 수학을 시작할 수 있고 즐길 수 있고 취미 삼을 수 있다.

누구나 아마추어 수학자가 될 수 있다. 물론 학계에 발표도 못하고 인정도 못 받겠지만, 자기 이름을 건 공리참으로 가정된 것나 정리참으로 증명된 것를 만들 수도 있다. 아니면 기존의 수학자들이 만들어 놓은 공식에 딴죽을 걸어 그것이 틀렸음을 증명해 볼 수도 있다.

수학은 오랜 역사를 거쳐 오면서 많은 철학자와 수학자들이 일생을 바쳐 연구한 업적이고, 어떤 이는 자신의 목숨까지 내던지며 수학적 진실들을 밝혀내기도 했다. 때문에 그것이 완전한 진리는 아닐지라도 쉽게 반박하긴 어렵다. 혹여 그들에게 딴죽을 걸다 실패해도 패배감이 들기는커녕 오히려 그 공식의 원리에 대해 더 자세히 알게 된다. 더 나아가 그 공식을 정리한 수학자와 친구가 되기도 한다. 수학은 우리가 알고 있는 것처럼 고정된 것이 아니라 생동감 있고 자유롭고 창조적인 학문이다. 수학 공부는 머리에 기름을 둘러주며 답답한 마음을 풀어주기도 하고 지적인 사고의 바탕이 되는 논리력을 키워준다.

의식하진 못하지만 우리들 모두는 사고를 논리적으로 체계화한다. 논리는 인간 뇌의 프로세스이고 수학은 바로 이 논리의 영역 안에 있다. 인간은 자신만의 소프트웨어로 세계를 바라보고 해석한다. 다만 그것을 수학이라고 생각하지 못할 뿐이다.

수학 시간에 빰 맞다!

수학이 싫어, 수학은 지겨워, 수학은 어려워, 수학은 쓸모없어, 이런 걸 왜 배워야 해?

이런 말은 도처에 퍼져 있다. 이 말을 하기 위해 대나무 숲에 갈 필요도 없다. 세상 한가운데서 외쳐도 아무렇지 않은 말들이다. 이 모든 말을 아우르는 친근한 단어가 있으니, 그것은 바로 수!포!자! 수학을 중요하게 생각하고, 수학을 많이 가르치는 나라에서, 심지어 세계에서도 수학을 잘하는 축에 속하는 대한민국에서 왜 이토록 수포자가 많이 양산되는 걸까.

추측컨대, 대중을 위한 수학보다는 엘리트를 위한 수학을 배워왔기 때문이 아닐까. 수학을 못하는 아이들보다는 수학을 잘하는 아이들을 위한 수학 말이다. 엘리트를 위한 수학이 나쁘고, 대중을 위한 수학만

이 옳다는 것이 아니다. 수학에 뛰어난 재능을 가진 이들이 앞으로 나아갈 수 있도록 하는 것도 교육이다. 마찬가지로 수학을 어려워하는 이들을 위한 느린 수학 교육도 필요하다. 그런데 자기 수준에 맞지 않는 어려운 것을 계속 앞서 배워가기만 한다. 진도라는 무시무시한 공포. 진도의 속도를 따라가지 못하는 학생들은 수학을 포기하게 된다.

그 때문에 우리는 오랫동안 수학에 충분히 절망해왔다. 수학만 접하면 불안 증세에 시달리는 것에는 분명 이유가 있다. 공부를 해도 성적이 제대로 나오지 않아 좌절했기 때문에, 어려워서 이해가 안 되기 때문에, 놀이터에 가고 싶은데 구구단을 외우라고 강요받아서, 혹은 수학 선생님이 권위주의적이라서…, 아마도 100명의 학생이 있다면 100가지 이유를 찾을 수 있을 것이다.

나도 처음부터 수학을 좋아했던 것은 아니다. 어릴 때 몸이 약한 편이어서 학교에 자주 빠졌다. 병원에 가는 게 일상이었고, 하루 종일 누워서 시간을 보내는 날도 많았다. 파리가 붙어 있는 천장의 벽지를 관찰했지만, 좌표평면을 생각해내지는 못했다. 어떤 날은 현기증이 나서 방 안에 쥐가 바글거리는 환영을 보고 겁에 질린 적도 있었다. 시골 재래식 화장실에서 어지럼증을 느껴 빠져버린 일도 있었다. 언니가 나를 발견하고 끌어당겨서 빠져나왔다. 아니 엄마였나? 꿈속에서 귀신을 보는 일이 잦아서 잠들 때 꼭 기도를 하고 잤다. 면역력이 약해서 병치레를 자주 했고 입원하는 경우도 많았다. 고등학교 때 큰 병에 걸려서 3년 넘게 투병 생활을 했는데, 그것이 나의 마지막 병치레였다. 약간의 후유증을 겪었지만, 20대 때부터 지금까지 건강하게 살아왔다. 허약한 체질이라 관리를 잘 해야 하지만, 어릴 때 몇 번의 죽을 고비를 넘겼다는 엄마의 말이 지금은 좀 생뚱맞게 느껴진다. 글을 쓰면서나 떠올리는 오래된 이야기일 뿐이다.

그 시절, 학교 수업을 제대로 듣지 못한 것은 당연한 일이었다.

'시간 계산'에 대해 배우고 있을 때였는데, 며칠 결석을 해서 그 부분을 제대로 알지 못했다. 그런데 오랜만에 등교한 날, 운 나쁘게도 시험을 보았고 점수가 형편없이 나와서 나머지 공부를 하게 되었다. 시계는 잘 보는 편이었지만, 시간 계산은 할 줄 몰랐다.

'기차가 10시 45분에 서울역에서 출발하여 한 시간 반 후에 춘천역에 도착했다. 도착한 시각은 몇 시인가.'

이런 종류의 문제였는데 내게는 정말이지 너무 어려웠다. 시계 그림을 그리고, 모든 손가락을 동원해도 잘 풀리지 않았다. 나머지 공부를 하는 게 너무 피곤하기도 했다. 고민을 하고 있는데, 선생님이 교탁 앞으로 나를 부르셨다. 그러고는 똑같은 문제를 칠판에 쓰시고 답이 뭐냐고 물으셨다. 심장이 거의 폭발할 정도로 긴장한 나는 급기야 엉뚱한 대답을 하고 말았다.

선생님은 화가 나셔서 '로봇 태권 브이'처럼 빳빳하게 힘을 준 손바닥으로 내 뺨을 세차게 때리셨다. 안 그래도 잘 쓰러지는 나는 고개가 홱 돌아가서 교단 밑으로 쓰러져 버렸다. 눈물도 나오지 않았다. 그까짓 문제도 못 맞히는 내 자신이 너무 바보처럼 느껴졌기 때문이다.

나는 시간을 계산할 때 60을 기본단위로 하는 육십진법을 사용해야 한다는 걸 알지 못했다.

어쨌거나 그 후로 내겐 이상한 증상이 생겼다. 수학 문제를 접하게 될 때면 괜히 고막이 찢어질 것 같이 아프고, 뺨이 얼얼했으며, 심장이 벌렁거렸다. 수학이 무서워지기 시작했다. 수학이 무서워지니 수학과 연관되어 있는 모든 분야에 덜컥 겁부터 먹게 되었다. 이를테면 초등학교 4학년 때는 자기장의 움직임, N과 S극, 전류의 흐름 같은 간단한 것을 배우는 데도 겁을 먹었다. 수학 때문에 자연 과목에도 거리를 느꼈고, 그 거리감은 훗날 물상, 생물, 물리, 화학 등으로 이어졌다.

성인이 되어서야 내게 과학에 대한 열망이 있다는 것을 알았다. 지금 우리 아이들은 어릴 때부터 과학책을 접하고 실험을 해봐서인지 과학을 친근하게 느끼고 좋아한다. 내가 어릴 때는 과학을 접할 기회가 거의 없었다. 이제 우리 아이들은 자연스럽게 과학자가 되기를 꿈꾼다. 아이들과 대화할 때 "과학 하는"이라는 말을 자주 하게 된다. 나는 과학을 한다는 것이 무엇인지 알고 싶다. 문과와 이과로 갈리면 평생 그 사이에 놓인 강을 건널 수 없는 시절의 교육을 받고 문과생이 되어버린 나는, 과학의 세계에 영원히 다다르지 못한 채로 살게 되었는지도 모르겠다. 그럼에도 나는 물리학, 화학이라는 단어가 좋다. 주기율표도 좋아하지만 한편으로 두렵기도 하다. 문과생인 나는 주기율표를 문학으로 마스터했다. 화학자 프리모 레비의 『주기율표*Il sistema periodico*』라는 소설책을 통해서 말이다.

나비효과처럼, 이 모든 게 뺨을 맞은 일에서 시작되었다고 해도 과언이 아니다. 그때 뺨을 맞지 않았더라면 수학 공포증을 갖지 않았을지도 모른다. 과학에 자신 있게 뛰어들었을지도 모를 일이다. 하지만 달리 보면, 그날 뺨을 맞았기 때문에 이 글을 쓸 수 있게 되었다고도 말할 수 있겠다.

나는 아버지의 직업 때문에 전학을 많이 다녔다. 아버지의 발령지를 따라서 이사를 다녔고, 중3 때 서울로 올라오게 되었다. 평소 아파서 학교에 잘 다니지 못한 데다가, 전학까지 자주 다니다 보니 공부를 제대로 해볼 기회가 없었다. 학교마다 분위기도 다르고 배우는 방식도 달라서 혼란스러웠다. 무엇보다 수학의 기초가 없었다. 다른 과목들은 꾸준한 독서가 기본 바탕이 되어 어렵지 않게 따라갔지만, 수학은 좀 달랐다.

기본적으로 알아야할 수학의 모든 기초는 초등학교 때 배운다. 나는 초반기에 겁에 질린 나머지 초등학교 6년 내내 수학에 공포를 느끼며 살았다. 지금도 긴장하면 기초적인 수학에서 막혀버리고 만다. 컨디션이 별로 안 좋은 날, 슈퍼마켓에서 계산을 할 때가 그렇다. 지켜보는 직원 앞에서 잔뜩 긴장한 나는 몇 개의 지폐와 동전을 내야 가격에 맞는 건지 몰라 당황한다. 손을 떨거나 식은땀을 흘리는 일도 간혹 있다. 나는 항상 지갑을 열고 닫는 것에 느리고 서툴다. 해결책으로 신용카드가 있지만, 계산에 대한 두려움은 쉽게 사라지지 않는다. 이런 게 바로 '트라우마'다.

각양각색의 이유로 생겨난 수학 트라우마와 수학 공포증이 수포자들을 양산해 왔다. 다행히 이제는 학교에서 나머지 공부를 하다가 뺨을 맞는 아이는 없다. 물론 여전히 학습 부진아가 있고 나처럼 잦은 결석으로 학습에 공백이 생긴 아이들도 있을 테지만 요즘은 학교에서 이런 아이들을 충분히 배려한다. 세상이 진보하고 있음을 느낀다.

생각하고 쓰고 말하기,
어느 날 수학이 내게 왔다.

처음 수학에 재미를 붙이기 시작한 것은 중학교에 입학한 후였다. 6학년 때까지는 산수란 과목으로 수학을 배웠기 때문에, 중학생이 된 후 산수가 아닌 진짜 수학을 해보자는 마음이 들었던 것이다.

수학 선생님의 수업 방식에 매료가 되었다. 수학적으로 말하는 방식을 따라하고 싶어졌다. 초등학교 때 사용한 네모 칸은 전혀 재미있지 않았다. 그러나 미지수 x와 y는 매력적이었다. 나는 방정식에 마음을 빼앗겼다. 플러스와 마이너스, 항등식에 대해서도 흥미를 느꼈다. 뿌라스, 마이나스, 이꼬르. 할아버지 선생님은 일본식으로 발음했는데, 내겐 이 모든 것이 신기할 따름이었다.

지금은 마음만 먹으면 칠판 정도는 누구나 마련할 수 있지만, 예전엔 집에 칠판을 둔다는 게 쉽지 않은 일이었다. 궁여지책으로 나는 책상 옆에 놓여 있는 하얀색 옷장의 옆면을 칠판으로 활용했다. 책상 위에 걸터앉아 옷장에 분필로 수식을 써가며 수학 공부를 하곤 했다. 이른바 선생님 놀이.

우리 집은 인천의 계양산 밑에 있었는데 그땐 산과 푸른 공터가 많은 살기 좋은 동네였다. 그때 처음으로 내 방이 생겼다. 내 방은 2층에 있었는데, 창문을 열면 '초전박살'이라는 과격한 반공 표어가 걸려 있는 계양산에서 산들바람이 불어왔다.

학교에서 돌아오면 창문을 열어 놓고 바람을 한참 맞다가 옷장에 낙서를 하기 시작했다. 옷장 옆면은 나뭇결이 있어서 글씨가 잘 써졌고 걸레로 닦으면 감쪽같이 없어졌다. 옷장에 그날 배운 것들을 분필로 써 놓고 설명하는 연습을 했다. 선생님의 우스꽝스러운 발음을 흉내내는 것도 빼놓지 않았다.

그 일과는 꾸준히 계속되었고, 그러던 어느 날 나는 마침내 수학공포증에서 벗어나게 되었다. 어느덧 수학은 할 만한 것이란 생각마저 들었고, 수학에 재미가 붙기 시작했다. 공부에는 특별한 방법이 있게 마련이다. 나에게도 그런 것이 생겼다.

나는 옷장을 통해 수학을 공부하는 세 가지 방법을 터득했다. 바로, 머리로 이해하고 손으로 쓰고 말로 설명하는 것! 생각하고 쓰고 말하기. 혼자서 오랜 시간 공들여 공부하고, 그것을 말로 표현하며 나는 비로소 배움의 기쁨을 느꼈다.

이런 방식은 이미 보편화되었다. 아이들이 스스로 공부하고 와서 서로에게 설명하며 배우는 방식이 좋은 학습법으로 소개되고 있다. 칠판은 이제 아이들이 있는 집의 필수품이 되었고, 우리 집 거실에도 있다. 아이들은 어느 때고 내킬 때마다 커다란 칠판 앞에 서서 분필로 낙서를 한다. 하지만 내가 어릴 때처럼 칠판을 소중하게 생각하진 않는 것 같다. 칠판도 아닌 옷장에 낙서를 하던 지난날의 내가 요즘 아이들을 질투하게 된다.

수학 공포증을 극복하고 고등학교에 진학했을 때는 노트에 빼곡히 문제를 풀면서 수학의 재미에 푹 빠졌고, 어른이 되더라도 수학을 계속 하고 싶다는 생각을 했다. 중학교 때부터 수학을 즐겁게 공부해왔기에 성인이 되어서 수학 과외나 수학 강사를 하게 되었을 때도 어렵지 않게 해낼 수 있었다. 결국 수학을 직업으로 삼아 일도 하고, 이렇게 수학책까지 쓰게 되었으니 수학은 여러모로 내 인생에 커다란 의미를 남겼다고 할 수 있겠다.

80년대 후반, 방에 틀어박혀 선생님 흉내를 내고 있는 여학생은 조금 그로테스크해 보였을지도 모르겠다. 혼자서 중얼중얼 거리는 일로 가족들을 걱정하게 만들었다. 책상 위에 걸터앉아서 혼자 연극을 하는 소녀, 가족들의 눈엔 괴상하게 보였을 것이다.

그때 내가 가진 전자기기라곤 워크맨뿐이었다. 그 시절 워크맨에는 세상이 다 담겨 있었다. 심야 음악 방송을 들으며, 마음에 드는 팝송을 카세트에 녹음했다. 팝송의 영어 가사를 들리는 대로 한글로 받아 적었고, 그걸 따라 부르고 다녔다. 만화책도 봐야했고, 만화도 그려야했다. 방에서 할 일이 무척 많아서 늘 바빴다. '방 탐험가'라고 해도 좋을 법했다. 밤에는 이불을 뒤집어쓰고 손전등 불빛에 의지해 책을 읽었다. 막 로미오와 줄리엣이 만나려는 순간, 엄마에게 책을 빼앗기고 말았다. 80년대 사춘기 소녀의 보편적인 삶!

이제는 내가 아이들에게 말한다. 안 자고 뭐하니, 내일 학교 가려면 일찍 자야지!

수학을 통해 발상의 전환을

수학자의 이미지를 떠올려보자. 고리타분하고 꼬장꼬장하고 독선적이고 지나치게 논리적인 그런 사람이 떠오르는가? 아니면 두꺼운 뿔테 안경에 말더듬이지만 계산만은 천재적으로 하는 그런 사람? 이 모두가 수학은 어렵고 지겹다는 고정관념에서 나온 이미지이다.

수학을 취미 삼으려는 아마추어 수학자로서 나는 여러분들이 수학에 관한 모든 고정관념을 깨뜨리길 바란다. 수학은 천재들만 하는 지루하고 한심한 학문이라는, 이 따위 고정관념은 과감하게 버리자. 대신 수학은 음악이며, 문학이며, 놀이이며, 움직임이라는 사실을 받아들이려 노력해 보자. 수학을 통해 우리 생활을 음악으로, 문화로 가득 채울 수 있으리라는 기대를 가져 보자. 수학을 통해 발상을 전환하면 생활까지도 변화시킬 수 있다.

이 책은 현재 수학 공부에 어려움을 겪고 있는 중고생뿐만 아니라, 수학과는 전혀 관계없이 사는 평범한 사람들을 위해 쓰였다. 오히려 나는 성인들이 이 책을 즐기길 바란다. 나와 같은 처지에 놓여 있는 아이 엄마들에게도 도움이 되길 희망한다. 아기를 키우느라 아무것도 할 수 없다는 자괴감에 시달릴 때, 홀로 생각할 시간을 찾고 싶을 때, 우리는 수학을 만날 수 있다. 아기가 생기는 순간, 우리는 이전과는 전혀 다른 세계에 홀로 놓이게 되고 때로는 집중력마저 잃게 된다. 그럴 때 단 한 가지 문제에 몰입하는 걸로 흐트러진 집중력을 다시 되살릴 수 있다.

수학에 대한 두려움 못지않게 수학에 대한 열망을 가진 이들도 있을 것이다. 일생에 한번은 제대로 무엇인가를 알고 싶은 마음. 마르셀 프루스트Marcel Proust의 『잃어버린 시간을 찾아서*À la recherche du temps perdu*』나 박경리의 『토지』에 도전하는 마음으로 평생에 한번은 수학에 뛰어들어 보고 싶은 이들도 있을 것이다.

수학에 한번 관심을 가져 볼까 하고 마음먹는 바로 그 순간, 당신은 이미 아마추어 수학자가 된 것이다. 진도나 평가, 시험에 대한 부담이 없으므로 오히려 수학의 재미를 마음껏 즐길 수 있게 될 것이다.

이 책을 쓰면서 내가 가장 크게 마음에 두었던 이들은 청소년들이다. 책을 처음 쓰기 시작했을 때 나는 학원에서 아이들을 가르치고 있었다. 가르친다는 것은 언제나 가슴 벅찬 일이며 한 아이를 알게 된다는 것 역시 내겐 무척 신비로운 일이었다. 그럼에도 시험 스트레스 때문에 수학을 싫어할지도 모르는 아이들을 볼 때마다 늘 마음이 쓰였다. 아이들에게 수학은 취미가 되기엔 너무 장벽이 높은 것인지도 모르겠다. 아이들이 자기만의 수학을 발견할 수 있기를 바란다.

수학을 취미 삼기 위해선 '수학이란 무엇인가'에 대한 대략적인 검토가 필요하다. 2장에선 기나긴 역사를 온몸으로 살아내며 수학 발전에 힘썼던 수학자들의 삶과 그들의 이론에 대해 살펴보고자 한다. 3장에선 우리가 슬쩍 엿보았던 수학을 어떤 식으로 취미 삼을 것인지에 대한 구체적인 방법과 공부법들을 소개했다. 아마도 수학에 대해 하고픈 이야기는 3장에 가장 많이 담겨있지 않나 싶다. 필요하다면 3장을 먼저 읽어도 상관없다.

우선 심호흡을 크게 하고, 이제 외쳐보자.

"수학 친구, 우리 한번 잘 사귀어 보자!"

제2장

소설 같은 역사 속 수학 이야기

학문의 모든 분야가 그렇듯이 수학도 고매한 이성에서 출발해 사물과 세계가 어떻게 이뤄졌는지에 대한 궁금증, 즉 철학에서 시작되었다. 사람들은 저마다 가슴에 깊은 우물 하나쯤은 가지고 있어 제 속으로 저 혼자 깊어 간다. 수학도 철학과 그 뿌리를 같이하므로, 다르지 않다. 수학은 다분히 철학적이다. 수학 속엔 문학과 예술, 역사와 인생이 숨어 있다.

"영혼 속에서 시를 노래하지 않고서는
수학자가 될 수 없다."

—소피아 코발레프스카야

수학 배워 어디에 써먹을까

흔히들 수학 공부를 하면서 "이따위 것을 배워 어디에 써먹겠다는 거야."라며 불평을 많이 한다. 그도 그럴 것이, 우리는 학교를 떠나서는 수학이란 것을 사용하지 않는다. 사칙연산만으로도 기본적인 생활이 되고, 재테크를 위한 계산 정도만 할 줄 알면 큰 불편이 없기 때문이다. 그것도 거의 계산기가 알아서 해 주므로 스스로 수학이라고 할 만한 것을 사용할 기회도 별로 없어 보인다. 그렇기에 수학은 대학을 가기 위해 어쩔 수 없이 공부해야 하는 지겨운 과목 정도로만 여겨지고 있는 게 사실이다.

과연 그럴까? 우리가 수학이란 것을 공부하지 않고, 수학을 발전시키지 않는다면 이 세계와 문명의 발전이란 게 가능하기나 한 것일까? 학교를 졸업함과 동시에 수학의 손아귀에서 놓여났다고 생각하지만,

인간은 수학이라는 부처님 손바닥 위의 손오공이다. 우리는 아침부터 밤까지 수학적인 것에 둘러싸여 살고 있다.

우리가 살고 있는 자연계는 그 자체가 수학적이다. 내가 어릴 때 즐겨 관찰했던 해바라기 씨는 바로 수열에 의해 규칙적으로 배열되어 있다. 눈雪의 결정이나 거북의 등, 소나무 둥치의 나이테, 불가사리, 벌집 등을 보면 신神이 기하학자라는 말이 참인 명제, 즉 'T'라는 것을 느끼게 된다. 물론 신을 기하학자라고 말하는 것이 명제와는 상관없는 메타포metaphor, 은유라고 할지라도 말이다.

자연은 거대한 프랙탈fractal 도형과 같다. 프랙탈 도형이란 전체와 부분이 같아 어느 한쪽을 떼어내놓고 보아도 같은 형태를 가지고 있는 '자기 닮은 도형'을 말한다. 나무, 고사리의 줄기, 구름, 리아스식 해안, 물결치는 사막, 빗줄기, 담배 연기 등 자연과 생활 속의 많은 패턴이 프랙탈이라 할 수 있다. 아마도 컴퓨터 그래픽을 하는 분들은 이 프랙탈을 쉽게 접하고 만들어 낼 수 있을 것이다.

또 천둥과 번개의 관계는 어떤가. 빛은 소리보다 빠르므로 번개가 번쩍인 후에 천둥이 으르렁거린다. 이 시간의 간격을 수학 공식으로 찾아낼 수 있다. 또, 일식이나 월식의 날짜도 계산해 낼 수 있다. 아마도 지난 역사 속의 예언가나 마술사, 점성술사들 모두 수학에 일가견이 있던 사람들이었을 것이다.

이렇게 자연 속의 수학을 살펴보는 것이 자칫 수학이 과학을 위한 도구일 따름이라는 편견을 낳을까 봐 두렵다. 수학은 물론 자연과학과 밀접하게 연관되어 있지만, 그 발생은 과학적 현상과 관련되어 있을뿐더러 철학과 논리학의 측면에서 다뤄진다는 것을 잊어선 안 되겠다. 그런 점에서 수학은 수數를 다루지만 오히려 인문학적이라 할 수 있을 듯하다.

생활 속에선 더 많은 수학을 만날 수 있다. 21세기가 시작되던 해인 2000년에 전 세계인이 고민했던 것이 바로 21세기가 2000년부터인지 2001년부터인지에 관한 것이었다. 원칙을 따지자면 1세기가 1년부터 100년까지이고, 2세기가 101년부터 200년까지였으므로, 21세기는 2001년부터라는 게 수학적인 정답이다. 그러나 세계인은 새 천년에 대한 희망으로 2000년 1월 1일, 새로운 밀레니엄 행사를 치렀다. 2100년에도 22세기 행사를 치르게 될지는 100년을 더 살아 봐야 알겠지만, 우리가 그 사실을 확인하기는 어려울 듯하다. 100년 후의 사람들이 읽을 수 있다면 모르겠지만!

함수를 어려워하는 학생들은 역시 함수 따위를 배워서 어디에 써먹겠냐고 투덜대는데, 함수처럼 요긴한 것도 없을 듯하다. 함수가 없다면 위성방송을 볼 수도, 손전등의 불빛을 볼 수도 없을 것이다. 우리가 흔히 접하는 접시 모양의 파라볼라parabola 안테나를 한번 보자.

파라볼라 안테나는 바로 우리가 익히 알고 있는 이차함수의 기본식인 $y=ax^2$가 만들어 내는 포물선이다. x축이나 y축에 의한 변동이 없어야 전파를 완전하게 한곳으로 모아 선명한 화질의 방송을 볼 수 있게 된다. 안테나가 이차함수의 포물선 형태를 취하고 있는 것은 공중

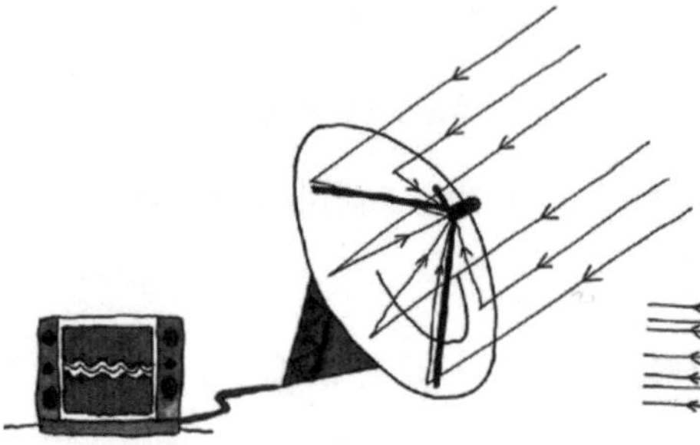

파라볼라 안테나가 전파를 모으는 원리

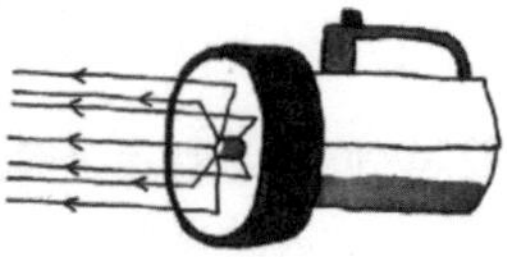

손전등이 불빛을 모아 내보내는 원리

에 떠다니는 전파가 어떤 방향에서 와도 접시의 내부를 치고 나오면서 하나의 초점에 모일 수 있기 때문이다. 손전등은, 이와는 반대로 작용하긴 하나 원리는 같다. 손전등을 잘 살펴보면 포물선 모양으로 움푹 꺼져 있음을 알 수 있다. 아마추어 수학자는 손전등 불빛을 밝히면서도 함수를 생각한다! 포물선은 집중시키기도 하고, 분산시키기도 한다. 바로 수렴과 발산. 파라볼라 안테나가 수렴이라면, 손전등은 발산이다. 무당벌레가 땅에 떨어져도 말짱한 건, 등이 포물선 모양으로 생겨 충격을 분산시키기 때문이다. 아, 위대한 신의 섭리!

아마도 우리가 가장 친근하게 접하는 수학이 확률과 통계일 것이다. 간단하게는 시험 성적의 평균을 구하는 것에서부터 시청률, 설문조사, 지지율, 선거 등의 많은 사회적 분야에 적용된다.

'복권에 당첨될 확률'이란 말도 많이 들린다. 그저 당첨될 확률이 별로 없다고 할 뿐 직접 계산하려 들지는 않겠지만…. 흔히 볼 수 있는 로또 복권은 순열에 의해 당첨 여부가 정해진다. 로또 복권은 1부터 49까지의 숫자 중에서 6개의 숫자를 골라 당첨 여부를 가린다. 확률의 기초를 배울 때를 떠올려 보면 쉽다. 일단 하나의 통에 1부터 49까지의 숫자가 적힌 공을 49개 집어넣는다. 월드컵 조 추첨할 때를 떠올려 보면 상황을 이해하기가 그리 어렵지 않을 것이다.

공들을 잘 섞은 후에 첫 번째 공을 뽑는다. 첫 번째 공이 뽑히는 '경우의 수'는 49가지, 하나를 제거했으므로 남은 것의 '경우의 수'는 48가지, 다음은 47가지…. 6개의 숫자가 어떤 식으로 배열될지의 '경우의 수'를 구하면 다음과 같다.

$49 \times 48 \times 47 \times 46 \times 45 \times 44 = 10,068,347,520$

만약 여기에 순서까지 영향을 미친다면,

$6!$(팩토리얼) $= 6 \times 5 \times 4 \times 3 \times 2 \times 1$

휴, 확률을 구하기 전에 이미 느꼈을 것이다. 공의 배열 순서와는 관계없다지만 로또 복권 1등에 당첨될 확률은 낙타가 바늘구멍에 들어가기와 같다는 걸 말이다. 그래도 누군가는 당첨된다.

이런 순열 같은 것은 비밀번호를 맞히거나 암호를 알아낼 때도 쓰인다. 나에겐 숫자로 된 자물쇠가 달린 서류가방이 하나 있다. 분명히 내가 잠근 것인데 오랜만에 그 가방을 사용하려고 보니 비밀번호가 생각나지 않아 자기 가방을 자기가 못 여는 상황이 되고 말았다. 바로 그 때 사용한 것이 순열. 다행스럽게도 두 자리만 맞히면 되었다. 순열이란, 말 그대로 순서에 의한 배열이니 어려울 것 없다. 암호를 알아내는 데는 그리 오랜 시간이 걸리지 않았다. (0,0) (0,1) (0,2) (0,3)…. 순서쌍을 적어 두고 무작정 맞혀 보기에 들어갔다. 빠른 시간 내에 풀 수 있었던 것은 비밀번호가 (1,2)였기 때문이다. (9,8) 정도의 숫자였다면 아마도…. 은행털이나 해커가 수학의 천재일지 모른다는 생각이 퍼뜩 스치고 지나가는 순간이었다.

앞과 같이 숫자가 쌍으로 이루어질 경우, 100가지 경우의 수만 검토하면 된다. 그것도 실은 적은 숫자는 아니다. 그런데 숫자가 4개나 6개로 늘어날 경우, 거기다가 알파벳까지 가세한다면 경우의 수는 엄청날 것이다.

다리 속에도 수학 공식이 숨어 있다. 그림과 같은 다리를 현수교懸垂橋라 부르는데,

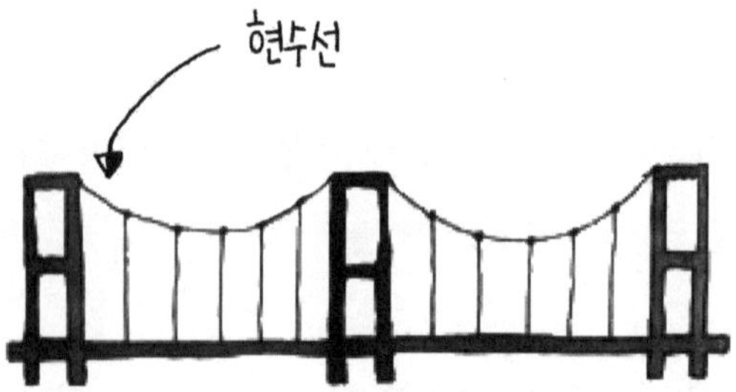

이런 다리를 만들기 위해선 반드시 $y=cosh\ x\left(=\dfrac{e^x+e^{-x}}{2}\right)$ 라는 공식을 만족시켜야 한다.

현수선centenary이란, 고무줄놀이를 할 때 보게 되는 것처럼 양쪽에서

고무줄을 잡고 있을 때 축 처진 부분의 곡선을 말한다. 철탑 사이의 전깃줄도 중력과 장력의 적절한 균형으로 이루어진 현수선이라 할 수 있다. 고무줄놀이를 할 때 현수선이 이루어지지 않고 팽팽하게 당겨진다면 고무줄은 끊어지고, 누군가 다치게 될 것이다. 어릴 때 키 크다고 만날 고무줄만 잡았던 나 같은 사람! 틀린 계산으로 다리를 만든다면 아마도 부실 공사가 되어 무너지는 건 시간문제가 될 것이다.

이밖에도 생활 속에서의 수학의 활약상은 천 일 밤을 이야기해도 모자랄 정도로 무궁무진하지 않을까. 우리가 모르는 사이 우리를 찾아와 흔들고 가는 그 무엇. 우리가 수학과 한순간이라도 떨어져 살기는 아무래도 힘들 것 같다. 우리는 날마다 휴대폰을 쓰고 컴퓨터를 쓰고 위성방송을 본다. 복사할 때, A4(210×297mm)로 할 것인지 B5(182×257mm)로 할 것인지 고민하며 수학적 비례에 대해 생각한다. 또, 우리는 함수 암상자와 같은 커피 자판기에 x값의 동전을 집어넣고, 변수가 나오기를 기다린다. 자, 우리의 y인 밀크커피가 나왔다!

추리소설 속의 알리바이를 이용한 범인 잡기가 수학적 추론에서 비롯된다는 사실은 알고 있는가. 볼링핀과 포켓볼의 삼각수, 지도 속의 축척, 모니터 화면보호기를 장식하던 뫼비우스의 띠! 소설 속에선 종종 '나비효과'를 만나기도 하는데, 나비가 날개를 퍼덕이면 지구 반대편에선 폭풍이 인다는, 다소 시적인 혼돈 이론이다. 이것은 에드워드 로렌츠가 1963년에 발표한 학설이다.

이렇듯 우리는 돈 계산 하는 것 외에도 수많은 수학적인 것에 노출

되어 있다. 미술 작품이나 음악 속에 무수한 수학적 공식이 숨어 있다고 하면 예술이 더 이상 예술로만 보이지 않게 될까? 명작 속의 '황금비율'이나 비례, 투시법 등은 익히 들어 알고 있을 것이다. 게다가 음악은 어떠한가. 음악 감상하는 것을 넘어 악보를 보거나, 나아가 음악 이론을 공부하려 한다면 수학과 정면으로 맞서야 한다.

음악은 미술보다 수학과 더 친해서, 음악을 잘하려면 먼저 수학을 잘해야 하는 상황이 벌어진다. 학창 시절에 화성음 같은 음계 때문에 고생한 경험을 떠올려 본다면 음악과 수학이 얼마나 잘 통하는지 쉽게 짐작할 수 있을 것이다. 음악 소리는 진동들의 배열이다. 아주 간단하게 말하면 손뼉 치며 박자를 맞추는 행위는 매우 수학적인 것이다. $\frac{1}{4}$박자, $\frac{2}{3}$박자 등.

수학은 그리 고리타분한 것이 아니다. 공식을 달달 외우는 것만이 수학이 아니다. 수학은 오히려 인문학적이며 실용적이고, 또한 예술적이다. 수학은 생동감 있게 우리 주변에서 펄떡거리고 있다. 이제부턴 '수학은 배워 봤자 머리만 아픈, 아무짝에도 쓸모가 없는 것'이라는 말만은 삼가자. 우리는 이미 아마추어 수학자 아닌가!

철학에서 과학까지, 수학의 탄생

물론 학문의 모든 분야가 그렇듯이 수학도 고매한 이성에서 출발해 사물과 세계가 어떻게 이뤄졌는지에 대한 궁금증, 즉 철학에서 시작되었다. 사람들은 저마다 가슴에 깊은 우물 하나쯤은 가지고 있어 제 속으로 저 혼자 깊어 간다. 「베를린 천사의 시」라는 영화에서처럼 '나는 왜 저 사람이 아니고 나일까, 저 사람은 왜 내가 아니고 저 사람일까.' 하는 마음속의 고독한 성찰이 위대한 철학을 발생시켰다. 수학도 철학과 그 뿌리를 같이하므로, 그것과 다르지 않다. 수학은 다분히 철학적이다. 수학 속엔 문학과 예술, 역사와 인생이 숨어 있다.

수학을 단순히 숫자를 다루는 학문이라고 오해하기 쉽다. 때문에 암산을 잘하는 사람을 보면 수학의 천재라고 치켜세우기부터 한다. 그러나 역사 속의 수학 천재들 가운데 암산 실력이 계산기 저리 가라할 정도로 뛰어났던 사람은 손에 꼽을 정도로 적다. 암산에 능한 것은 기계적인 기능이지, 수학적 깊이와는 무관하다. 암산과 암기를 잘하는 사람들은 똑똑해 보이지만, 진실로 수학적이라고 하긴 어렵다.

> 역사 속의 천재적인 수학자들은 오히려 보통 사람보다 아둔한 경우가 많았지만, 엄청난 직관력으로 범인凡人, 평범한 사람이 생각지 못하는 수학의 세계를 발전시켰다.

필요는 발명의 어머니라고 했다. "수학 따위를 배워서 무엇에 써 먹겠다는 거야?"라고 외치는 순간에도 수학은 끊임없이 움직이며, 세상을 돌아가게 하고 있다. 경제학의 '보이지 않는 손'의 개념이 수학에도 적용된다고나 할까. 지금 이 순간에도 우리는 수학이 제공하는 환경 속에서 수학의 혜택을 누리며 살아가고 있는 것이다. 수학은 그야말로 '과학의 여왕'(가우스의 표현)이며, 철학의 꽃이다.

처음 숫자의 개념이 등장한 것은 원시시대부터인 걸로 추정된다. 사냥한 짐승의 숫자를 세거나 가축의 수를 세기 위한 필요에 의해 발생했는데, 당시의 화석들이 고고학자들에 의해 발견되기도 한다. 막대기 위에 숫자만큼의 빗금을 그린다든지, 돌멩이를 일대일(1:1)로 대응시키는 방식으로 당시의 수셈이 이뤄졌던 것 같다. 인간의 감각은 수의 많고 적음에 대한 인식을 할 수가 있었고, 돌이 많이 쌓이면 쌓일수록 수가 크다는 것을 인지했다.

이런 원시시대의 수에 대한 개념은 문명이 일어나기 시작하면서 발전하게 된다. 문명은 농사를 지을 수 있는 비옥한 토양과 물이 있는 하천 주변에서 일어났다. 파피루스의 발명은 수학과 철학의 발전에 지대한 영향을 끼쳤다. 파피루스 위에 기록을 할 수 있게 됨으로써 지식을 반영구적으로 소장할 수 있게 되었던 것이다.

이집트의 숫자 역시 파피루스에 기록되어 전해지고 있는데, 1은 '|', 2는 '||', 3은 '|||'의 방식으로 썼다. 이것은 중국에서도 마찬가지다. 우리가 알고 있는 한자이며 모양을 본뜬 상형문자인 '一, 二, 三'도 이집트의 그것과 같은 방식으로 만들어진 문자들이다.

여러 가지 모양의 숫자들

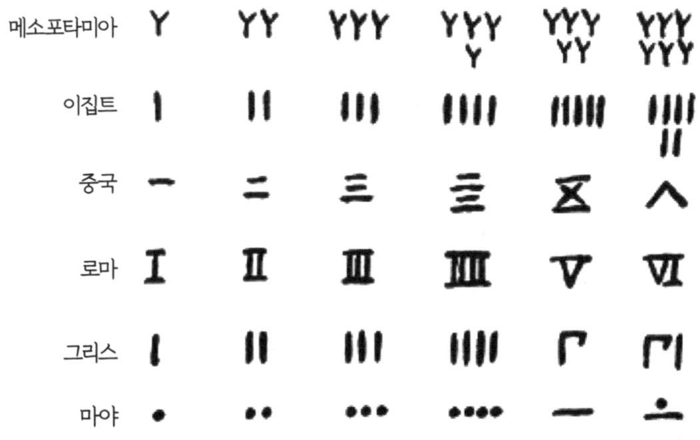

당시에는 수를 5개 단위로 묶었던 것 같다. 앞의 숫자들 모두 5개를 단위로 변화한다. 이것을 주판에서 사용되는 오진법이라고 해 두자. 당시에도 5개 이상의 막대기를 긋는다는 것이 양도 많고 보기도 불편하다고 느꼈던 모양이다. 십을 표시하면서 10개의 막대기를 그려 놓는다면 해독하기에 부담스러웠을 것이다.

이집트에선 꽤 큰 수에 대해서도 표시했는데, 그림이 참으로 재미있다.

일 십 백 천 만 십만 백만 무한

1 단위는 쉽게 구분할 수 있게 막대기로 긋고, 10은 휘어진 모양인데 이것은 뒤꿈치를 나타낸다. 100은 좀 더 많아진 수이므로 두루마리 모양으로 나타내고 1,000은 연꽃 모양인데 나일 강에 연꽃이 천 단위만큼 많이 피어 있었기 때문이라고 한다. 10,000은 지적하는 사람의 손가락 모양이고 100,000은 올챙이 모양으로 수많은 올챙이가 뭉쳐 있는 모양을 보고 만들었다. 1,000,000은 숫자가 너무 커서 깜짝 놀라는 사람, 혹은 우주를 지배하는 신을 뜻한다. 그런데 정작 놀랄 만한 사실은 이집트 사람들이 무한에 대해 인식했다는 점이다. 사람으로서는 도저히 셀 수 없는 거대한 수이므로 태양의 모습으로 나타냈다.

이 모든 숫자는 요즘의 시각에서 보기엔 지극히 원시적이다. 이런 식의 숫자 체계로 수를 쓰면 낙서나 그림같이 되어 버리고, 빠른 해독이 불가능하다. 그다지 큰 수를 세지 않았던 당시로서는 유용했겠지만 말이다.

우리가 현재 사용하는 숫자는 로마 숫자도 아니요, 이집트 숫자도 아니다. 현재 우리가 사용하는 1, 2, 3, 4, 5, 6, 7, 8, 9, 0이라는, 편리하고 알기 쉬운 수 체계가 '아라비아 숫자'라는 건 모르는 이가 없을 것이다. 하지만 아라비아 숫자라고 하기보다는 인도 숫자라고 해야 옳다. 인도인들이 발명한 것이기 때문이다. 아라비아의 상인들이 인도를 왔다 갔다 하다가 이 놀랍고도 편리한 숫자에 대해 알게 되었고, 그것을 서방 세계에 전파해 아라비아 숫자라고 알려지게 된 것이다.

물론 초기의 숫자는 지금과 같은 모양새는 아니었고, 0에 대한 인식도 없었다. 오랜 역사와 함께 변화를 거듭하며 오늘날처럼 완전무결해

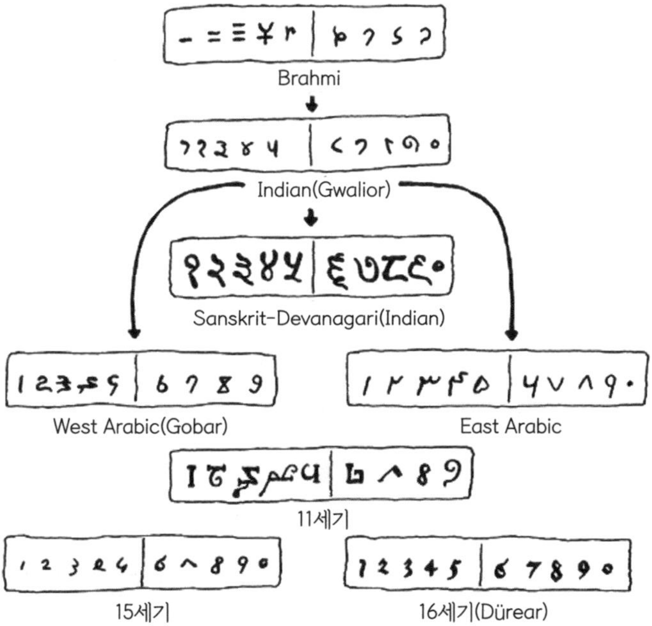

현재 우리가 쓰는 아라비아 숫자의 변형 과정

보이는 숫자 체계로 마무리되었다. 언어와 함께 수의 사용도 사회적인 약속이다. 만약 아라비아 숫자가 아닌 다른 문명의 수 체계가 대중적으로 알려지고, 많은 사람이 사용하게 되었다면 우리는 지금 아라비아 숫자를 낯설게 여길지도 모른다.

아래와 같은 숫자를 썼다면 수학의 발전이 대단히 느려졌을 게 틀림없다. 숫자를 쓰다가 시간이 다 가 버릴 테니까. 게다가 수학을 취미 삼지도 못했을 것 같다. 아라비아 숫자에 갈채를!

아라비아 숫자에 비해 복잡한 이집트 숫자와 로마 숫자

숫자의 발생과 더불어 기하학은 고대사회에서 중요한 부분이 되었다. 숫자가 셈에 대한 필요성에 의해 발생했듯이 기하학 역시 토지를 측량하기 위해 발생했다. 문명의 발상지가 모두 비옥한 토양을 가지고 있고, 농업을 할 수 있는 곳이다 보니 밭의 측량이 농부들에게 중요한 이슈로 떠올랐을 법하다. 특히 이집트는 나일 강이 범람하고 나면 어디가 어딘지 구분하기가 어려웠으므로 토지 측량은 필수였다. 그런데 이 경우 기하학의 범주에 머무르지 않고 대수적으로 접근하기도 했다.

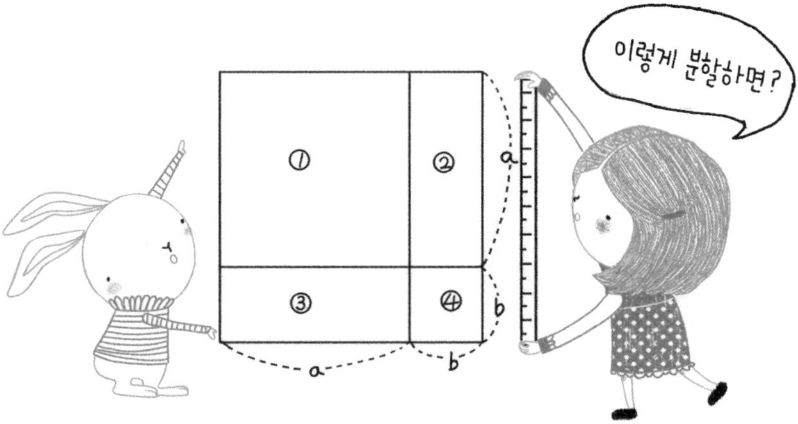

정사각형 땅의 넓이를 잴 때, 위와 같이 분할했다고 하자. 이것은 한 변의 길이가 $a+b$인 정사각형이 되므로, 사각형의 넓이는 $(a+b)^2$이다. 이 사각형을 위와 같이 분할하면 4개의 조각이 생기는데, 이것의 각각의 넓이를 더하면 분할하기 전의 사각형의 넓이와 같아진다.

① $a \times a = a^2$ ② $a \times b = ab$ ③ $a \times b = ab$ ④ $b \times b = b^2$

이 4개를 모두 더해 보면,

$a^2 + ab + ab + b^2 = a^2 + 2ab + b^2$

$\therefore (a+b)^2 = a^2 + 2ab + b^2$

위와 같은 방법으로 우리가 알고 있는 방정식들을 모두 증명해 낼 수 있다. 물론 위와 같은 완전한 식으로 전개할 줄 알았던 것은 아니지만, 기하학을 대수학으로 인식해 풀어내고자 하는 노력이 있었다. 기하학과 대수학의 완전한 결합은 데카르트 시기에 이루어진다. 데카르트는 그의 저서 『방법서설』에서 대수적 수법을 통해 기하학을 도형의 사용에서 해방시키자는 주제에 대해 분명하게 언급하고 있다.

고대 이집트인들은 거리를 측정할 줄 알았고, 비례에 대한 초보적인 지식이 있었으며, 삼각형의 넓이를 재는 공식을 고민했고, 원주율에 대해서도 고찰했다.

어느 날 갑자기 찾아오는 것은 사랑과 죽음밖에 없다. 피타고라스나 아르키메데스가 어느 날 갑자기 깨달음을 얻고, 기하학의 위대한 정리들을 써 내려갔을 리 없다. 오랜 시절부터 조금씩 쌓여 온 수많은 발견과 직관들이 바로 공식의 밑거름이 되어 주었던 것이다. 4대 문명 발상지의 농부들은 이미 후에 위대한 정리로 탄생할 기하학의 기초에 대해 충분히 인식하고 있었고, 이것을 그들의 농업과 상업, 즉 생활에 적극적으로 활용하고 있었다.

신이 만물을 창조했다면, 인간의 직관은 기하학을 창조했다. 신은 초월적인 기하학자이고, 인간은 다분히 인간적인 기하학자이다.

고대의 수학은 역사를 거듭하며 조금씩, 혹은 획기적으로 발전하기 시작한다. 그 속에 천재적인 수학자들이 있다. 수학자로 불릴 만한 사람을 거슬러 올라가면 탈레스에서 멈추게 된다. 물론 탈레스 이전에도 수많은 천재가 있었다. 가령 돌의 일대일 대응으로 가축의 수를 세자고 제안했던 원시인도 위대하다. 누군가는 숫자의 모양을 만들었을 테고, 누군가는 밭의 측량 기술을 고안해 냈을 것이다. 하지만 우리가 알 수 있는 최초의 수학자는 탈레스로, 수학사의 전설 같은 인물이다.

천재 수학자들은 학문을 연구하고, 제자들을 길러 자신의 학문을 전수함으로써 영원히 살게 되었다, 인간들의 기억 속에…. 마치 『성서』에 등장하는 계보처럼 탈레스는 피타고라스를 탄생시켰고, 그들과 더불어 플라톤, 아리스토텔레스 등의 수학자들은 유클리드를 낳았다. 유클리드는 2000년이 훨씬 넘는 오늘날까지 살아남아 우리의 기하학적 직관 훈련을 도와준다.

모든 수학이 서양에서만 발생한 것은 아니다. 동양의 수학도 서양 못지않았다는 사실을 간과해선 안 된다. 수학이 필요하지 않은 곳은 지구상 단 한 군데도 존재하지 않는다. 미개한 사회라 할지라도 자신이 잡은 동물의 뼈를 전리품처럼 목걸이로 만들 때 수학적 개념이 필요하다. 목걸이에 뼈가 많이 걸릴수록 사냥에 능한 사람으로 추앙받았을 것임은 자명하다.

동양에서도 서양과 마찬가지로 수학이 필요했다. 서양에 유클리드의 『기하학 원론』이 있다면, 동양엔 『구장산술』이 있다.

구장산술에는 π에 대한 연구를 비롯해, 기하학과 계산에 관한 여러 가지 연구가 실려 있다. 현재의 아라비아 숫자가 인도에서 유래했다는 것만 봐도 동양 수학이 건재했음을 확신할 수 있다. 인도의 수학은 20세기에 '라마누잔Srinivasa Ramanujan, 1887-1920'이라는 수학자를 배출하면서 더욱 주목받게 되었다.

이슬람 문화권의 학자들 역시 이슬람 사상과 학문을 조화롭게 융화시키며 수학 연구에 몰두해 왔다. 이들 역시 기하학의 모든 분야와 수에 대한 연구를 했는데, 특히 높은 차수의 대수학에 관심을 보였다. 이슬람 문화권 수학자들의 이름은 참으로 낯설다. 아불 웨파Abul-Wefa, 940-998?, 알 카르히Al- Karkhī, ?-1019?, 오마르 카얌Omar Khayyam, 1048-1141, 나시르 아딘Nasir addin, 1201-1274. 이 이국적인 이름들은 흔히 들어왔던 피타고라스나 오일러라는 이름보다 어쩐지 신비로운 느낌이 든다.

서구 사회에서 중세 시대는 암흑기였으므로 수학 및 학문의 발전을 기대하기 어려웠다. 예술과 학문은 시들어 갔다. 이 시기에 이슬람 문화권의 약진은 돋보인다. 이들은 그리스 문화를 계승해 독자적인 연구를 해 나갔고, 아라비아의 학문은 부흥기를 맞는다. 서구 사회의 학문 공백기를 이슬람 문화가 이어갔고, 후에 문예부흥르네상스이 일어날 때 과거의 그리스 학문을 서구 사회에 전해 주는 교량 역할을 하게 된다.

서구의 문명은 르네상스를 맞이해 부활하기 시작한다. 꾸준히 학문을 지켜 온 이슬람 문화권의 활약이 돋보이는 부분이다. 인쇄술이 발달하기 시작하면서 이슬람 서적들의 번역이 활성화되었다. 번역을 통해 서구 사회는 수학에 대한 지식을 넓혀 가고, 잊힌 그리스 수학에 대한 소급 연구를 하게 된다.

이 문예부흥기에 돋보이는 예술가, 학자들이 여럿 탄생한다. 그 중 하나가 우리에게 화가로 잘 알려진 레오나르도 다 빈치Leonardo da Vinci, 1452-1519이다. 그는 예술가였으며 수학자였고, 또한 과학자였으며 의학자였다. 다방면에 재능이 많은 다 빈치와 같은 인물들은 르네상스를 더욱 알차게 만들어 주었다. 이 시기에 수학 연구에 뛰어난 재능을 발휘했던 인물들도 많다. 카르다노, 타르탈리아, 네이피어, 케플러, 스테빈 등이 그들이다.

서양의 수학은 과학과 결합하고 과학을 발전시킴으로써 진정한 과학의 여왕으로 등극하며 그 전성기를 맞이하게 된다. 근대와 현대로 넘어오면서 수학은 비약적인 발전을 하기 시작한다. 데카르트, 뉴턴, 라이프니츠, 힐베르트, 아인슈타인에 이르기까지 수많은 학자에 의해 수학이 발전했고, 바로 여기 평범한 시민이자 아마추어 수학자를 꿈꾸는 우리의 책상 위에 수학이 놓여 있다. 우리는 책상에 앉아 까마득한 역사를 한눈에 꿰뚫어 볼 수 있고, 쉽게 정리된 공식만을 가지고 문제를 푸는 즐거움을 만끽하기에 이르렀다. 지난 시절의 유클리드보다, 혹은 데카르트보다 훨씬 많은 것을 알고 있고 이진법에 대해 연구했던 라이프니츠조차 만져 보지 못한 컴퓨터를 장난감 다루듯 하는 우리는 그들에 비해 훨씬 많은 것을 알고 있다. 이 얼마나 짜릿한 일인가.

모든 학문이 그렇듯이 역사를 돌이켜 보는 것은 중요한 작업이다. 원리공포증을 극복하는 데 수학의 역사를 공부하는 것만큼 좋은 방법도 없다. 역사 속엔 이야기가 있고, 당시의 수학자가 고민했던 방식을 저도 모르게 따라 갈 수 있어 흥미롭다.

탈레스부터 시작해, 주목할 만한 여러 수학자의 개인적인 이야기에 초점을 맞춰 이야기를 해볼까 한다. 주로 특이한 개인사를 가진 흥미로운 인물들을 위주로 했는데, 거창하고 어려운 수식에 대해서는 생략하기로 한다. 우리가 교과서에서 쉽게 만날 수 있는 학자들과 공식들에 대한 이야기만을 담았고, 중학 과정 정도의 수준으로도 충분히 이해할 수 있는 것만을 다뤘다.

기초적인 부분에 대해선 증명의 과정까지 적었다. 학생들의 경우 도형을 짚어 가며 말로 설명하면 쉽게 알아듣는데, 책이나 문제집에 복잡한 수식이나 문자가 씌어 있으면 무척 어렵게 느낀다. 그러나 기하학을 증명하는 문자나 수식들은 의외로 단순한 것이 많다. 주의 깊게 살펴본다면 누구나 이해할 수 있다.

물론 눈으로 읽어 보는 것에 만족하지 말자. 노트를 펴고, 기하학의 도형을 그리고, 이렇게 그려 보고 저렇게 그려 보며 한참을 고심하다가 그것을 수식이나 문자로 풀어내는 연습을 여러 번 해 보자. 그러면 다음번에 어려운 전공서나 논문 같은 데서 유사한 도형을 발견했을 때 옆에 써 있는 어려운 수식들도 금방 눈에 들어오게 되어 있다.

그리스의 철학자들은 대화를 통해 자신의 논리로 상대를 설득하면서 철학 공부를 했다고 한다. 왜 그런지에 대해 다른 사람으로부터 질문을 받았을 때, 논리 정연하게 설명할 수 있어야 진짜 증명이다. 그러기 위해선 홀로 고민하는 시간이 필요하다.

재미있는 사실은 마치 단계별 교과서처럼 시대를 거듭할수록 점점 어려운 문제로 넘어간다는 사실이다. 하기야 수학은 과학과 달리 전혀 새로운 학설로 대치되는 것이 아니라 전 단계의 연구를 발전시켜 고차원으로 넘어가는 과정을 겪는다. 일차방정식을 푸는 방법이 마련되면, 그다음 학자는 이차방정식을 풀어낸다. 그 지식을 바탕으로 그다음 시대의 학자는 삼차방정식을 풀게 되는 식이다.

그럼, 이제부터 함께 수학의 역사를 통사적으로 훑어보도록 하자. 수학 천재들은 다 미치광이가 아닌가 하는 선입관은 멀리 떼어 두는 것이 좋겠다. 여기 나열한 천재들은 수학적으로도 중요한 인물임과 동시에 특별한 이력을 갖고 있는 사람들이므로, 모든 수학자가 이들처럼 광기 어린 인물이거나 성격이상자라고 오해하지 말기를 바란다.

에디슨보다 2000년 먼저 전기를 연구한 탈레스

Thales of Miletus, B.C. 600년경

아마도 수학자라고 말할 만한 첫 번째 인물을 꼽으라면 주저 없이 탈레스를 꼽을 수 있을 것이다. 까마득한 옛날, 그러니까 기원전 600년경에 살았다고 추정되는 탈레스는 우리가 교과서에서 분류해 배울 만한 논증수학을 처음으로 체계화한 사람이다. 그는 모든 궁금증을 명제로 설명해 내고자 노력했다. 우리나라 중학교 2학기 수학 교과서를 가득 메우고 있는 도형(원, 직선, 삼각형)의 상당 부분이 탈레스에 의해 정리된 것들이다. 이처럼 중요한 인물이 교과서에 거론되지 않고 있다는 것이 안타까울 뿐이다.

탈레스는 소아시아의 서부 해안 도시, 이오니아의 열두 나라 가운데 하나였던 밀레투스에서 태어났다. 밀레투스는 공업과 상업의 자유도시로서 부유하고 여유롭고 동시에 유연한 사회였다. 탈레스는 이런 사회 환경 속에서 해상무역상으로 자유롭게 여행하며 진보된 사고를 할 수 있었던 것으로 보인다.

도형을 취급하는 것이 기하학이고, 수식을 취급하는 것이 대수학이라고 간단히 분류해 본다면 나는 대수학 쪽을 더 좋아하는 편이다. 기하학은 풀기 어려운 퍼즐 같은 느낌을 주기 때문이다. 아마도 사람들 대부분이 기하학을 다루는 부분에서 수학을 어렵다고 느낄 것이다. 중학교 2학년 때 배우는 수많은 삼각형과 사각형, 그리고 뭐가 뭔지 모르겠는 수많은 증명. 이쯤에서 "수학, 포기하고 말지!" 했던 사람이 꽤 많을 것이다. 그러나 기하학에 대한 증명을 연구할 시간만 충분하다면 얼마든지 재밌게 공부할 수도 있지 않을까 생각한다. 짧은 시간 내에 수많은 증명을 공식 외우듯이 공부해야 하는 건 쉽고 어렵고를 떠나서 정말이지 지겨운 노릇이다. 한 가지 정리에 대해 이야기를 만들 듯이 증명을 하고, 그 증명에 대해 오래도록 토론할 수 있는 시간만 허락한다면 충분히 재미있는 부분이 될 수도 있을 것이다. 문제의 발단은, 공부해야 할 범위는 너무 많고 시간은 부족하다는 것이다.

아무튼 탈레스가 천재였던 것만은 어려운 증명 과정을 거치지 않아도 쉽게 짐작할 수 있다. 그가 전설 속의 인물인지 실존 인물인지에 대한 논쟁은 아직껏 끊이지 않고 있지만 말이다. 까마득한 옛날, 그것도 기원전의 일이므로 진실은 신神만이 안다.

탈레스는 젊었을 땐 상점의 점원으로 일했고, 후에 해상무역상으로 활약했다. 위대한 사상가나 예술가들 중엔 독신이 많은데, 탈레스 또한 평생 독신으로 살았고 최초의 독신 예찬론자였다. 자기 세계를 가지고 뭔가에 몰두하려면 결혼은 거추장스러웠을 것이다. 사상가로서, 철학가로서, 예술가로서의 몰입을 이해하지 못하는 사람들과는 절대로 같이 살 수 없는 노릇이다. 소크라테스의 불행한 결혼 생활도 몰입하는 철학자와 보통 생활인과의 불협화음 때문에 발생한 것이었다. 혹자는 크산티페가 악처였기 때문에 소크라테스가 철학을 하게 되었다고 한다. 하지만 내 생각엔 소크라테스의 철학에 대한 몰입이 일상생활과는 맞지 않았기 때문에 크산티페가 울화통이 터져 본의 아니게 악처가 되지 않았나 싶다.

탈레스도 결혼이란 걸 했다면 아마도 상당히 구박받는 남편이 되었을 것 같다. 물론 해상무역상으로서 일을 했고, 영특한 머리로 올리브 풍작을 예감해 올리브 압착기를 매점매석해 상당한 부를 축적하기도 했으니 가장으로서의 면목은 섰을 것이다. 하지만 천재의 전형처럼 일상생활엔 어수선하고 멍청하게 굴었을 테고, 머릿속에 자기만의 다른 세계를 담고 살기 때문에 보통의 삶과는 융화될 수 없었을 것이다.

탈레스는 당시에 아무도 생각지 못했던 일식을 예언한 천문학자로도 유명하다.

"5월 28일에는 한낮인데도 태양이 빛을 잃어 갑자기 밤이 찾아오고 별이 빛날 것이다."라고 한 편의 시를 읊듯이, 아니면 노스트라다무스가 지구의 종말을 말하듯 장엄하게 예언했다. 예언자도, 무당도, 점술가도 아닌 천문학자로서. 사람들은 실제로 일식이 일어나자 자신들의 과오로 신이 분노한 것이라며 벌벌 떨었을 것이다. 이런 탁월한 천재인 탈레스가 천문학에 빠져 하늘을 유심히 관찰하며 거닐다가 웅덩이에 빠졌다는 사실을 믿을 수 있겠는가. 자기 발 앞도 제대로 살피지 못하면서, 어떻게 그 신비로운 천체의 비밀을 연구할 수 있는지 이를 본 사람들은 모두 혀를 끌끌 찼다.

탈레스는 산만하고 멍청한 사람이기도 했지만 약간의 광기와 독기를 가진, 별로 따뜻하지 못한 사람이기도 했던 것으로 추정된다. 기원전에도 기혼자들은 독신들에게 공격적이었던 것 같다.

친구 솔론이 왜 결혼 안 하느냐고 물었다는 이유로, 탈레스는 사람을 시켜 솔론의 아들이 죽었다는 거짓 소식을 전했다고 한다. 솔론이 땅을 치며 고통의 눈물을 흘리자 탈레스 왈 "친구여, 내가 결혼 안하는 이유를 알겠나?" 했단다.

나 같았으면 솔론에게 "그러는 자네는 왜 결혼했나?"라고 물어줬을 텐데…. 솔론이 "탈레스, 언제 결혼할 건가?" 그렇게 물어 오면 "그러는 솔론, 자네는 언제 이혼할 건가?"라고 되물어 줬을 텐데. 탈레스는 좀 유머도 없고, 인정머리도 없는 인물 같다. 내가 솔론이라도 '음, 저놈은 친구도 아니군.' 하고 정나미가 뚝 떨어졌겠다. 겉으로야 "괘얀타, 칭구끼리 미얀한 거 엄따!" 했겠지만. 그러나 기혼자들이 타인의 삶, 특히 독신자들의 삶에 지나치게 폭력적이라는 것은 한번쯤 생각해 볼 문제이다.

탈레스가 사람한테만 인정머리 없었던 건 아니다. 머리 굴렸다가 탈레스에게 된통 당한 천재 낙타 이야기를 보면 그렇다. 우리에게 잘 알려진

'소금 실은 당나귀 이야기'의 근원지가 바로 탈레스이다. 탈레스가 젊어서 상점 점원으로 배달 일을 할 때였다. 낙타 등에 소금을 싣고 강을 건너던 길에 그만 낙타가 돌부리에 차여 물에 빠지고 말았다. 그런데 소금이 물에 녹아 짐이 가벼워진다는 것을 눈치 챈, 지능지수가 낙타의 것이라고 보기에 의심스러운 이 녀석이 그 후론 물을 건널 때마다 일부러 넘어지는 것이 아닌가. 생각 끝에 탈레스는 이 건방진 녀석의 나쁜 습관을 고쳐 주기 위해 등에다 소금 대신 솜을 잔뜩 실었다. 솜과 소금이 물을 만났을 때 어떤 작용을 하는지의 차이를 미처 깨닫지 못한 낙타는 "어렵쇼, 또 물이네." 하고 물을 향해 달려가 잽싸게 몸을 던졌다. 그런데 이게 어찌 된 일인가. 가벼워져야 할 짐이 천근만근 무거워지는 바람에, 무릎을 후들거리며 걸어야 했다. 탈레스의 저 회심에 찬 미소가 보이는가! 그러게 누가 감히 낙타 주제에 역사적 천재 앞에서 잔머리를 굴리라 했는가.

자, 이제 연필을 잡고 노트 위에 직선 2개가 서로 교차되게 그려보자. 마치 탈레스가 된 것처럼.

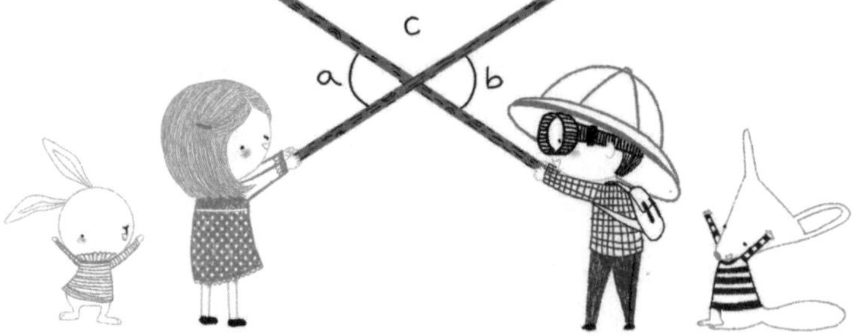

두 직선이 'X' 자로 교차하면서 '교각'이 생긴다. 이것을 서로 마주 보고 있는 각이라고 해서 '맞꼭지각'이라고도 한다.

마주 보는 꼭지각(맞꼭지각)의 크기는 서로 같다.

어떤 식으로 교차시키든 맞꼭지각의 크기는 항상 같다. 뭐, 지금은 중학교 1학년도 다 아는, 별로 어렵지도 않은 정리이다. 하지만 기원전의 탈레스에겐 엄청난 연구를 필요로 하는 발견이었을 것이다. 이것은 탈레스 이전의 사람들도 암묵적으로 알고 있던 사실이었을지 모르나, 탈레스가 각에 대해 인식하면서 최초로 체계적으로 정리한 것으로 보인다.

$\angle a$와 $\angle b$가 같다는 것은 앞의 그림을 보면 잘 파악할 수가 있다. $\angle a$와 $\angle c$는 일직선에 있으므로 합이 180도이다. $\angle c$와 $\angle b$ 또한 일직선에 있으므로 그 합이 180도이다. 교차하는 두 직선은 $\angle c$를 사이에 두고 있다. 그러므로 $\angle a$와 $\angle b$는 서로 같다. 잘 이해가 되지 않는 사람이 있다면 위의 식을 연립방정식으로 풀어 보자.

$$\begin{array}{rl} & \angle a + \angle c = 180^\circ \\ -) & \underline{\angle b + \angle c = 180^\circ} \\ & \angle a - \angle b = 0 \\ \therefore & \angle a = \angle b \end{array}$$

이것마저 의심스러운 사람은 각도기를 가지고 여러 개의 직선을 그어 놓고 교각의 크기를 재어 보라. 안 말린다.

탈레스의 정리는 곧 비례의 정리라고도 볼 수 있다. 피라미드의 높이를 잰 것도 바로 비례식을 이용한 것인데, 식으로 써 보자면 다음과 같다.

피라미드의 높이 : 피라미드 그림자 길이
= 막대기의 높이 : 막대기 그림자의 길이

누가 감히 신의 건축물로 일컬어지는 거대한 피라미드의 높이를 잴 수 있었겠는가. 오로지 탈레스만이 과감하게 인간이 지성으로써 신의 영역에 도전할 수 있다는 것을 보여 주었다. 당시의 이집트는 문명의 발상지로서 상당한 수준에 이른 학문과 예술의 도시였던 것 같다. 탈레스도 그렇고, 피타고라스도 이집트로 가서 많은 것을 배우고 자극을 받았던 것을 보면 말이다.

탈레스는 해상무역상으로서 배를 타고 이집트에 갔다. 그곳에서 피라미드의 웅장한 모습에 매료당해, 급기야 피라미드의 높이에 몰두하기 시작했다. 당시의 아마시스 왕의 요청이었다는 이야기도 있고, 높이를 측정해 내어 아마시스 왕을 놀라게 했다는 이야기도 있다. 어쨌든 중요한 것은 탈레스가 피라미드의 높이를 쟀다는 사실이다.

탈레스는 '닮음'에 대해 인식하고 있었다. 어떤 것을 축소하거나 확대를 해도 모양이 같으면 닮음이므로, 비례한다고 생각했다. 이 닮음과 비례에 대한 인식은 인간으로 태어나 살면서 자연스럽게 체득되는 감각이다. 고양이의 경우, 수염을 이용해 공간을 인지하는 것과 마찬가지다. 고양이의 수염을 잘라 버리면 균형 감각을 잃고 공간에 대한 인지 능력이 떨어져 아무 데나 부딪히는 것을 볼 수 있는데, 다행스럽게도 인간은 수염 따위에 의존하지 않아도 자연스럽게 공간에 대한 감각을 익히게 된다. 고양이에겐 기하학이 불가능해도 인간에겐 가능하다. 인간은 실제로 보거나 만지지 않고도, 머릿속으로 생각하는 것만으로도 이것과 저것이 닮고 이것과 저것이 비례한다는 사실을 알 수 있으므로 고양이보다는 전지적이라 하겠다.

탈레스는 이 닮음과 비례에 대한 발상을 피라미드의 높이 측정에 사용했다. 우선 밑면이 사각형이고 4개의 삼각형이 세워진 사각뿔, 즉 피라미드의 높이는 피라미드의 꼭짓점에서 밑면을 향해 수직으로 발을 내린 만큼의 길이다. 이와 똑같이 땅에도 막대기를 수직으로 내리꽂는다. 그러면 거대한 피라미드 속의 거대한 막대기와 땅에 내리꽂은 작은 막대기가 나란히 서게 된다. 그 위를 평행한 햇빛이 쏟아져 내리고, 두 막대기는 각각 그림자를 만든다. 그 그림자의 끝으로 헐레벌떡

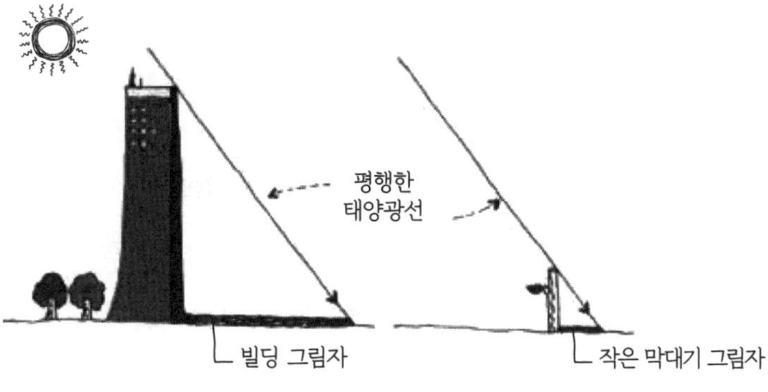

달려가 정확한 지점에 말뚝을 박아 두고, 다음은 비례식으로 풀어 주면 끝이다.

만약 피라미드 그림자의 길이가 10이고, 작은 막대기의 길이가 2, 작은 막대기 그림자의 길이가 1이었다면, 피라미드의 높이는 20이 된다.

$x : 10 = 2 : 1$

$x = 20$

비례에 대한 정리는 중학교 1학년 과정에 여러 가지로 변형되어 소개된다.

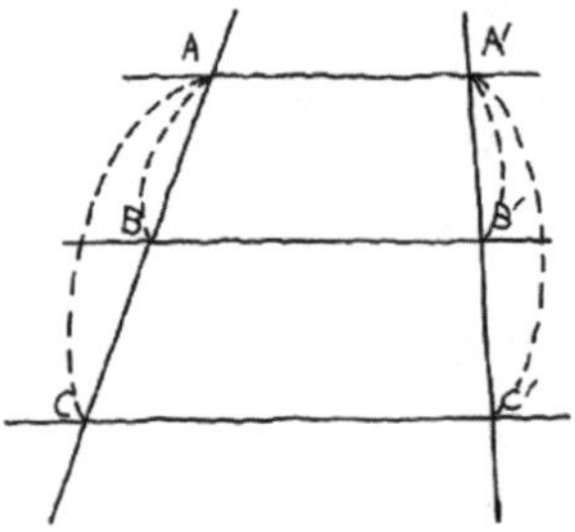

$$\overline{AB} : \overline{A'B'} = \overline{AC} : \overline{A'C'}$$

즉, $$\frac{\overline{AB}}{\overline{A'B'}} = \frac{\overline{AC}}{\overline{A'C'}}$$

위의 그림과 같은 비례식은 평행선과 선분의 길이의 비를 나타낸 것이다. 비례를 이용한 식은 어떤 문제가 주어지든 쉽게 풀 수 있는 것이기도 하다. 그림을 잘 보고, 모양이 어떤 식으로 비례할 것인지를 찾는다면 그다음은 산수라고 볼 수 있기 때문이다. 비례식은 삼각형, 사각형, 원, 혹은 피타고라스의 정리, 그러니까 기하학적인 모든 분야에서 유용하게 두루 다루게 되므로 눈여겨봐 두는 것이 좋다.

실제로 중1 과정에 나오는 삼각형에서의 비례식에 대해 증명해 보자.

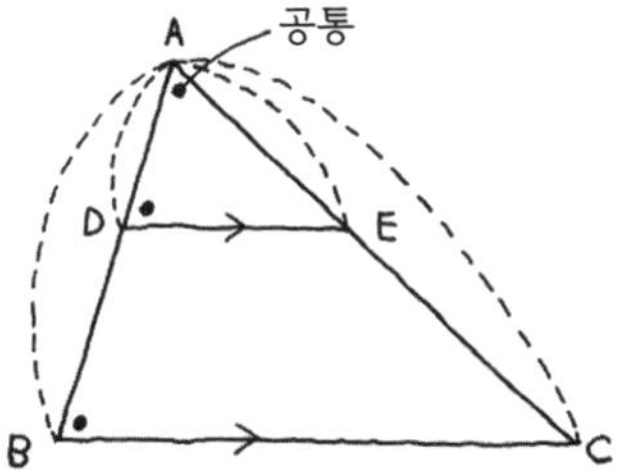

$\triangle ABC$에서 $\overline{DE} \mathbin{//} \overline{BC}$(평행)일 때,

$$\therefore \frac{\overline{AD}}{\overline{AB}} = \frac{\overline{AE}}{\overline{AC}} = \frac{\overline{DE}}{\overline{BC}}$$

$\triangle ADE$(작은 삼각형)와 $\triangle ABC$(큰 삼각형)에서 $\angle ADE$와 $\angle ABC$는 동위각(평범한 두 직선을 지나는 직선에서 같은 위치에 있는 각)으로 서로 같다. 또한 $\angle A$는 두 삼각형 모두 공통으로 가지고 있다. 그러므로 $\triangle ADE$는 $\triangle ABC$와 비례한다(닮았다).

$$\overline{AD} : \overline{AB} = \overline{AE} : \overline{AC} = \overline{DE} : \overline{BC}$$

$$\therefore \frac{\overline{AD}}{\overline{AB}} = \frac{\overline{AE}}{\overline{AC}} = \frac{\overline{DE}}{\overline{BC}}$$

작은 삼각형과 큰 삼각형이 서로 닮았다는 사실을 발견하는 순간, 퍼뜩 떠오르지 않는가. 이 삼각형들의 각각의 변은 서로 비례한다는 것. 그다음은 같은 위치에 같은 모양새로 그려져 있는 선분들을 비교하는 식을 쓰기만 하면 된다.

문자가 많이 나와서 복잡하고 어려워 보이지만, 손으로 하나하나 짚어서 그림과 대조해 보면 쉽게 이해될 것이다. 이것 모두 중학생들이 배우는 것이므로 그리 어렵지 않다. 이 역시 노트를 이용해 삼각형을 그려 보고, 삼각형 위에 연필로 덧칠해 가며 연구에 연구를 거듭하는 과정을 거쳐 보자.

당시에 이런 비례식은 상당히 유용하게 쓰인 것으로 보인다. 바다에 떠 있는 배까지의 거리를 측정한다든지, 중간에 높은 산이 버티고 있는 거리를 측정한다든지 할 때, 이 닮음과 비례에 대한 정리는 유용하게 쓰였다.

탈레스는 우리가 교과서의 많은 도형 문제에서 흔히 접하는 정리들을 체계화한 사람이기도 하다. 앞의 비례식에서 보았듯이 삼각형의 합동에 대한 정리도 탈레스가 체계화했다.

이등변삼각형의 양 밑각은 서로 같다.

두 변의 길이와 한 내각이 같으면 두 삼각형은 합동이다. (SAS합동)

한 변과 양 끝각의 크기가 같으면 두 삼각형은 합동이다. (ASA합동)

또, 원에서도 쉽게 탈레스를 만나 볼 수 있다.

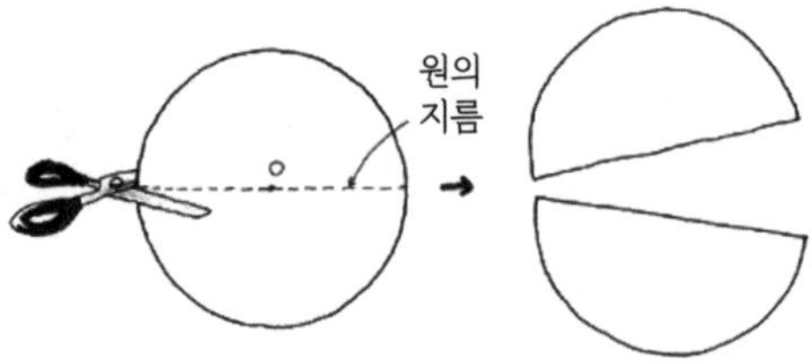

위의 그림과 같이 원은 지름으로 이등분된다. 잘려진 반원 안에다 내접하는 삼각형을 그리면 한 각은 직각이 된다.

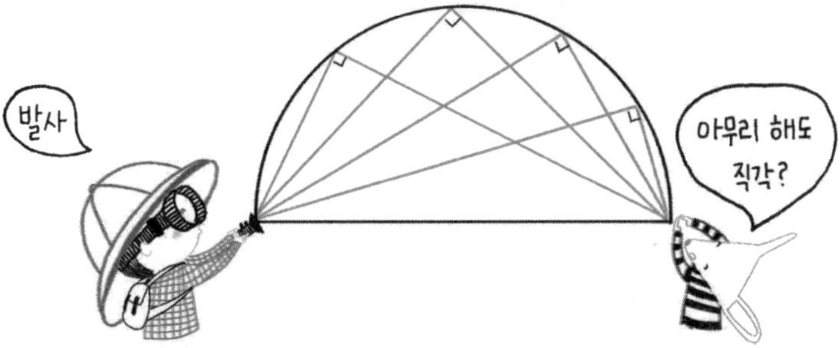

이 정리에 대한 증명은 의외로 간단하다.

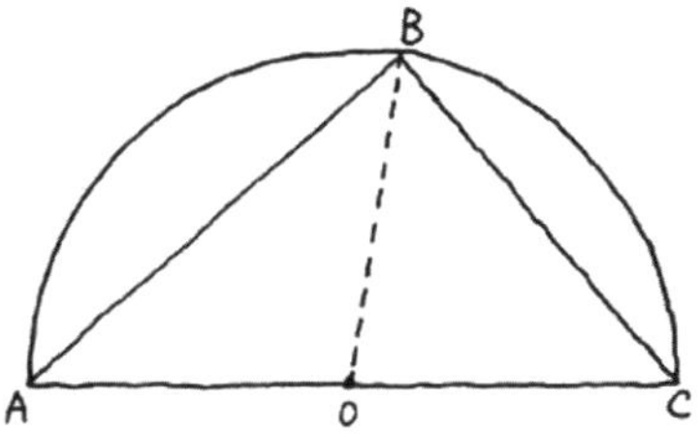

반원의 중심 O에서 삼각형의 한 꼭짓점 B로 선을 그어 본다.

큰 삼각형은 2개의 작은 삼각형으로 나누어진다.

그런데 $\overline{AO}$와 $\overline{BO}$, $\overline{CO}$는 모두 원의 반지름으로 길이가 같다.

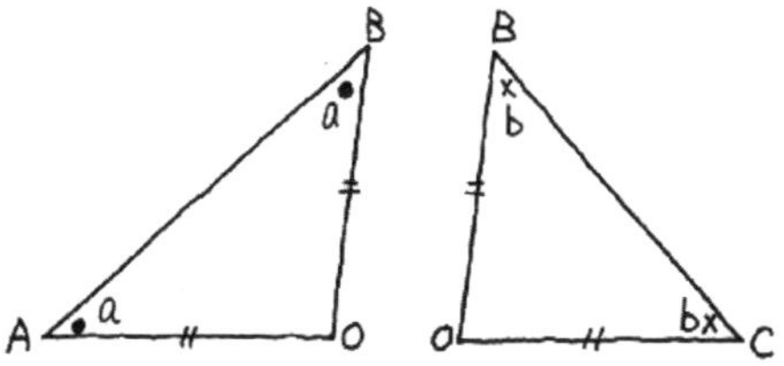

그러므로 위 그림과 같이 두 삼각형 모두 이등변삼각형이 된다. 이등변삼각형의 밑각은 서로 같으므로, 각각의 밑각은 서로 같다. 두 삼각형을 원래대로 붙여 보면 아래 그림과 같이 되므로, 큰 삼각형의 내각의 합을 이용해 보자.

$\angle a+\angle a+\angle b+\angle b=180°$, $2\angle a+2\angle b=180°$

$\therefore \angle a+\angle b=90°$

$\angle a+\angle b$는 곧 $\angle B$이므로, 반원에 내접하는 삼각형의 한 각은 직각이다. Q.E.D.

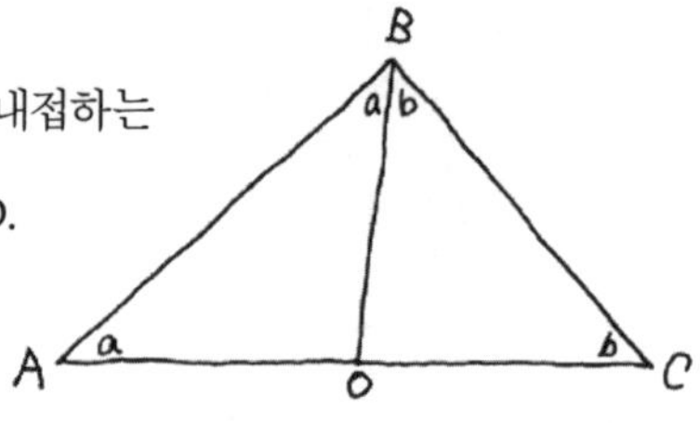

그 외에도 도형에 대한 여러 가지 정리를 체계화했지만, 여기서는 쉬운 부분만을 이야기했다. 탈레스의 여러 가지 정리는 중학교 교과서를 통해 증명 과정을 공부할 수 있다. 중학교 3학년 부분에는 여러 단원에 걸쳐 원에 대한 정리들이 나온다. 원에 대한 모든 것을 알고 싶은 사람은 이곳을 공부해 보기 바란다.

탈레스는 참 재능이 많은 수학자였던 것 같다. 상인이라고 해야 할지, 수학자라고 해야 할지, 천문학자라고 해야 할지 명함을 제대로 적을 수가 없다. 수학과 과학, 철학과 예술의 경계가 없었던 저 기원전엔 그의 직함은 철학자였을 것이다. 우리가 탈레스의 이름을 접한 것은 수학 교과서가 아니라 윤리 교과서였다는 사실을 기억하는가? 만물은 물이다! 그에게 우주 삼라만상의 근원은 물이었다.

거기에다 전기에 대한 연구까지 했다고 하니 까무러칠 노릇이다. 에디슨이 전구를 발명한 때로부터 거의 2000년 전에 벌써 그는 전기에 대한 연구를 했다. 연구라고 해 봐야 호박을 들고 지푸라기를 문질러

댄 정도였지만, 그는 마찰로 인해 발생한 자기장으로 가벼운 물질을 끌어당길 수 있다는 사실을 알아냈다. 그리스어로 전기가 '호박'이란다.

"얘야, 맨날 컴퓨터만 하지 말고, 호박 좀 아껴!" "호박이 없으면 우리는 밤에 아무것도 할 수가 없어." "겨울철에 따뜻한 잠자리를 제공하는 호박 담요, 진짜 뜨끈해요!"

여기서 호박은 먹는 호박이 아니라 장신구로 쓰이는 호박을 말한다. 호박은 보석이나 광물이 아니라 나뭇진의 화석이라는 것이 흥미롭다.

사이비 종교 뺨치는 지식 비밀 결사 단체 피타고라스학파

Pythagoras, B.C. 580 – B.C. 500년경

아마도 수학의 재미를 만끽하게 해 준다는 점에서 피타고라스의 정리는 둘째가라면 서럽다. 피타고라스의 정리는 평면뿐만 아니라 입체에까지 다양하게 적용되며, 더러는 함수에까지 응용되기도 한다. 지수, 로그, 행렬의 공식은 다 잊었어도 피타고라스의 정리를 기억하는 사람들은 많을 듯하다. 간단명료하면서도, 피타고라스라는 인물만큼이나 카리스마를 지닌 공식임에 분명하다.

$\angle c$가 $\angle R$(Right Angle = 90°)일 때, 그의 대변 c의 제곱은 다른 두 변 a, b 각각의 제곱의 합과 같다. 이에 대한 증명 방법은 조금 뒤에 이야기하도록 하자.

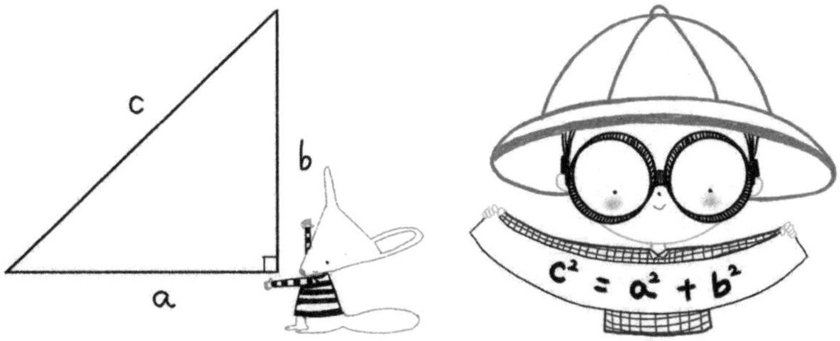

탈레스와 마찬가지로 피타고라스의 생존 연도 역시 정확하게 알려져 있지 않다. 기원전 500년경이라고만 알려져 있기도 하고, 기원전 572년경이라고 꽤 정확하게 연도를 규정하기도 한다. 고향인 에게 해의 사모스 섬을 일찌감치 떠나 노인이 된 탈레스 밑에서 수학했으며, 이집트에 오래 머무르며 공부를 했고, 바빌로니아에도 방문했다고 전해진다. 여행을 좋아하고, 상당히 활동적이고 정치성이 강한 사람이 아니었나 싶다. 열여덟 살 때는 올림픽 경기에 참가해 권투 경기에서 우승한 특이한 이력을 가지고 있기도 하다. 그야말로 지덕체를 겸비한, 카리스마를 가진 인물이었다.

피타고라스가 개인적으로 어떤 성격의 소유자였는지에 대해선 알려진 바가 없다. 피타고라스는 베일에 싸인 인물이었고, 학파의 이름으로 활동했으므로 개성을 파악하기엔 어려움이 많다.

그는 긴 외국 체류 생활을 정리하고 고향 사모스로 돌아와 학교를 열었으나 성과가 변변치 못했다. 그는 나중에 이탈리아 남부, 그리스의 항구 도시 크로톤으로 가서 학교를 세웠다. 이곳에서 수학과 철학, 자연과학을 가르쳤으며, 나중엔 피타고라스를 보스로 한 조직으로 변모해 피타고라스 개인으로서가 아니라 피타고라스학파를 이루게 된다. 이들 학파는 마치 사이비 종교처럼 신비주의적인 비밀 결사 단체가 되었다.

이곳에 속한 사람들은 절대로 피타고라스학파 내에서의 일을 외부에 발설할 수 없었고, 이를 어겼을 시에는 엄한 벌이 뒤따랐다. 이들은 마치 조폭처럼 서로 의형제로서 결속되어 있었다. 이들의 모든 연구는 모두 피타고라스의 이름으로 발표되었기 때문에, 오늘날 우리가 알고 있는 피타고라스의 정리가 오로지 피타고라스 한 사람만의 업적으로 돌리기엔 미심쩍은 부분이 많다. 피타고라스학파는 조직 내에서 수론과 기하학, 음악에 이르기까지 엄청난 학문적 성취를 이룩했다.

그들은 모든 자연 현상을 수로 나타낼 수 있었다. 1은 신, 2는 여자, 3은 남자였으며, 2+3=5로 결혼을 의미하기도 했다. 숫자에 미신적 의미가 생긴 것도 이것으로부터 유래하지 않았나 싶다. 음악조차 그들에겐 수였다. 현의 길이와 소리가 서로 비례하는 법칙을 적용해 음악을 연주했다. 유리잔에 물을 조금 담으면 영롱하게 높은 소리가 나고, 많이 담으면 낮은 소리가 나는 것을 이용한 연주나 차임벨의 크기를 이용해 음악을 연주하는 것을 종종 보았을 것이다. 이 모두 피타고라스 시대부터 행해진 것들이다. 그들에게 수는 참으로 아름답고 신비로운 것이었다.

이들의 전체주의적 결속력은 엄청난 것이어서 사회의 반발을 사기도 했다. 남부 이탈리아의 민주적인 세력은 피타고라스의 학교에 테러 행위를 가했다. 이에 대해서는 여러 가지 설이 있다. 킬론이라는 부자가 피타고라스학파에 들어가려고 했다가 거절당하자 분에 못 이겨 복수를 했다는 설도 있고, 피타고라스학파가 정치적 세력으로 변모해 세리눈테라는 지역을 무력으로 장악하고 전제 통치를 하게 되었는데, 그곳의 반대 세력들이 들고일어났다고 하기도 한다. 피타고라스학파는 은밀한 조직이었으므로 정확한 사실은 알 수가 없다.

수로써 음악을 연주하는 피타고라스학파

학교는 불탔고, 피타고라스학파는 뿔뿔이 흩어졌다. 노인이 된 피타고라스 역시 흙먼지를 뒤집어쓰고 메타폰툼Metapontum으로 피신했는데, 여기서 파란만장한 생애를 마감했다고 한다. 아마도 반대파에 의해 살해되었을 가능성이 크다. 피타고라스의 의형제들은 학교를 잃고 마치 유대인처럼 뿔뿔이 흩어져 세상을 떠돌아다녔다. 하지만 거의 종교적 집단이었던 그들의 신념은 질긴 것이어서 그 후 2세기 동안 지하 조직으로서 존속했다고 한다. 지도자를 잃어버린 채로 그들이 숨어서 할 수 있는 일이 무엇이었을까.

철학과 수학, 음악을 연구하는 학문적 단체였던 피타고라스학파가 어떻게 정치적, 종교적 세력으로 군림했는지 궁금해진다. 아마도 기원 전의 당시 상황에선 어떤 수학적 지식을 소수의 사람만이 가질 수 있었고, 그것은 정보를 장악하는 것과 마찬가지의 일이었을 듯하다. 피타고라스와 탈레스 이전의 사회에서 수학이 숫자를 파악할 필요가 있는 정치가들의 도구였던 것을 보면 말이다. 물론 수학은 농부들의 것이기도 했지만!

이들의 종교성은 마치 불교처럼 채식을 하고, 영혼의 윤회 사상을 믿었던 것으로 미루어 짐작할 수 있다. 그들은 사람의 영혼이 짐승에게 깃들 수 있으므로, 고기를 먹는 것을 두려워했다. 그들이 주로 먹은 음식은 바로 콩이었다. 콩이 고단백 식품이며, 뇌에 좋은 영향을 끼친다는 것을 암암리에 알고 있었던 게 아닐까? 지금부터라도 콩을 열심히 먹으면 피타고라스학파의 일원이 될 수 있는 건지….

피타고라스학파는 다분히 소피스트적이라 할 수 있다. 그들의 생활은 지혜에 대한 사랑으로 일관되어 있었고, 수학과 철학은 지혜를 연마시키는 중요한 수단이었다.

피타고라스학파에게 모든 것은 수였다. 그들은 자연수를 진정으로 아름답다고 여겼다. 자연수를 거의 신처럼 신성시하고 숭배했으므로 자연수가 아닌 것, 즉 음수나 무리수는 사악한 것으로 간주했다.

피타고라스의 정리를 다루면서 무리수가 등장하기 때문에 피타고라스학파에서 무리수를 발견해 낸 것으로 오해하기 쉽지만, 실제로는 그렇지 않다. 피타고라스학파에서 인정한 것은 오로지 자연수뿐이었다.

무리수의 발견은 그들이 신성시하는 자연수에 대한 모독이었으므로 철저하게 은폐되었다.

이를 발견해 낸 것이 바로 피타고라스학파의 청강생이었던 히파수스였다. 피타고라스 시절의 청강생이란, 마케도니아의 황토 빛 풍경을 배경으로 한 「비포 더 레인Before the Rain」이라는 영화의 키릴 신부처럼 침묵의 맹세를 한 사람들이었다. 청강생은 마치 신처럼 장막 속에서 강의하는 피타고라스의 목소리만을 들을 수 있었다.

그들 중 한 명인 히파수스는 침묵의 맹세를 깨뜨렸다는 것만으로도 죄를 지은 것이다. 그런 그가 분수로 나타낼 수 없는 수, 즉 무리수가 존재한다는 것을 증명했으며, $\sqrt{2}$ 가 수라고 주장하고 나섰던 것이다.

$1^2+1^2 = 2$

$1^2+1^2 = (\sqrt{2})^2$

그야말로 히파수스는 거대한 조직에 대항하는 실수를 범하고 말았다. 갈릴레오 갈릴레이처럼 현실적이고 나약한 인물은 아니었나 보다. 피타고라스학파의 광신도들이 그에게 배신자라고 고함을 질러댈 때

적당히 "제가 바보같이 잘못 생각했습니다. 생각해 보니 무리수가 다 뭐랍니까. 그런 거 잘 모르겠습니다."라고 말한 후에, 뒤돌아서서 갈릴레이처럼 "그래도 무리수 $\sqrt{2}$는 수다."라고 두 주먹 불끈 쥐었어도 됐을 것을….

그는 $\sqrt{2}$의 비밀을 용감하게 폭로했고, 피타고라스학파는 그를 응징했다. 피타고라스학파는 처음 피타고라스의 정리를 증명해 내곤 학예의 신인 뮤즈에게 황소를 제물로 바치는 제사를 지냈던 집단 광기로 무리수의 비밀을 폭로한 히파수스를 물속에 처넣고 말았다. 단순한 추방이었는지 처형이었는지는 정확치 않다.

히파수스의 희생을 통해 피타고라스는 그들이 신성시하는 자연수에 위배되는 무리수의 존재에 대해 다시금 생각하게 되었고, 후대에 2의 제곱근이 무리수라는 사실을 증명해 낸 위대한 학파로 인정받게 되었다. 동시에 히파수스의 희생이 헛되지 않았음이 판명되었다. 후에 무리수에 대한 이야기는 유클레이데스, 즉 유클리드의 『기하학 원론』에 실리면서 정리되었다.

그렇다면 이 유명하고 생명력 강한 '피타고라스의 정리'란 것이 어떻게 성립되는지 증명해 보자. 피타고라스를 처음 접하는 완전 초보자라면, 색종이와 가위를 준비하는 것이 좋겠다.

우선, 정사각형 색종이의 뾰족한 네 각을 같은 모양의 삼각형으로 오린다.

그럼, 하나의 정사각형과 4개의 직각삼각형으로 나눠진다. 4개의 삼각형은 모두 두 변 a, b와 그 끼인각 $\angle R = 90^\circ$로 합동이다. 내부의 사각형은 네

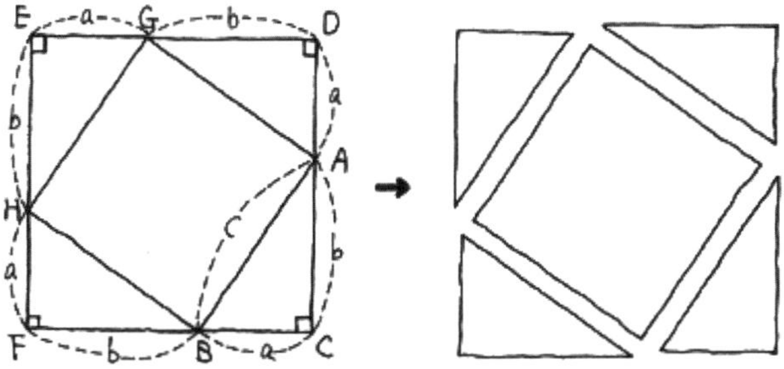

변의 길이가 모두 c로 정사각형. 쪼개기 전의 사각형의 넓이는 작은 정사각형의 넓이와 4개의 삼각형의 넓이를 더한 것과 같다.

쪼개기 전의 넓이		쪼갠 후의 넓이
$(a+b)(a+b)$	=	$c^2+4\times a\times b\times \frac{1}{2}$
$(a+b)^2$	=	c^2+2ab
$a^2+2ab+b^2$	=	c^2+2ab
$\therefore\ a^2+b^2$	=	c^2

피타고라스의 정리를 증명하는 방법은 여러 가지다. 색종이를 접고 오리는 과정을 여러 번 해보면 다른 방식의 증명 방법도 찾아낼 수 있다. 우연히 다음과 같이 오려졌더라도 거기서 피타고라스의 정리를 발견해 낼 수 있다. 피타고라스의 정리를 증명하는 방법은 수백 가지도 넘는다고 하니 대중적으로 알려지지 않은 증명

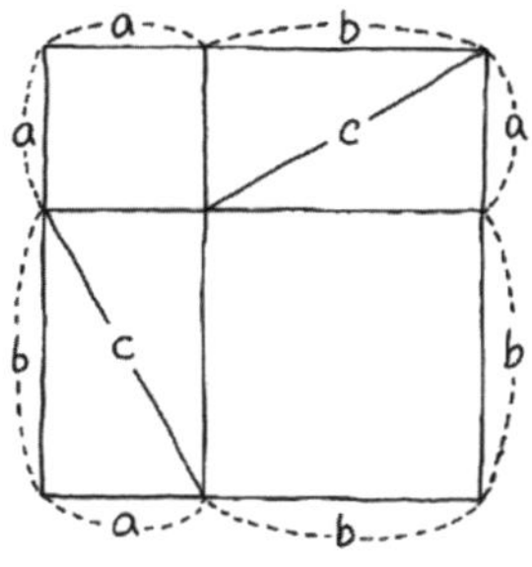

법을 찾아보는 것도 재미있는 작업이 되지 않을까 생각한다.

무리수에 대해 인정하지 않았음에도 불구하고 피타고라스의 정리가 무리수를 위한 정리가 아닐까 할 정도로 수많은 무리수를 만들어 볼 수 있다.

수직선상에서의 무리수

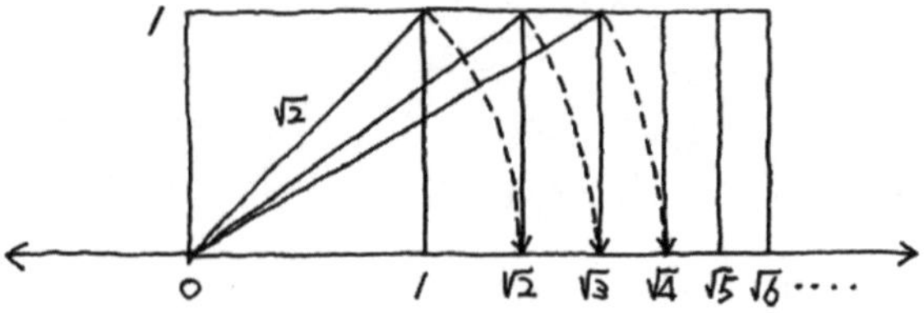

직각삼각형에서의 무리수

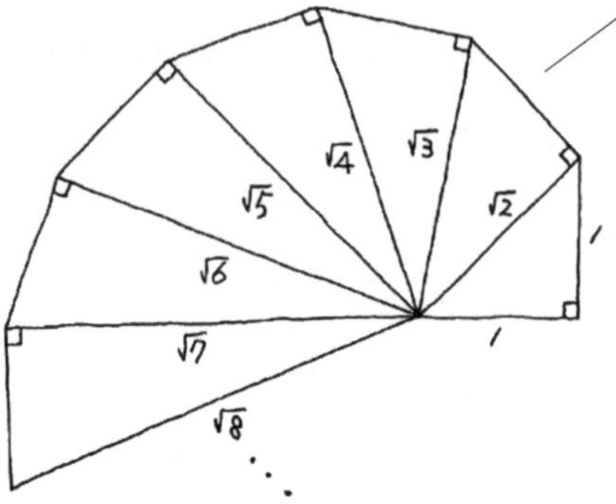

$$\sqrt{1^2 + 1^2} = \sqrt{2}$$

$$\sqrt{1^2 + \sqrt{2}^2} = \sqrt{3}$$

$$\sqrt{1^2 + \sqrt{3}^2} = \sqrt{4}$$

$$\sqrt{1^2 + \sqrt{4}^2} = \sqrt{5}$$

$$\sqrt{1^2 + \sqrt{5}^2} = \sqrt{6}$$

$$\sqrt{1^2 + \sqrt{6}^2} = \sqrt{7}$$

$$\vdots$$

탈레스가 내놓았던 '삼각형의 내각의 합은 180도이다.'라는 정리에 대한 증명도 이뤄졌다. 이것은 다음과 같이 그림을 그려 보면 간단히 이해가 된다.

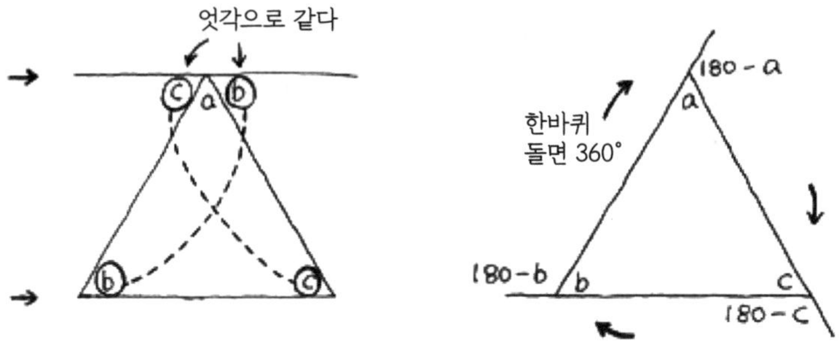

$a+b+c=180°$ $(180-a)+(180-b)+(180-c) = 360°$

$\therefore a+b+c = 180°$

그 외에 피타고라스학파의 업적은 엄청나다. 수를 홀수와 짝수로 나누고 삼각수, 사각수, 완전수 등에 대해 정리했다.

이 수들은 마치 그림처럼 그려지고, 그들이 수를 향해 미학적 찬미를 하고 있었음을 느끼게 해 준다. 피타고라스학파는 탈레스의 제자답게 기하학의 여러 분야는 물론 천문학에도 관심이 많았다. 아마도 한 사람이 일평생을 두고도 하지 못할 일들을 해낸 것을 보면, 피타고라스학파 내엔 우수한 인재들이 참으로 많았던 것 같다. 실제로 피타고라스학파엔 아무나 들어갈 수 없었다고 한다. 그야말로 그 시절의 엘리트 집단이었다. 어쩌면 피타고라스는 그들을 관리하는 전제적인 에 이전트였을지도 모른다. 피타고라스학파는 역사상 보기 드문, 혹은 유일한 지식공산단체지식을 공동으로 관리하고 소유하는가 아니었을까. 히파수스를 희생시키고, 죽을 때까지 무리수를 인정하지 않았던 피타고라스였지만, 무리수의 발견이 피타고라스의 업적처럼 알려져 있고 누군가에 의해 발견된 정리를 자신의 것인 것처럼 떠들어대는 그는 개인의 지적재산권을 침해하는 얌체 내지는 사기꾼 아니었나 하는 무례한 상상도 해본다.

이들의 업적으로 알려진 많은 것이 그들만의 이론은 아니라는 학설도 많다. 이미 이집트나 동양에서도 '3 : 4 : 5'라는 수의 비를 알고 있었고, 밧줄의 매듭을 묶어 피타고라스의 직각삼각형과 같은 모양의 삼각형을 만들어 농업적 측량에 사용했다고 한다. 피타고라스학파의 모든 행적이 비밀에 부쳐졌고, 남아 있는 기록도 많지 않으므로 그들에 대한 비밀은 어떻게 풀어 볼 도리가 없다.

그럼에도 불구하고 그의 이름은 참으로 근사해서 수학의 대표적 정리로 불리기에 손색이 없게 느껴진다. '아리스토텔레스의 정리'나 '소크라테스의 정리'라고 불렸다면 어땠을까. 하여간 피타고라스학파는, 그들의 깊은 신앙이 빛을 발한 것인지 모르겠으나 오늘날까지 불멸하고 있다.

그들의 불멸을 상징하는 것은 바로 오각별이다. 이것은 마치 제2차 세계대전 때 유대인이 가슴에 달았던 별 표시와 비슷해 보인다. 그래서인지 그들의 운명도 비슷하게 느껴진다. 피타고라스학파도 그들의 학

술 전당에서 쫓겨난 이래 세계 도처를 떠돌며 자신들의 신앙과 지혜에 대해 계속적인 연구를 해 나갔을 것이다. 오각별을 가슴에 품은 채.

이 오각별은 황금 비율로 작도된 것이다. 이는 후에 케플러에 의해 '황금분할'로 명명되었다. 피타고라스는 수와 마찬가지로 비례를 신비한 것으로 받아들이고 있었다. 그들은 '비례는 음악을 만들어 내므로 아름다운 것이다.'라고 생각했다.

내가 수학에 재미를 느끼는 것과 악기 연주에 재미를 느끼는 것이 어느 정도 관계가 있는지도 모르겠다. 이런! 그렇게 말하고 보니 아마추어 수학자로서의 길은 마치 피타고라스학파의 일원이 되는 일처럼 보인다. 지적인 생활에서 즐거움을 찾고, 예술을 즐기며, 채식을 위주로 하고, 특히 콩을 많이 먹으며, 수학을 통해 자신의 두뇌를 연마하고….

실로 피타고라스의 정리에 대한 공부는 아마추어 수학자가 해야 할 기본이다. 쉽기 때문에 재미있게 공부할 수 있는 부분이다. 피타고라스의 정리는 수없이 많은 것으로 확장된다. 직각이라는 전제만 있다면,

피타고라스의 정리로 풀어내면 충분히 답을 얻어 낼 수 있는 것이 수도 없다. 평면에서부터 입체, 그리고 좌표평면에까지 적용되므로 이 정리에 대한 연습은 필수적이라 할 수 있다. 피타고라스의 정리는 중학교 3학년에 처음 나오는 내용으로, 다소 변형된 여러 가지 문제를 풀어 볼 수 있다.

잊지 말아야 할 한 가지 불멸의 공식, 즉 피타고라스의 정리 $a^2+b^2=c^2$만 기억하고 있다면 어려운 공식 따위는 외우지 않아도 풀 수 있는 문제들이다. 공식을 외우는 것은 피타고라스의 정리를 이용해 그 공식을 유도해 내는 짤막한 시간이라도 줄여 보고자 하는 이유일 뿐이다.

예를 들어 다음과 같은 정사각형이 있다고 해보자.

정사각형은 네 변의 길이가 모두 같으므로 몽땅 a라고 표시할 수 있다. 위와 같은 정사각형에서 빗변 l의 길이를 구하는 공식은 $l=\sqrt{2}a$이다. 이런 공식을 줄줄이 외우기 전에 우리가 알고 있는 피타고라스의 기본형으로 공식을 유도해 내는 연습을 해보자. 우선 피타고라스의 정리대로 앞의 정사각형에서 잘려진 삼각형의 빗변을 구해 보자면, $l^2= a^2+a^2$으로 표시된다. 정리해 보면, $l^2= 2a^2$, $\therefore\ l=\sqrt{2}a$로 나타낼 수 있다.

그렇다면 직접 도전해 보자. 99쪽과 100쪽의 문제들을 피타고라스의 정리를 이용해 공식을 유도해 보자. 노트를 펼쳐 들고 풀어 보기 바란다.

물론 앞과 같은 공식들을 시험 시간에 직접 유도해 내고 있을 만한 여유는 없다. 공부하는 과정에서 여러 번 반복해 나가다 보면 자연스럽게 공식을 알게 되고, 나중엔 빠른 시간 내에 문제를 풀 수 있게 될 것이다.

또 반복해서 풀다 보면 일일이 계산해 보지 않아도 되는 경우, 척 보면 아는 경우가 생긴다. 물론 이렇게 되기까지 수없이 많은 기본 문제들을 풀어 봐야 한다.

다음과 같은 제곱수들은 공부하는 과정에서 자연스럽게 습득된다. 연습해 두면 여러모로 편리하다.

$10^2=100$, $11^2=121$, $12^2=144$, $13^2=169$, $14^2=196$, $15^2=225$

$16^2=256$, $17^2=289$, $18^2=324$, $19^2=361$, $20^2=400$

$3^2+4^2=5^2$, $6^2+8^2=10^2$, $5^2+12^2=13^2$

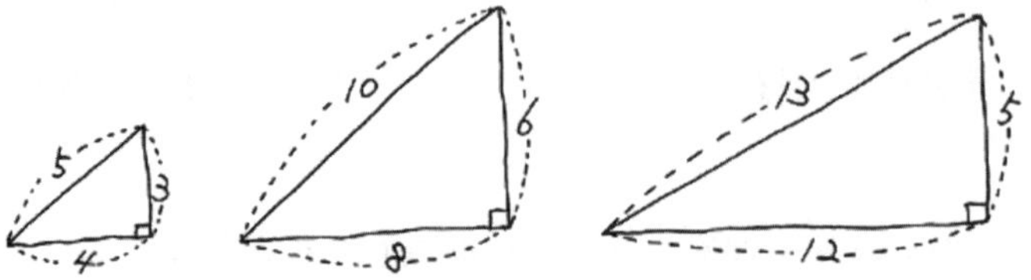

연습을 많이 한 사람이라면 직각삼각형의 나머지 두 변만 봐도 구하고자 하는 변의 길이를 눈치 채게 되는데, 자신이 이 정도의 실력이 된다면 좀 더 어려운 문제에 얼마든지 도전해 볼 수 있다. 이것들은 암기해야 할 사항들이 아니다. 달달 외우고 있는 사람이 있으면 당장 멈추고, 직접 문제 풀이에 들어가 보라. 문제를 풀다 보면 암기하지 않아도 저절로 체득하게 될 것이다.

피타고라스의 정리는 위와 같은 기초적인 것 말고도 고차원적으로 확장되기도 한다. 함수의 좌표평면에서 점과 점 사이의 거리를 구한다거나, 삼각형과는 전혀 상관없을 것 같은 도형들을 피타고라스의 정리로 만지작거리게 되는 기회도 갖게 될 것이다. 심지어 삼각비로 확장되고 삼각함수에서도 옛 동무를 만나듯 반갑게 마주할 날이 올 것이다. 심지어 천문학을 공부할 때도 만나게 될지 모를 일이다. 그러므로 소홀하게 다루지 말자, 피타고라스의 정리!

'피타고라스의 정리'로 유도할 수 있는 또 다른 공식 몇 가지

① 정삼각형의 높이와 넓이

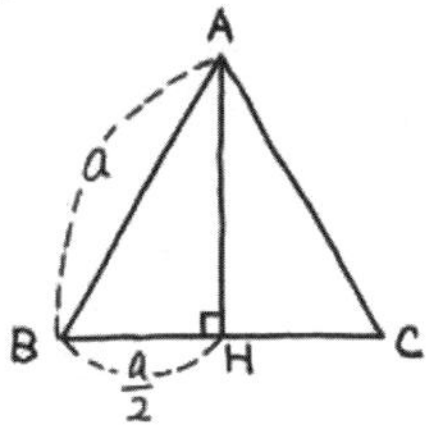

높이(h) = $\frac{\sqrt{3}}{2}a$

넓이(S) = $\frac{\sqrt{3}}{4}a^2$

② 대각선의 길이

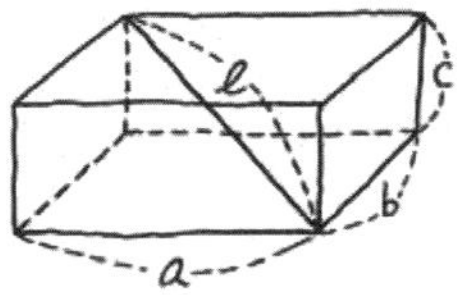

직육면체의 대각선 길이

$\ell = \sqrt{a^2+b^2+c^2}$

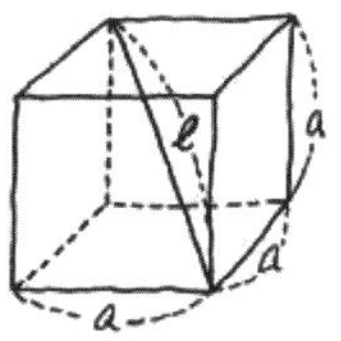

정육면체의 대각선 길이

$\ell = \sqrt{a^2+a^2+a^2} = \sqrt{3}a$

③ 정사면체의 높이와 부피

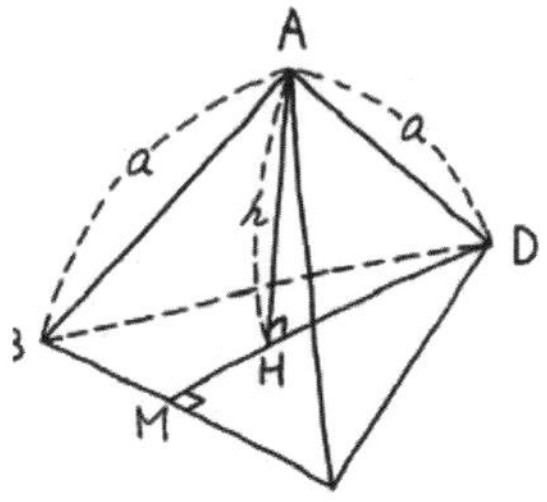

높이(h) = $\frac{\sqrt{6}}{3}a$

부피(V) = $\frac{\sqrt{2}}{12}a^3$

'피타고라스의 정리'로 유도할 수 있는 또 다른 공식의 풀이

① 정삼각형의 높이와 넓이

높이(h)

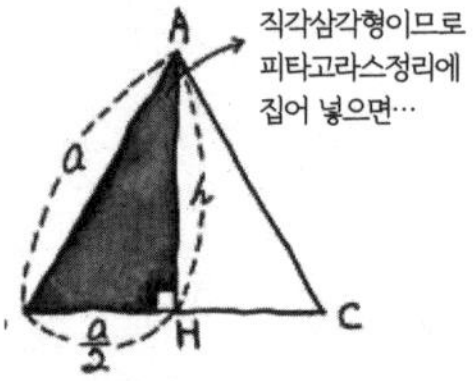

$a^2 = \left(\frac{a}{2}\right)^2 + h^2$

$h^2 = a^2 - \frac{a^2}{4}$

$= \frac{3}{4}a^2 \qquad \therefore h = \frac{\sqrt{3}}{2}a$

넓이(S) : 높이 h를 알고 있으므로 삼각형의 넓이 구하기는 쉽다.

삼각형의 넓이 = 밑변 × 높이 × $\frac{1}{2}$ $\qquad S = a \times \frac{\sqrt{3}}{2}a \times \frac{1}{2} \qquad \therefore S = \frac{\sqrt{3}}{4}a^2$

② 대각선의 길이

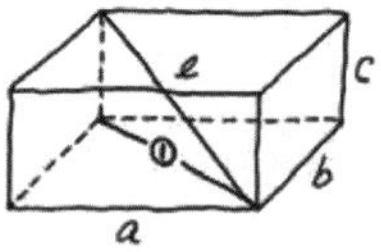

①을 먼저 구하면…

① $= \sqrt{a^2+b^2}$

$\ell^2 = a^2+b^2+c^2$

$\therefore \ell = \sqrt{a^2+b^2+c^2}$

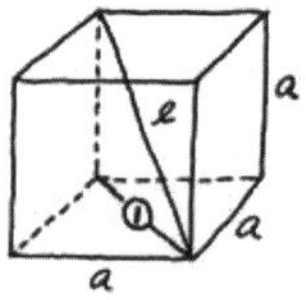

역시 ①을 먼저 구하면…

① $= \sqrt{a^2+a^2}$

$\ell^2 = a^2+a^2+a^2 = 3a^2$

$\therefore \ell = \sqrt{3}a$

③ 정사면체의 높이와 부피

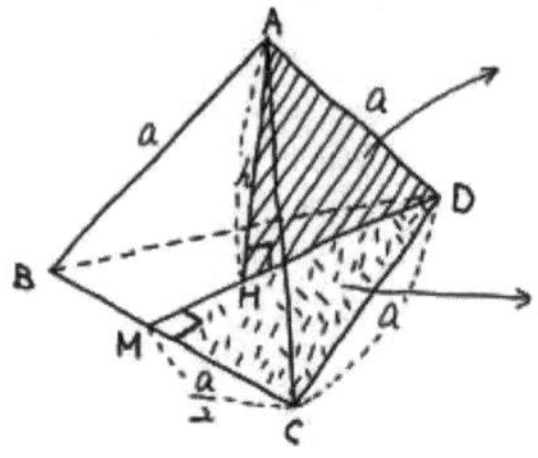

$a^2 = (\overline{DM})^2 + \left(\frac{a}{2}\right)^2$

$(\overline{DM})^2 = a^2 - \frac{a^2}{4}$

$\overline{DM}^2 = \frac{3}{4}a^2$

$\therefore \overline{DM} = \frac{\sqrt{3}}{2}a$

$\overline{DH} = \overline{DM} \times \frac{2}{3}$

$\overline{DH} = \frac{\sqrt{3}}{2}a \times \frac{2}{3} = \frac{\sqrt{3}}{3}a$

→ h를 구하면

$a^2 = \left(\frac{\sqrt{3}}{3}a\right)^2 + h^2$

$h^2 = a^2 - \frac{3}{9}a^2 = \frac{6}{9}a^2$

$\therefore h = \frac{\sqrt{6}}{3}a$

부피(V)

$V = \frac{1}{3}$ × 밑넓이 × 높이

$= \frac{1}{3} \times \frac{\sqrt{3}}{4}a^2 \times \frac{\sqrt{6}}{3}a = \frac{\sqrt{2}}{12}a^3$

$\therefore V = \frac{\sqrt{2}}{12}a^3$

기하학의 성서
유클리드의 '기하학 원론'

Euclid, B.C. 300년경

탈레스와 피타고라스는 다분히 전설적인 인물이다. 그러나 그들의 연구가 실재했다는 것은 분명한 사실이다. 그것은 기원전 300년 전에 집대성된 유클리드의 『기하학 원론*Stoicheia* 혹은 *Elements*』을 보면 알 수 있다. 유클리드 혹은 유클레이데스라고 불리는 이 사람은, 말로 떠돌아다녔던 기하학의 위대한 발견들을 문서로 정확하게 남겨 두었다. 그의 책 『기하학 원론』은 『성서』 다음으로 판본이 많을 정도로 '기하학에서는 성서와 같은 존재'라고 한다.

최고의 베스트셀러가 『성서』라면 그다음이 『기하학 원론』이라고 해도 거짓이 아니라고 하니, 실로 대단한 업적이 아닐 수 없다. 그도 그럴 것이 우리가 배우는 기하학의 모든 것은 이 책에서 나왔다고 해도 과언이 아니다. 기하학에 대해 처음으로 논증적인 접근을 했던 탈레스나 피타고라스의 정리가 『기하학 원론』을 통해 문서화되어 우리에게 알려졌기 때문이다. 그만큼 유클리드의 『기하학 원론』은 수학 발전에 획기적인 전기를 마련했다고 본다.

당시의 책은 지금과 같은 모양이 아니고, 파피루스를 둘둘 말아 놓은 두루마리 모양이었다. 유클리드가 파피루스 위에 적어 둘둘 말아 놓은 이 『기하학 원론』 두루마리들은 현재 존재하지 않는다. 우리가 보는 책 모양의 『기하학 원론』은 1482년에 인쇄된 것이다. 유클리드의 『기하학 원론』의 내용이 그대로 전해진 것은 아니고, 700년 후의 사람으로 알려진 테온이란 학자에 의한 개정본이 그 토대라고 한다.

『기하학 원론』은 모두 13권으로 이뤄져 있으며 공리적 방법을 적용한 465개의 정리가 담겨 있다. 이 정리들은 우리에게 매우 친숙한 것들이다. 교과서에서 배우는 기하학의 모든 기초적인 문제를 다루고 있기 때문이다. 이 책을 보면 컴퍼스를 이용한 작도도 중요하게 다루고 있다.

이렇다 할 학력을 가지고 있지 않은 링컨이 독학해 변호사가 되고 논리 정연한 연설가가 될 수 있었던 비결은 바로 셰익스피어와 『성서』 그리고 유클리드의 『기하학 원론』을 공부했기 때문이라고 한다.

우리 교과서에선 유클리드의 괄목상대할 업적에 대해 언급하지 않고 있다. 다만 우리가 유클리드의 이름을 들을 수 있었던 건 최대공약수를 구하는 '유클리드의 호제법互除法'에서였다. 하지만 이것도 그저 시간 남는 사람만 읽어 보라는 식으로 실려 있으므로 학생들 대부분이

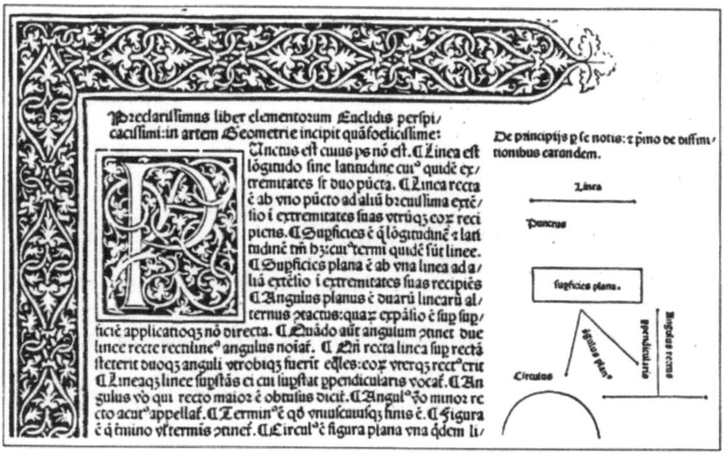

1482년, 베니스에서 최초로 인쇄된 유클리드의 『기하학 원론』

거들떠보지도 않는다. 게다가 시험에 안 나온다. 시험에 안 나오는 것은 공부하지 않는 것이 대한민국 수학 교육의 관습이다.

유클리드의 호제법은 소인수분해가 쉽지 않은 '양의 정수'의 최대공약수를 쉽게 구할 수 있게 해 준다. 589와 713의 최대공약수는 쉬워 보이지 않는다. 교과서에 나온 실제 문제로 내가 직접 구해 보니 그 둘의 최대공약수는 31이었다. 이것은 유클리드의 호제법을 이용하면 쉽게 풀 수 있다. 유클리드 호제법을 이용하면 삼차, 사차로 이뤄진 다항식의 최대공약수도 쉽게 구할 수 있다

그렇다면 713과 589의 최대공약수를 유클리드 호제법을 이용해 한 번 풀어 보자.

$713 \div 589 = 1 \cdots 124$ ……… ①

$589 \div 124 = 4 \cdots 93$ ………… ②

$124 \div 93 = 1 \cdots 31$ ………… ③

$93 \div 31 = 3 \cdots 0$ …………… ④

∴ 713과 589의 최대공약수는 31이다.

유클리드의 호제법은 나머지가 '0'이 될 때까지 나누고 또 나누는 과정을 되풀이한다. 이것을 유클리드의 방식으로 풀면 다음과 같다.

유클리드는 알렉산더 대왕의 죽음 이후에 학문과 예술, 책의 수집에 관심이 많았던 프톨레마이오스혹은 톨레미, Ptolemy왕에 의해 발탁된 학자이다. 그는 알렉산드리아 대학의 교수로 초빙되어 오로지 연구로 배불리 먹고 살 수 있는 행복한 지식 생활자가 되었다. 알렉산드리아 대학은 국가에서 전폭적으로 밀어 주는 대학이었다. 연구에 드는 모든 비용을 부담했으며 계획적 설계로 강의실, 실험실, 정원, 박물관, 도서관 등의 시설이 갖춰져 있었다. 학자들에게 이만큼 좋은 환경이 어디 있단 말인가. 유클리드는 이런 좋은 환경 아래서 오로지 학문에만 정진할 수 있었고, 마침내 『기하학 원론』을 집대성하기에 이르렀다.

그의 출생지나 배경에 대해 자세히 알려진 바는 없다. 다만 플라톤 밑에서 공부했다는 것만 추측할 수 있다. 하지만 여러 가지 이야기를 종합해 보면 그가 대단히 고지식한 사람이 아니었나 생각된다. 프톨레마이오스 왕이 기하학을 쉽게 공부할 수 있는 방법이 있느냐고 질문하자, 건방지게도 왕을 노려보며 "기하학엔 왕도가 없습니다."라고 당당하게 말했다고 한다. 공부하는 데 요령만 터득하려는 사람들에 대한 경고의 일침이었다. 유클리드 시대처럼 요즈음의 우리들도 수학과 생활이 무슨 관계가 있느냐는 질문을 많이 한다. 당시에도 유클리드에게 그런 질문을 한 제자가 있었다.

"그놈의 복잡한 정리를 배워서 무슨 이득이 있습니까?"

이런 이야기는 평범한 사람인 나조차 많이 듣게 되는 것들이다. 수학은 너무 어렵다, 수학 포기했다, 수학이 세상에서 제일 싫다, 수학을 왜 공부하는지 모르겠다, 세상에 가장 쓸모없는 게 수학이다 등…. 그러면 마음이 상당히 불편하고 안타까워지고 슬퍼지기까지 해서는 수학이 얼마나 쓸모 있는 것인지에 대해 설득하느라 진땀을 빼게 된다.

수학이 없었다면, 라이프니츠 같은 수학자도 없었을 테고, 그러면 이진법에 대한 고찰도 없었을 것이므로 우리는 컴퓨터를 사용하지 못했을 것이다. 피타고라스처럼 만물이 수로 이루어져 있다고 주장하는 것은 아니지만, 우리 세상을 움직이는 것은 바로 수학이라고 설득력 약한 언변으로 열심히 설명한다.

그런 이야기들에 대해 유클리드의 반응은 좀 더 냉소적이었다. "이 자는 배움으로 이익을 얻고자 하니, 몇 푼 베풀어 주거라." 또는 "배움으로 돈을 벌고자 하다니, 너야말로 차라리 나가서 장사를 해서 돈이나 벌지 여긴 왜 앉아 있느냐!"라고 모욕을 줬다고 한다. 그 따위 정리를 해서 무슨 이익이 있느냐고 외쳤던 제자가 계속 유클리드 밑에서 공부했는지 어쨌는지는 모르겠다.

그의 생각에 전적으로 동의한다. 우리나라에선 대학에 가는 이유를 신분 상승의 도구쯤으로 생각한다. 과거 1960-70년대의 대학은 책상에 앉아 펜대 굴리는 직업을 가질 수 있는 유일한 수단이었고, 아들이 넥타이 매는 직업을 갖게 하기 위한 어머니들의 꿈이었다. 21세기라고 해서 별로 달라진 것은 없어 보인다. 대학을 나오면 고급스러운 전문직에 대한 접근 가능성이 높아진다고 믿기 때문이다. 대학이 직업훈련소로 전락한 지는 오래된 것 같다. 대학의 슬로건들처럼 오로지 '진리'를 탐구하려는 학생들은 참 드물다. 4년간, 이전에 알지 못했던 학문과 진리의 바다에 빠져 깨달음을 얻고자 한다면 낙오자가 되기 쉽다. 학문에 대한 열정보다는 토익, 토플 점수가 인생을 결정지어 주기 때문이다. 4년간의 유예는 취업 전쟁에 투입되기 위한 전초전이라고 볼 수밖에 없다. 요즘 같은 취업난엔 더더욱.

흔히들 공부할 때 마술사가 되고 싶어 한다. 나도 머리 뚜껑을 열고 책들을 집어넣거나 모든 것을 알게 되는 마법에 걸리는 상상을 종종

한다.

아니면, 내 머릿속에 마이크로칩 같은 것을 심어 두어 어떤 어려운 문제를 만나도 쉽게 풀 수 있다거나, 독심술에 능해 다른 이의 마음을 훤히 들여다볼 수 있게 되는 상상 같은 것들 말이다. 그러나 모든 것을 알아 버린다면 혼자 공부해서 깨닫는 즐거움을 상실하게 될 테니, 그리 행복할 것 같지는 않다. 유클리드의 말대로 공부에는 왕도가 없다. 배움을 통해 이익을 얻으려고 해서도 안 된다. 이것은 우리 아마추어 수학자들을 위한 금언과도 같은 말이로다!

유클리드의 『기하학 원론』을 말하기 전에 먼저 공준과 공리가 무엇인지 알아야겠다. 공준이란 연구하려고 하는 것에 대한 가정이고 공리란 기초적으로 사용하는 가정이라 하겠다.

일반적으로 학문을 할 때 알아야 하는 기초적인 가정들, 즉 공리에는 다음과 같은 것들이 있다. 물론 모두 『기하학 원론』에 실린 것들이다. 아마도 열거해 놓은 것들을 보면 "그거 당연한 거 아냐?" 하는 반응이 틀림없이 나올 것이다. 『기하학 원론』엔 우리가 이미 알고 있다고 믿는 기하학의 기초들에 대한 것들, 당시엔 떠돌아다니는 이야기였던 것들이 총망라, 총정리되어 있다.

- **같은 것과 같은 것은 서로 같다.**
- **같은 것들에 같은 것을 더하면 서로 같다.**
- **같은 것들에 같은 것을 빼면 서로 같다.**

서로 일치하는 것은 서로 같다.

전체는 그 부분보다 크다.

이것은 수학적 공리라기보다는 동양의 철학 같기도 하다. 같은 것은 당연히 서로 같다. 그 같은 모양새에서 같은 것만큼을 덧붙이거나 빼도 당연히 같다. 이런 기하학적 개념은 대수학으로 이어진다. $x = y$ 라는 식이 있을 때, 좌변과 우변에 각각 3을 더해도 $x+3=y+3$으로 등식이 성립한다. 또, 좌변과 우변에서 각각 3씩 빼 주어도 $x-3=y-3$으로 등식이 성립한다. 위의 공리들은 우리가 애써 기억하지 않아도 태어나서 자연스레 경험적으로 터득하는 개념들이다. 이 선험적 개념들로 인해 우리가 수학을 이해할 수 있게 되는 것이다. 너무 당연한 이야기들로 시작했다고 해서 "유클리드도 별거 아니군!" 하고 속단하는 것은 금물이다. 당연한 것처럼 보이는 것에 대한 기초적인 정리가 쌓여 어려운 증명도 할 수 있게 된다. 파스칼도 링컨도 그들의 논리를 연마하기 위해 탐독했던 책이며, 뉴턴은 자명한 것이라고 해서 더 읽지 않고 던져 버렸으나 나중에 그 효용성을 인식하게 되었다.

유클리드의 『기하학 원론』에는 우리가 배우는 점과 직선, 삼각형, 사각형 등의 도형에 대한 명제들이 정리되어 있다. 이것들은 공준으로 표현되어 있다. 이 안에는 이전의 기하학자들의 연구가 집대성되어 있어 탈레스나 피타고라스의 정리들도 발견할 수 있다. 증명과 함께 실려 있으므로 역대 수학의 총정리 교과서라고 해도 좋겠다.

- 임의의 두 점을 연결하면 하나의 직선을 그릴 수 있다.
- 선분은 양 방향으로 연속적으로 연장할 수 있다.
- 임의로 주어진 점을 중심으로 하고,
  다른 곳에 있는 임의의 점을 통과하는 원을 그릴 수 있다.
- 모든 직각은 서로 같다.
- 두 직선이 한 직선을 만날 때, 두 각의 합이 180도보다
  작으면(즉 평행하지 않으면) 두 직선은 언젠가는 반드시 만난다.
- 삼각형의 내각의 합은 두 직각(즉 180도)이다.
- 3개의 변이 같으면 두 삼각형은 합동이다.
- 2개의 변과 그 끼인각이 같으면 두 삼각형은 합동이다.
- 1개의 변과 2개의 끼인각이 같으면 두 삼각형은 합동이다.
- 이등변삼각형의 밑각의 크기는 서로 같다.

앞의 정리들은 이미 탈레스와 피타고라스, 그리고 유클리드 이전의 수많은 수학자에 의해 연구된 것들로서 우리에게 익숙한 것들이다. 앞의 개념들은 유클리드가 증명한 방식대로 전개되어 있어 수학자로서 유클리드가 이룩한 연구 성과를 볼 수 있다. 『기하학 원론』에는 기하학에서 중요시되는 비례에 대한 정리도 실려 있고, 정수론에 대해서도 실려 있다. 무리수에 대한 증명 또한 탁월하다. 히파수스에 의해 폭로되었으나 피타고라스에 의해 인정받지 못했던 것이 『기하학 원론』에 증명과 함께 실림으로써 무리수의 존재가 확실시되었다.

여기서 한번, $\sqrt{2}$가 무리수임을 유클리드의 방식대로 증명해 보자. $\left(\frac{a}{b}\right)^2 = 2$일 때, $\frac{a}{b}$가 분수, 즉 유리수가 아님을 증명하면 된다. $\frac{a}{b}$는 기약분수 꼴의 유리수임을 의식하자. 기본적인 용어를 잊은 분들을 위해 간단히 설명하자면 기약분수란, 분수를 더 이상 나눠지지 않을 때까지 약분해 정리한 상태를 말한다. 그렇다면 약분이란? 분수의 분자와 분모에 공통으로 포함되어 있는 숫자로 나누어 정리하는 행위를 말한다. 자, 그럼 계속 진행하자.

$\left(\frac{a}{b}\right)^2 = 2$는, 즉 $\frac{a^2}{b^2} = 2$이다. 좌변의 분모를 없애면, $a^2=2b^2$ 이 된다.

a^2은 b^2에 2를 곱해 준 것이므로 항상 짝수다. 제곱해서 짝수가 되어야 하므로 a 또한 짝수다. a가 짝수이므로, $a=2c$라고 두자.

$a^2= 2b^2$에 $a=2c$를 대입하면,

$(2c)^2=2b^2 \rightarrow 4c^2=2b^2 \rightarrow b^2=2c^2$

따라서 b도 짝수이다. a와 b가 모두 짝수라면, $\frac{a}{b}$는 기약분수가 아니며 한 번은 더 약분될 수 있는 상태가 된다. 그러므로 $\frac{a}{b}$가 기약분수라는 가정에 어긋난다. 그러므로 어떤 방식으로도 $\left(\frac{a}{b}\right)^2 = 2$가 성립하는 유리수 $\frac{a}{b}$를 찾을 수가 없다. 그러므로 $\frac{a}{b}$는 유리수가 아닌 다른 것, 즉 무리수이다.

무리수는 유리수와 섞여 연산되지 않는 성질을 가지고 있다. 그래서 같은 문자끼리 모아 계산하는 방정식처럼, 무리수끼리 더하기와 빼기를 할 때는 같은 모양의 무리수끼리만 연산을 할 수 있고 곱하기와 나

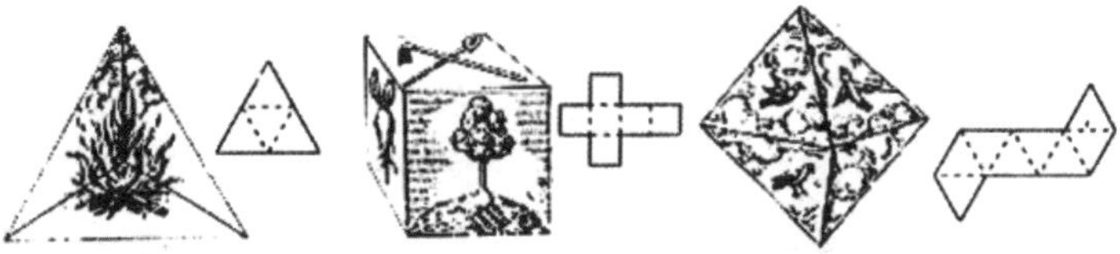

정사면체(불) 정육면체(흙) 정팔면체(공기)

정십이면체(우주) 정이십면체(물)

누기를 할 때도 자기들끼리만 소멸되었다 증식되었다 한다.

『기하학 원론』의 끝부분에는 플라톤이 입체에 대해 정리한 내용도 들어 있다. 플라톤은 만물의 근원은 불, 공기, 물, 흙이라고 생각했다. 또, 이것을 정다면체와 연관시켜 생각했다.

정다면체는 오로지 5가지밖에 존재하지 않는다. 우선 한 꼭짓점에 적어도 3개 이상의 정다각형이 붙어 있어야 한다. 또 이렇게 모인 각들의 합이 360도보다는 작아야 한다. 360도보다 커진다면 오므라진 모양체를 유지 못하고 뒤집어지게 된다. 당연한 일이다. 이것은 위와 같이 종이를 오려 상자를 접어 가는 과정을 이용해 쉽게 이해할 수 있다. 이렇게 꼭짓점에 모인 면들이 정삼각형인 경우 3개가 모이면 정사면체, 4개가 모이면 정팔면체, 5개가 모이면 정이십면체가 된다. 이번엔 한 꼭짓점에 정사각형이 3개 모이면 정육면체, 정오각형 3개가 모이면 정십이면체가 된다.

유클리드의 『기하학 원론』이 완전한 것은 아니다. 물론 우리는 2000년 전의 사람들이 공부했던 방식대로 기하학을 공부하고 있다. 어떤 공리들은 지극히 당연해 보여서 다른 경우에 대한 반박을 하기 힘들어 보인다. 두 점을 이으면 한 직선이 만들어진다는 것을 어느 누가 아니라고 하겠는가. 그런데 18세기와 19세기로 넘어오면서 유클리드에 반기를 든 새로운 기하학, 비유클리드 기하학이 나와 세상을 당혹스럽게 했다. 마치 정연한 질서이며 동시에 진리처럼 보였던 『기하학 원론』의 무엇이 대체 잘못되었단 말인가.

로바체프스키와 보여이 같은 학자들은 유클리드의 공준들에 반하는 예를 발견해 유클리드의 공준들이 절대적이지 않다는 것을 증명해 보였다. 이것은 기하학에 있어서 일대의 혼돈으로 일컬어진다. 예를 들어 구면 위에 그려진 삼각형은 모양이 휘게 되고 그 내각들의 합은 180도를 넘을 수 있다. 풍선 위에 곧게 삼각형을 그린 후에 커다랗게 불어 보자. 삼각형은 팽창되어 직선의 모습을 잃어버릴 것이다. 리만 같은 수학자는 휘어진 평면에 대해 인식했다. 도형은 팽창할 수도, 줄어들 수도, 휘어질 수도 있다.

비행기가 날아가는 최단거리를 생각해 보자. 이것 또한 비유클리드 기하학이라 아니할 수 없다. 서울에서 뉴욕에 가려면 ①의 항로를 택해야만 한다. ②를 택한다면 동그란 지구의 머나먼 길을 날아가야 한다.

이러한 비유클리드 기하학은 훗날 그 유명한 '뫼비우스의 띠'를 만

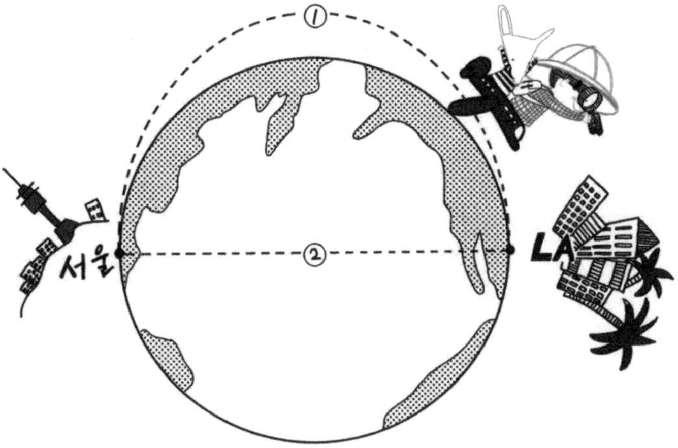

들어 낸다.

뫼비우스의 띠를 만드는 방법은 어렵지 않다. 우선 종이를 직사각형 모양의 긴 띠가 되게 오린다. 그런 다음 띠를 180도 꼰 후에 끝을 풀로 붙인다. 바깥쪽에서 연필로 선을 그리며 이 띠를 따라가다 보면 모든 면에 접하게 되는 신비의 띠가 만들어진다. 어디가 안쪽인지 어디가 바깥쪽인지 구별하기 어렵다.

나는 개인적으로 도형 부분을 그다지 좋아하지 않는다. 골치가 아플 뿐더러 정리라는 것들은 금세 잊어버리기 일쑤였고, 증명이라는 것이 너무도 지겹게 느껴졌기 때문이다. 적어도 중학생 때는 그랬다. 나중에 수학을 취미 삼아 공부할 때도 기하학 분야는 사실 별로 손대지 않았다. 오로지 대수학 분야에 대한 연습만이 최고라고 여겼다. 그런데 그리스 기하학의 역사와 이야기를 공부하면서 기하학 속에 대수학과는 다른 미美가 존재한다고 느껴졌다.

기하학은 그림은 물론이고, 언어로서 표현되는 부분이 많아 문학적이기도 하다. 세상을 바라보는 시각과 인간관과 우주관이 담겨 있어 다분히 철학적이기도 하다. 깊이 있는 수학을 하기 위해선 기하학을 연구해야 하는 게 아닐까 하는 착각이 들 정도다. 플라톤이 아카데미 입구에 '기하학을 모르는 자는 들어오지 마시오.'라고 써 붙였다는 게 어느 정도 이해가 간다. 기하학에 대한 깊이 있는 이해는 그 당시와 마찬가지로 지금도 심오한 성찰을 필요로 하기 때문이다. 고즈넉한 사색만이 기하학에 대한 이해를 가능케 하고, 그것은 철학할 준비가 되어 있음을 뜻한다.

우리도 유클리드나 플라톤처럼 소요학파逍遙學派, 즉 한가로이 산책하며 토론하고 사색하는 방법으로 철학하는 사람들이 되어 보자.

수학사의 대중 스타

아르키메데스

Archimedes, B.C. 287년경 – B.C. 210년경

아르키메데스만큼 동화에 잘 등장하는 인물이 또 있던가. '신난다, 재미난다, 어린이 명작동화…' 이런 주제가를 가지고 있던 텔레비전 애니메이션에서도 토가toga를 걸친 둥 만 둥 한 채 거리를 달리는 아르키메데스의 모습을 보았던 기억이 난다. 아마도 수학자 중에 가장 친근한 인물이요, 동화적이자 만화적인 인물이 바로 아르키메데스 아닐까. 그는 만인이 인정하는 수학사의 대중 스타이다.

드라마틱한 삶을 살고 간 아르키메데스는 기원전 287년경 시칠리아 섬의 시라쿠사에서 태어났다. 천문학자 피디아스의 아들로서 어릴 때부터 천체에 관심이 많았고, 연구에 몰입하는 습관 또한 가지고 있었다.

아르키메데스에 대한 이야기는 플루타르크Plutarchos, 45-120가 쓴 『플루타르크 영웅전』에 자세하게 나온다. 아르키메데스는 유능한 발명가요,

물리학자였으며, 놀라운 기계학자이기도 했다. 아르키메데스가 살던 당시엔 로마가 그 영역을 확대하는 중이어서 늘 전쟁이 끊이지 않는 때였다. 아르키메데스가 살던 시칠리아의 시라쿠사도 전쟁을 피해 갈 수는 없었다. 이때 아르키메데스는 희한한 전쟁 기계를 만들어 세상을 놀라게 했다. 이 기계에 대한 플루타르크의 설명은 살벌하고 끔찍하기까지 하다. 지레의 원리를 이용해 돌을 멀리 던져 적군을 맞히거나, 도르래의 원리를 이용해 쇠막대기로 적군의 군함을 치기도 했다. 이외에도 오목렌즈를 이용해 햇빛으로 적군의 배를 불태우는 등 당시로서는 신기에 가까운 묘기를 펼치기도 했다. 병사들은 "아, 저 마술같이 무서운 기계! 거인의 손이 요술을 부리는 듯하니 당해 낼 재간이 없네!"라며 벌벌 떨었다고 플루타르크는 전한다.

아르키메데스는 맥가이버나 데이비드 코퍼필드였을까? 그가 고안해낸 기계는 전쟁에 사용되었던 것을 제외하고도 엄청나게 많다. '아르키메데스의 스크루'라 불리는 나선식 펌프를 발명해 밭에 물을 대거나 늪지에서 물을 빼내기도 했는데 이 원리는 후세 농업 발전에 크게 기여했고, 후진국에선 아직도 사용되고 있다. 또 아르키메데스는 지렛대, 도르래 등도 발명했는데, 지렛대만 있으면 달도 움직일 수 있다고 장담했다고 한다.

그의 삶은 한 편의 드라마다. 수학자 중에 그처럼 즐겁게 회자되는 인물이 또 없을 듯하다. 바로 그 유명한 유레카 사건 때문이다. 어느 날, 아르키메데스는 히에론 왕으로부터 왕관을 부수지 않고 왕관에 은

이 섞였는지를 밝혀내 사기꾼을 처단할 증거를 찾아내라는 명령을 받는다. 피 한 방울 흘리지 않고 살을 도려내라는, 소설 『베니스의 상인』에 나오는 것과 같은 황당한 주문이었다. 목욕도 제대로 하지 않았다는 아르키메데스가 하필이면 그날 혼자서 욕탕에 들어가게 되었고, 입욕을 하려는 순간 유체역학의 '아르키메데스의 법칙', 즉 부력의 법칙을 깨닫고는 옷도 입지 않은 채 "유레카! 유레카!"라고 고함을 치며 거리를 달렸다. 대중적으로 많이 알려진 일화이다.

그는 참으로 친근하고 인간적인 학자처럼 우리에게 인식되어 있다. 아무리 적군이지만, 수많은 사람을 희생시켰다는 점에서 잔인한 인물로 평가될 여지도 있다. 그러나 그의 연구는 오로지 철학과 수학의 발전에 대한 꿈의 표현이었을 따름이다. 그는 전쟁 따위에 관심이 없었다.

그의 명성은 대단한 것이어서, 로마군이 시라쿠사를 침범해 왔을 때, 적장 마르켈루스조차 "저 기하학자만은 절대로 죽이지 말라."고 강조했다고 한다. 그러나 일개 무식한 졸개는 이 천재적인 노인이 땅바닥에 낙서를 하고 있는 것을 보고 별 볼일 없는 늙은이라 여겼는지 그를 창으로 찔러 죽였다. 그 힘없는 노인이 감히 대大로마군의 군사에게 "내 그림을 밟지 마시오!"라고 고함을 쳐댔기 때문이었다. 문제의 로마군인은 '그 따위 쓸모없는 그림을 밟았다고 로마군에게 대항하다니, 겁도 없는 노인네 같으니.'라고 혀를 찼을 것이다. 그런데 이 군사의 실수는 고대 그리스의 찬란한 문명을 사그라뜨리는 불행한 결과를 초래

하고 말았다. 로마는 무력으로 영토를 확장하고 대제국이 되었지만, 자신들의 독자적인 문명을 가지고 있지 못했던 탓에 목욕과 성性, 저급한 문화만을 즐기다가 스스로 타락해 멸망하고 말았다.

일개 졸병의 욱하는 성미가 수학의 발전을 몇 백 년 늦췄을지도 모른다. 로마가 군인들의 인성 교육에 좀더 신경 썼더라면 지금쯤 인류는 우주선을 밥통 보듯 할 수 있었을지도 모르겠다. 어쨌거나 로마는 전쟁에서 승리했지만 진정으로 불멸한 것은 시라쿠사의 아르키메데스요, 그가 남긴 지식이다.

마르켈루스는 상당히 감성적인 장수였던 것 같다. 그는 졸개의 실수로 대학자가 죽었다는 사실에 깊은 슬픔을 느꼈고, 아르키메데스의 묘비에 그가 평소에 남겨 뒀다는 유언대로 '구球에 외접하는 직원기둥'의 그림을 새겨 넣었다.

이 묘비는 사람들에게 잊힌 채 방치되다가 오랜 세월이 흐른 뒤인 1965년 호텔의 건축을 위해 땅을 파던 중 발견되었다.

아르키메데스는 구의 표면적이 $4\pi r^2$, 원기둥의 표면적이 $2\pi rh+2\pi r^2$이라는 것을 증명해 냈다. 구는 원이 아니다. 구는 축구공처럼 입체적인 것이므로 원기둥과 연관해 부피를 측정할 수 있다. 묘비의 그림처럼 원기둥에 내접하는 구를 집어넣으면 부피 측정은 끝난다.

그가 발견해 낸 것은, '원기둥의 원주에 내접하는 구의 부피는 원기둥 부피의 $\frac{2}{3}$이다.'라는 사실이다. 그는 이 발견에 대해 대단히 자부심을 가지고 있었고, 입버릇처럼 자기 묘에 이 그림을 그려 넣어 달라고 말했다고 한다.

이런 증명들에 대한 것은 수학 초보자인 보통 시민으로서 이해하기 어려운 부분이 많다. 간단한 증명부터 확인한 후, 실력을 쌓은 후에 도전해 보도록 하자.

모든 학문은 과거의 수많은 사람이 발견해 낸 것들로부터 기초지식을 얻은 후에 새롭게 발전하는 과정을 겪는다. 원에 대해서도 마찬가지다. 원은 이미 탈레스 이전부터 연구되어 탈레스를 거치면서 조금씩 깊이 있게 들어갔고, 아르키메데스 이전에 이미 원의 둘레에 대한 고찰이 있었다. 이것은, 원둘레는 그 지름과 비례한다는 것을 이용한 것인데 언제나 일정한 정도로 비례함을 발견해 냈다.

원주는 바로 $2\pi r$이라는 원칙을 미리 알고 있어야 하겠다.

다음 그림과 같이 원 모양의 피자가 있다고 하자.

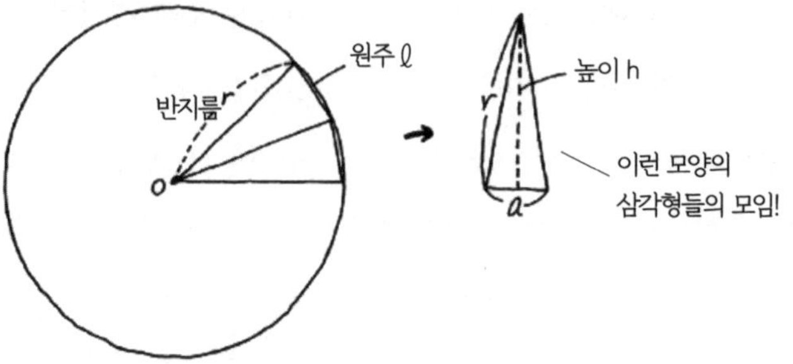

이론상, 피자는 먹으려는 사람의 수만큼 같은 크기로 잘라 낼 수 있다. 잘라 낸 피자 조각들을 다시 모으면 원래의 원이 되므로, 원의 넓이는 잘라 낸 조각의 넓이들이 모두 합쳐진 것과 같다. 피자 한 판에 수만 명의 사람이 몰려든다고 해도 수만 개의 조각으로 잘라 낼 수가 있다. 물론 실제론 먹을 게 남아나질 않겠지만, 피자는 원이므로 무한으로 분할하는 게 가능하다. 이 잘라진 조각은 하나의 삼각형처럼 보인다. 밑의 둥그런 부분을 삼각형의 밑변, 즉 직선으로 만들 수 있는데, 이렇게 곡선인 도형의 면적을 내접하는 직선 도형을 그려서 찾아내는 것이 바로 착출법搾出法이다.

예를 들어 다음과 같은 곡선 도형이 있다고 하자. 이것의 넓이를 구하는 것은 어려운 일처럼 보이지만, 착출법을 이용한다면 의외로 쉽게 풀 수 있다

곡선은 막대기들을 수없이 연결해 놓은 것과 마찬가지다. 막대기의 넓이는 직사각형의 넓이이므로 쉽게 구할 수가 있다. 즉, 이 막대기들의 넓이를 합한 것이 바로 곡선 도형의 넓이가 되는 것이다. 이러한 면

적의 계산은 미적분학의 기초가 되기도 한다. 비어 있는 부분이 없도록 무한까지 확장시켜 직선 도형을 곡선에 꽉꽉 채워 넣으면 되니까.

적분에서 이용되는 착출법

원 역시 이처럼 무한 개의 삼각형으로 이뤄져 있다고 본다.

그중 삼각형 하나의 넓이는 $\frac{1}{2}ah$이다. 원의 넓이는 이런 넓이의 삼각형이 무한히 많이 합해진 것이므로 식을 써 보면 다음과 같다.

삼각형들의 넓이의 합(즉, 원의 넓이)

$$= \frac{1}{2}ah + \frac{1}{2}ah + \frac{1}{2}ah + \cdots\cdots + \frac{1}{2}ah$$

$$= \frac{1}{2}h\ (a+a+a+\cdots\cdots\cdots\cdots+a)$$

a는 삼각형의 밑변으로 원주에 해당한다. 수많은 a의 합은 결국 원래 원의 둘레가 되는 것이다. 그러므로 위의 식에서 $a+a+a+\cdots\cdots = 2\pi r$이다.

$$\frac{1}{2}h\ (a+a+a+\cdots\cdots\cdots\cdots) = \frac{1}{2}h\times 2\pi r$$

그런데 삼각형의 높이 h를, 무한히 작게 자르다 보면 반지름 r과 거의 일치한다.

$$\frac{1}{2}h\times 2\pi r = \frac{1}{2}r\times 2\pi r$$

$\therefore$ 원의 넓이$(s) = \pi r^2$

아르키메데스는 이밖에도 원에 관한 많은 부분을 연구했다. 그는 특히 부력의 법칙을 발견한 수학자답게 입체의 부피에 대한 연구를 열심히 한 것으로 보인다. 원의 넓이를 구하는 과정에서 사용한 무한의 개념은 수에 대한 무한성의 연구로 이어진다. 모래알만큼 많다는 건 셀 수 없이 많다는 뜻으로 통한다. 그러나 아르키메데스에게 '모래알만큼 많다.'고 말한다면 그는 언젠가는 셀 수 있을 만큼 많다는 뜻으로 받아들일 것이다. 그는 「모래의 계산가」라는 논문에서 신의 영역이었던 무한의 세계에 과감히 도전했다. 그는 수의 영토를 무한으로 확대시켰다. 그는 모래알은 셀 수 있을 만큼 유한하며, 더욱 무한한 수의 세계가 있음을 깨달았던 것으로 보인다. 후에 아르키메데스의 이러한 아이디어는 로그 발명의 씨앗이 된다.

$$a^m \cdot a^n = a^{m+n}$$

이미 「모래의 계산가」에서 현재 누구나 알고 있는 지수 공식이 다루어졌다.

저 하늘의 별들을 셀 수 있을까? 모래알의 수는? 이런 궁금증에서 시작된 아르키메데스의 수학적 행보는 후대의 칸토어G. Cantor, 1845-1918의 무한소 개념에 크나큰 실마리를 제공했다고 볼 수 있다.

아르키메데스만이 무한을 셀 수 있었던 것은 아니다. 동양에서도 무한을 셀 수 있는 언어들이 있었다. 억(億, 10^8)과 조(兆, 10^{12})는 익히 알고 있을 것이다. 먼 옛날 이것보다 훨씬 큰 수에 대한 명칭들이 있었다고 하니 놀랍지 않은가. 중국에서도 무한을 셀 수 있었다.

명칭	크기	풀이
항하사	10^{56}	인도 갠지스 강의 모래알의 수
아승지	10^{64}	항하사의 1억 배
나유타	10^{72}	아승지의 1억 배
불가사의	10^{84}	나유타의 1억 배

우리가 컴퓨터를 사용할 때 쓰는 메가(10^6~10^8)와 기가(10^9~10^{11})도 이 엄청난 수들에 비하면 아주 작다는 생각이 든다. 먼 미래엔 아마도 몇 아승지, 몇 불가사의 하는 용량의 컴퓨터가 나오지 않을까?

중국에선 무한에 대한 명칭 말고도 아주 짧은 순간에 대한 인식도 있었다. 순식瞬息간이란 어떤 뜻일까? 바로 $\frac{1}{10^{16}}$에 해당하는 짧은 순간을 이야기한다. '눈 깜짝할 새'도 상대가 안 되는 엄청난 시간이다. 숫자로 명시해 놓고 보니 귀신이 눈을 부릅뜬 사람도 모르게 쓱 지나가는 순간이 아닐까. 아니면 흔적조차 없는 바람의 움직임? 찰나刹那는 더욱 짧은 시간인데 $\frac{1}{10^{18}}$ 만큼의 시간이다. 이 모두 인도의 불교적 세계관에서 비롯되었다.

아리스토텔레스가 무한을 센 방식은 지수 법칙을 이용한 수의 확대였다.

$10^6 \cdot 10^6 = 10^{6+6} = 10^{12}$와 같이 수를 무한으로 확대해서 결국 $10^{800000000}$까지 셀 수 있었다. 이것을 하나의 단위인 피어리드$_{period}$로 불렀다. 다시 지수 법칙을 이용한다면 이것은 또 수많은 피어리드로 확장시킬 수 있다. 지수를 풀어 쓴다면 동그라미를 1만 개, 아니 1억 개도 더 그려야 한다. 모래알 세다가 한세상 다 보내겠다. 내 머리에 달린 머리카락 수도 못 세는 판국에!

어쨌든 좋아하는 일을 하는 동안, 최고로 몰입한 순간에 죽을 수 있었던 아르키메데스는 참으로 행복한 사람이다. 그는 우리에게 소박하고 엉뚱해서 인간적 매력을 풍기는 사람으로 기억되고 있다. 그의 죽음으로 인해 그리스의 찬란한 학문적 분위기는 서서히 시들어 버리고 만다. 안타까운 일이지만, 그게 역사라면 순하게 받아들이는 수밖에 없겠다.

카르다노의 파란만장한 삼차방정식

Girolamo Cardano, 1501 – 1576

카르다노는 수학의 역사상 가장 기이한 인물로 알려져 있다. 그의 탄생부터가 비극적이었고, 삶 전체가 해괴망측한 발상과 기이한 사건들로 가득 차 있다. 다정한 사람으로 존경을 한 몸에 받았던 아리스토텔레스와는 달리, 카르다노는 악마성이 다분한 천재였다. 처음 카르다노의 일생을 대했을 때 느꼈던 감정은 두려움이었다.

카르다노의 비범함은 그의 출생의 비밀을 들어 보면 금방 이해가 갈 것이다. 그는 어쩌면 평범한 사람으로 태어나 평범하게 가정을 꾸리며 착실하게 살아갈 수도 있었던 인물인지도 모른다. 출생이 그렇게 불행하지만 않았어도 말이다. 그는 유부남인 변호사 아버지와 창녀 사이에서 잉태되었다. 그가 부도덕하나 숭고한 사랑의 결실이었는지 쾌락의 부산물이었는지는 모르겠지만, 원치 않는 아이였음엔 분명하다. 그의 어머니는 카르다노를 유산하기 위해 별의별 짓을 다했으나, 질긴 생명력으로 아이는 세상에 태어나고 만다. 그가 온전한 사람으로 태어났을 리 없다. 그의 어린 몸은 약물과 모진 시달림에 의해 이미 망가질 대로 망가졌고, 정신은 더욱 피폐해 있었다.

그는 고통스럽게 성장했다. 어머니의 사랑을 받아 보지도 못했고, 몸이 늘 아팠던 것은 두말할 필요도 없다. 탈장되거나 위액을 토하거나 하는 일은 보통이었다. 카르다노는 오히려 그런 고통을 즐겼다. 온전할 리 없는 그가 육체의 고통에서 벗어나기 위해 선택한 것은 더욱 큰 고통을 스스로에게 가하는 것이었다. 그는 고통이 끝나는 순간의 기쁨을 위해 고통을 느껴야 한다고 생각했다.

그의 해괴망측함은 여기서 끝나지 않는다. 그는 거의 무당에 가까운 예지 능력을 가졌으며, 유명한 점성술사 노릇도 한다. 그에겐 신기神氣가 있었다. 아마도 어머니의 배 속에서 죽음과 사투하던 순간에 그의 영혼에 악마가 깃들었는지도 모를 일이다.

그는 번뜩이는 천재성으로 파도바 대학에 진학해 여러 가지 분야에 관심을 갖고 지식을 쌓는다. 그 후 시골 마을에서 의사 개업을 하게 되고, 그곳에서 결혼을 한다. 꿈속에서 본 여인을 실제로 보고 그 여인이 신이 점지해 준 자신의 배필임을 직감했던 것이다. 그녀의 이름은 반다리니이며, 산적山賊의 딸이라고 한다. 흥미롭지 않은가. 산적의 딸이라니!

그는 결혼하고도 정상적인 가장이 되지 못했다. 노름에 빠져 재산을 탕진하는가 하면, 한군데 정착하지 못하고 여기저기 방랑자처럼 떠돌아다녔다. 갑자기 화가 난다고 해서 아들의 귀를 잘라 버리는 일도 서슴지 않았다는 이야기도 있지만, 믿을만한 건 못 된다.

기괴한 남편 때문에 속앓이를 해서 그런지 그의 아내는 31세의 나이에 죽고 만다. 그의 불행은 거기서 끝나지 않는다. 그가 가장 사랑했던 아들 지암바티스타가 부도덕한 여자를 만나 결혼을 하게 되었던 것이다. 카르다노는 아들의 결혼이 비극으로 끝날 것임을 무섭게 예감하고 있었다. 아들의 여인은 다른 남자의 아이를 낳는 것을 서슴지 않는 대담한 여인이었다. 그녀는 지암바티스타의 가슴에 원한을 품게 했고, 결국은 남편의 손에 살해되는 운명에 처했다. 카르다노의 큰아들 지암바티스타는 결국 형장의 이슬로 사라져 버렸고, 카르다노에게 남은 것은 통한뿐이었다. 자신이 불행의 씨앗이었음을 느끼고 절망했을 것이다. 작은아들마저 죄를 지어 감옥에 투옥되면서 카르다노는 실의의 나날을 보낸다.

그는 자신이 1576년 9월 20일에 사망한다는 것을 예언했고, 그 예언을 지키기 위해 1576년 9월 20일에 자살을 했다고 전해진다. 물론 악성 루머일 가능성도 있다. 그의 일생은 이처럼 비극적이었다.

죽음에서 가까스로 살아나 세상에 나온 그였지만, 행복할 권리는 있는 법이었다. 그의 비극적인 삶에도 불구하고, 카르다노가 수학사에 남긴 업적은 대단하다. 『위대한 해법』을 통해 삼차방정식의 해법을 제시한 것이다. 이로부터 진정한 현대적 수학이 시작되었다고 해도 과언이 아니다.

여기서 잠깐, 방정식의 해법에 대한 역사를 알아보고 가자! 처음 이차방정식의 해를 구한 학자로 이슬람의 알콰리즈미Al-khwarizmi, 780년경-850년경를 들 수 있다. 그는 『복원과 축소의 과학』이라는 저서에서 알 자브르Al-Jabr라는 단어를 썼는데, 이것이 대수학Algebra의 어원이 되었다.

또, 대수학의 아버지라고 불리는 디오판토스Diophantos, 246년경-330년경와 관련해서는 유명한 나이 계산이 있다.

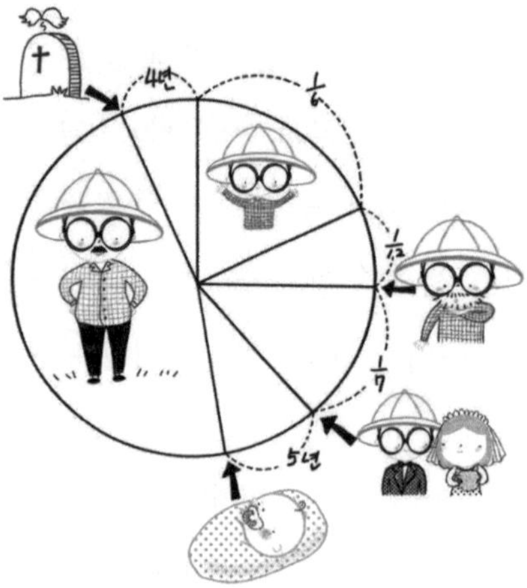

나는 일생의 $\frac{1}{6}$을 소년으로 지냈고, $\frac{1}{12}$이 지나 수염이 나기 시작했으며, $\frac{1}{7}$이 되었을 때 결혼을 했고, 결혼한 지 5년 만에 아이를 낳았는데 아이는 아버지의 반만 살고 아버지보다 4년 먼저 죽었다. 그렇다면 내 나이는 몇 살인가?

해설은 140쪽에

이런 문제는 초등학생들이 오히려 더 잘 풀 수 있다. 방정식을 배제한다면 말이다. 디오판토스는 이런 종류의 문제들을 흥밋거리로 세상에 자주 내놓았다.

디오판토스는 기하학 위주였던 그리스 수학을 대수로 변화시키는 데 공헌을 했다. 이 전통을 이어받은 이슬람문명은 수학을 발전시켰고, 급기야 대수학을 서구 사회에 전해 주는 주요한 역할을 하게 된다.

기하학도 마찬가지지만, 대수학 역시 언어로부터 출발하게 되었으니 다분히 문학적이라 하겠다. 태초에 1개의 점이 있었다. 그리고 저 멀찍이 떨어져 또 다른 점이 존재했다. 이들을 연결시키면 하나의 선이 된다. 그것이 직선이든 곡선이든. 이것이 바로 기하학이다. 기하학 역시 언어 없이 불쑥 삼각형과 사각형을 그리게 된 것은 아니다. 대수학도 마찬가지다. 대수학에서 문자를 쓰게 된 것은 수시로 변하거나 알지 못하는 미지수를 대체하기 위함이었다. 대수학이 언어로부터 발생했다는 것은 처음 방정식을 배울 때, 문장을 방정식으로 바꾸는 과정을 보면 확실하게 알 수 있다.

알콰리즈미에 의한 이차방정식의 해법은 19세기의 수학자인 실베스터Sylvester, 1814-1897에 의해 공식화되었다.

〈이차방정식의 근의 공식〉

$ax^2+bx+c=0\ (a \neq 0)$ 일 때,

$$x=\frac{-b \pm\sqrt{b^2-4ac}}{2a}$$

아마도 학교를 떠남과 동시에 까맣게 잊는 공식이 아닐까 싶다. 그래서 누군가 갑자기 “이차방정식의 근의 공식을 알아?”라고 묻는다면 꿀 먹은 벙어리가 될 수밖에 없다.

그러나 대수학이 완전히 새로운 분야는 아니다. 기원전의 고대 사회

에서도 기하학을 연구하며 대수적인 개념과 일차, 이차방정식이 사용되었다는 것은 이미 살펴보았다. 대수학과 기하학은 별개의 것이 아니며, 상호 보완적인 작용을 해 왔다. 기하학의 시절엔 기하학을 증명하기 위해 대수학을 사용했고, 대수학을 할 때는 기하학적인 도형을 활용해 대수학이 성립됨을 보일 수 있었으니 말이다.

아무튼 이차방정식을 자유롭게 풀 수 있게 되면서 좀 더 복잡한 식에 대한 연구가 이뤄졌다. 그 폭풍의 중심에 카르다노가 있었다. 카르다노의 삼차방정식을 이야기하면서 빼놓을 수 없는 학자가 페로, 타르탈리아, 페라리 같은 사람들이다. 말도 많고 탈도 많았던 삼차방정식!

삼차방정식을 둘러싼 추문은 중세 대학의 기원으로 불리는 볼로냐 대학의 수학 교수 페로Scipione del Ferro, 1465-1526에게서 시작된다.

당시엔 음수를 사용하지 않았으므로 페로가 풀이한 삼차방정식에는 이차항이 없다. $x^3+ax=b$라는 삼차방정식을 만들어 풀이했는데, 이것을 '숨죽인 삼차식'이라고 부른다. 이차항이 숨죽이고 숨어 있다고 해서 그런 이름을 붙인 듯하다. 만약 이차항이 존재한다면 당시의 식견으로서는 이 방정식을 풀어내기가 힘들었다. 어떤 수의 제곱이란 것은 원래의 수가 어떤 모양인지 감추기 때문에 위험하다. 즉, 음수에 제곱을 하면 양수가 되므로 음수에 대한 활용을 별로 하지 않던 당시로선 삼차방정식의 해법이 더없이 복잡해진다. 그래서 이차항을 간첩처럼 싹 숨겨 버렸다. 후에 제곱해도 음수가 될 수 있는 복소수가 거론되면서 고차 방정식의 풀이가 자유로워지게 된다. 불완전한 상태의 삼차방정식 해법이지만, 페로의 발견은 당시로선 획기적인 것이었다. 그러나 페로는 이것을 밝히지 않는다.

르네상스 당시엔 학예의 부흥기답게 별의별 학술적 경기가 많았는데, 학자들이 하는 일이란 게 주로 연구한 학문을 가지고 서로 언쟁을 하는 것이었다. 논리가 빈약하다면 지는 게 당연했다. 르네상스 시대엔 이런 경기가 학자들의 학문적 성과를 뽐내는 무대였으므로 모든 학자가 경기에 진지하게 임했다. 시합에 이기면 진정한 학자로 인정받게 되지만, 지게 되면 명예를 잃고 만다. 페로는 이 점에 대해 불안하게 생각했던 모양이다. 삼차방정식의 해법을 발견해 놓고도 혼자서 속앓이만 했고, 죽기 직전에야 자신의 제자 피어에게 비법을 전수했다.

이런 학술 경기는 기원전에도 유행했던 것들이다. 피타고라스와 엘레아학파가 맞붙은 것도 그랬는데, 여기서 제논의 역설로 떠들썩했던 사건도 있었다. 아무리 열심히 뛰어도 결국엔 거북을 따라잡을 수 없다는 유명한 이야기를 모두 알고 있을 것이다. 재밌는 것은 이런 시합에 방청객이 줄을 이었다는 사실이다.

다시 르네상스로 돌아와서!

'모월 모일, 카르다노 대對 타르탈리아 삼차방정식 타이틀 매치!'라는 포스터가 여기저기 걸린다. 사람들은 저마다 웅성거리며 이 시합에 갈 것인지에 대한 이야기를 나누고, 누가 이길지에 대한 점을 쳐 본다. 그리고 카르다노와 타르탈리아의 팬으로 나뉘어 서로 다투기도 한다. 결전의 그날, 구름 떼 같은 구경꾼이 몰려든 가운데 카르다노와 타르탈리아는 각자의 매니저에게 안마를 받으며 서로를 노려보고 있다. 공이 울리면, 군중의 함성이 터지고, 카르다노와 타르탈리아가 드디어 열전에 들어간다.

카르다노 : 삼차방정식깨나 풀 줄 안다고 잘난 척하시기는….

타르탈리아 : 쳇! 도둑놈!

카르다노 : 난 도둑질한 적 없어. 원래 삼차방정식 해법은 네 놈이 처음 발견한 것도 아니잖아.

타르탈리아 : 그래도 넌 약속을 깼어. 하늘이 두렵지도 않나? 내가 삼차방정식의 해법을 알려줘도 아무에게도 발설하지 않겠다고 신 앞에 맹세해 놓고, 자기가 발견한 것처럼 속이고 출간을 해? 어허, 이런 경우가 있나. 사랑과 정의의 이름으로 널 용서치 않겠다.

카르다노 : 그럼, 자네는 삼차방정식이 자네 것이라도 된다는 말인가? 나도 처음엔 자네가 발견해 낸 것으로 알고 발표를 망설였네만, 알고 보니 이미 오래전에 페로 교수에 의해 숨죽인 삼차식을 이용한 해법이 시행되었네. 그래서 발표해도 상관없겠다 싶었지. 삼차방정식은 자네만의 것은 아닐세.

타르탈리아 : 쳇! 이 협잡꾼, 사기꾼, 미치광이! 페로가 무덤 속에서 웃겠다! 지구 끝까지 좇아가 널 괴롭힐 거야!

카르다노 : 나보다 더 미친놈이 있네그려!

위의 상황은 극적으로 꾸민 것이다. 실제로 공개 토론회장엔 카르다노가 직접 나가지 않았다. 카르다노는 영특한 조수 페라리를 대리인으로 내세워 타르탈리아와 맞서게 했다. 앞과 같은 내용이 거론된 것도 아니다. 둘은 삼차방정식을 사이에 둔 학문적 논쟁을 했다.

여기서 타르탈리아는 페라리에게 참패를 하고, 실추된 명예를 슬퍼하며 물러설 수밖에 없었다.

타르탈리아란 사람! 카르다노와 마찬가지로 특이한 인물이다. 그는 니콜라 폰타나Nicola Fontana, 1500-1557라는 멀쩡한 이름을 가지고 있었다. 타르탈리아는 브레시아에서 우편배달부의 아들로 태어났는데, 그리 유복하지 못했다. 어린 시절 프랑스 군대가 침입해 와 만행을 저지를 때 아버지를 잃었다. 그는 살아남았지만, 머리와 턱이 깨지는 중상을 입었다. 그의 어머니는 짐승이 자기 새끼를 혀로 핥아 주듯이 타르탈리아의 피투성이가 된 머리와 턱을 열심히 핥아 주었다. 어머니의 위대한 사랑으로 그는 완쾌되었지만, 대신 말을 똑바로 할 수가 없었다. 심한 말더듬 증상을 가지고 있었고, 이로 인해 말더듬이란 뜻의 타르탈리아Tartaglia라는 별명을 갖게 되었다. 그는 가난해서 학교에 갈 수가 없어 그야말로 형설지공螢雪之功, 주경야독晝耕夜讀하며 독학으로 수학적 지식을 터득했다. 그는 무학의 경력으로 훗날 대학의 교수가 되었다. 그의 옛날 초상화를 보니 불쌍해 보이기 짝이 없는 것이 곤궁했던 그의 삶을 보여 주는 듯하다.

그를 유명하게 만든 것이 바로 앞에 언급된 학술 관련 시합들이다.

그는 유명 학자들도 풀지 못했던 삼차방정식의 문제들을 단시간에 풀어내 사람들을 놀라게 했다. 이때 카르다노는 그의 활약상을 듣고, 타르탈리아가 어떻게 문제를 풀었는지에 대해 궁금해 하기 시작했다. 카르다노는 타르탈리아에게 편지를 보내어 해법을 귀띔해 줄 것을 집요하게 요청했다. 카르다노의 집요함에 무릎을 꿇은 타르탈리아는 절대 발설하지 않겠다는 그의 맹세를 믿고, 해법을 가르쳐 주게 된다. 그러나 카르다노는 괘씸하게도 그 맹세를 어기고 해법을 발설해 버리고 만다. 마치 자기가 푼 것인 양. 이로부터 싸움이 시작되었다.

재미있는 사실은 삼차방정식에 관련된 인물들이 모두 기괴하고 이상스러운 성격의 소유자에다 기이한 삶을 살았다는 것이다. 페라리는 타르탈리아를 이기고 승승장구해서 사차방정식까지 풀어냈지만, 지나치게 다혈질에다 주정뱅이에 도박꾼이었다. 나중엔 여동생에게 독살당하여 세상을 하직했다. 여동생의 남편, 즉 처남에게 살해당했다는 이야기도 있다.

우리가 현재 배우고 있는 삼차방정식의 해법은 간단하다. 그러나 당시 카르다노와 타르탈리아가 맞붙던 시절은 삼차방정식의 초창기의 실험이었으므로 오랜 시간 공을 들이지 않으면 이해하기 쉽지 않았을 것이다. 카르다노가 삼차방정식에 접근한 방식 역시 기하학적이었다. 직육면체를 쪼개어 부피를 구하면 부피는 가로, 세로, 높이 세 가지를 곱한 것이므로 삼차식이 나올 수가 있다. 이 쪼개진 직육면체들의 합을 통해 삼차방정식을 구해 냈는데, 현재의 시각에서 보면 무의미한 노동처럼 보인다. 당시에도 고차 방정식의 풀이가 너무 어려우므로 고차 방정식에 매달리는 일은 점잖지 못한 일이라는 말도 있었다.

그러나 카르다노의, 육체적 고통을 뛰어넘은 그 같은 노력은 우리에게 좀 더 밝은 미래를 선사해 주었다. 『위대한 해법』은 5년에 걸쳐 쓰였지만, 카르다노의 바람처럼 그 생명은 수천 년을 넘어서고 있는 것이다.

그렇다면 카르다노가 어떤 식으로 삼차방정식을 풀었는지 따라 가보자. 삼차방정식은 대수적인 방법으로도 풀리고 기하학적인 방법으로도 풀 수가 있다. 먼저, 기하학적인 방법을 동원해 보자.

자, 일단 마파두부를 떠올려 보자. 이것은 수학 전공자를 소개받아 이메일로 대화를 하면서 오류를 점검받고 만들어낸 정리이다. 그러므로 마파두부 이야기는 '김정희의 정리'라고 해도 무방할 것이다. 마파두부는 가로, 세로, 높이가 똑같은 정육면체 모양을 하고 있다. 이 마파두부를 잘 드는 칼로 다음과 같이 쪼개 보자.

이것은 여러 번의 치환과 대입 과정을 거쳐 풀어내게 되는데, 머리가 무척 아플 것이다. 삼차방정식의 대수적인 해법도 있는데, 참고하기 바란다. 삼차방정식의 일반식을 다음과 같이 두자.

$$ax^3 + bx^2 + cx + d = 0 \quad (a \neq 0)$$

x^3 앞의 계수 a로 양변을 나눠 주면 된다. 그런 후에 $x=y-\frac{b}{3a}$로 두고, 정리한 식에 대입한다. $x=y-\frac{b}{3a}$와 같은 식은 일차방정식의 경우 $ax+b=0$일 때, x의 계수 a를 없애 주면 $x=-\frac{b}{a}$가 되고, 이차방정식의 경우 $ax^2+bx+c=0$의 일반식에서 x^2의 계수인 a를 없애 주면,

마파두부 쪼개기

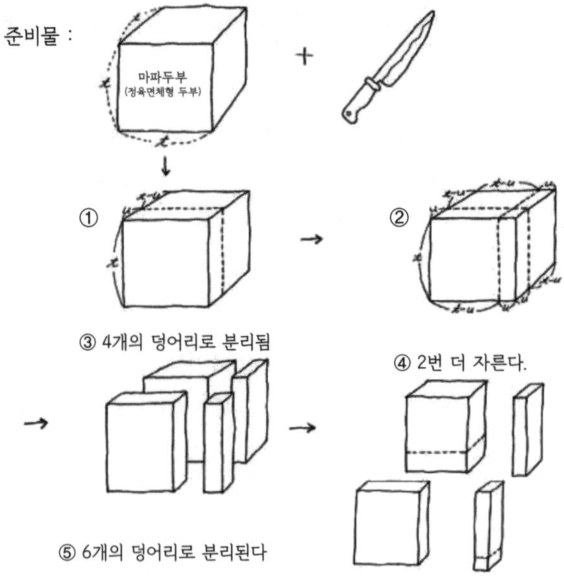

⑤ 6개의 덩어리로 분리된다

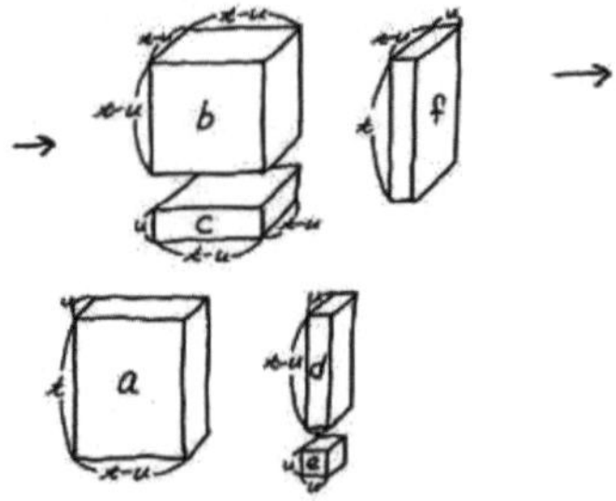

⑥ 부피 구하기

$a : t(t-u)\cdot u=tu(t-u)$

$b : (t-u)(t-u)(t-u)=(t-u)^3$

$c : u(t-u)(t-u)=u(t-u)^2$

$d : (t-u)\cdot u\cdot u=u^2(t-u)$

$e : u\cdot u\cdot u=u^3$

$f : f(t-u)\cdot u=tu(t-u)$

마파두부 전체의 부피

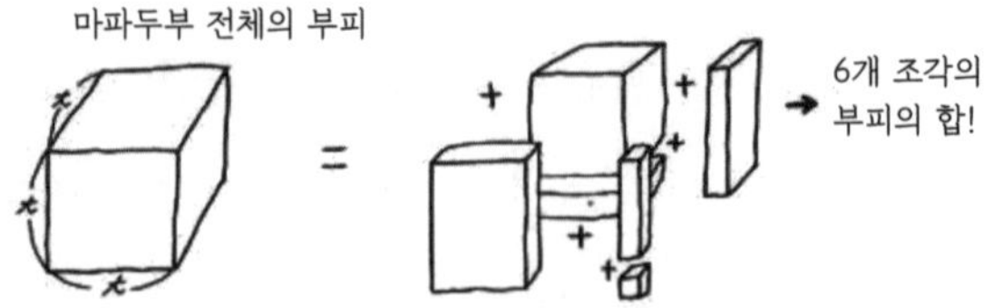

$$t^3 = tu(t-u)+(t-u)^3+u(t-u)^2+u^2(t-u)+u^3+tu(t-u)$$
$$= u^3+(t-u)^3+2tu(t-u)+u^2(t-u)-u(t-u)^2$$

$x^2+\frac{b}{a}x=-\frac{c}{a}$, $\left(x+\frac{b}{2a}\right)^2=-\frac{c}{a}+\frac{b^2}{4a^2}$로 정리되어 이차방정식 근의 공식을 유도해 낸다는 것에 착안한 것이다. $x=y-\frac{b}{3a}$에서 y항은 그 값에 따라 x의 값도 변하므로 임의로 정한 것이다. 만약 y가 없다면 이차식과 다를 바가 없으므로 임의의 y는 반드시 있어야 한다. 하여간 이 식을 대입하면 다음과 같이 정리가 된다.

$$y^3+py+q=0$$

다시 $y=u+v$로 하면 $u^3+v^3+q+(3uv+p)(u+v)=0$이 된다. 이것은 $(u+v)$의 값에 상관없이 $uv=-\frac{p}{3}$, $u^3+v^3=-q$가 성립됨을 알 수 있다. 자, 이것은 바로 u^3, v^3의 근과 계수의 관계가 된다.

즉, $t^2+qt+\left(-\frac{p}{3}\right)^2=0$이라는 이차식으로 나타낼 수가 있다. 그 다음은 이차방정식의 근의 공식에 집어넣어 풀이하면 된다.

대수학적 직관을 많이 요하는 문제라 아니 할 수 없다. 가정과 치환을 통해 성립될 만한 식으로의 유도가 돋보이는 해법이라고도 하겠다. 그러나 이 역시 아마추어들의 편두통을 일으킬 만하다면, 그다지 집착할 필요는 없다.

처음은 어려웠으나 그 물꼬가 터졌고 우리는 사차, 혹은 오차의 방정식도 간편하게 정리된 것을 가지고 쉽게 풀 수 있는 세상에 살고 있다. 세상을 떠들썩하게 했던 삼차방정식이야 식은 죽 먹기가 되었으니 이 얼마나 신나는 일인가. 그렇다. 당시의 삼차방정식이란 오랜 시간을 들여 풀어내야 하는 과업과도 같은 것이었다. 좌절하지 말자. 카르다노식의 삼차방정식 풀이법을 이해하지 못했다고 해서 우리가 삼차방정식을 풀 수 없는 게 아니다. 우리는 이미 정제된 형태의 쉬운 삼차방정식을 손에 쥐고 있지 않은가. 방정식은 무척 쉽고 재미있는 부분인데, 공연히 카르다노 때문에 겁먹는 일이 없기를 바란다.

카르다노의 또 다른 업적 중 하나는 방정식에 대한 연구 과정에서 허수에 대한 생각을 해냈다는 것이다. 허수의 한자는 '虛數'로 표기하고, 실수實數의 반대말처럼 사용되고 있다. 하지만 허수를 단순히 실수의 반대, 즉 실제로 존재하지 않는 가상의 가짜 수라고 이분법적으로 보지는 말자. 물론 허수는 영어로 'imaginary number'이므로 실존하지 않는 상상의 수, 인간이 수에 대해 상상할 수 있는 가능성의 표현일 수도 있겠다.

카르다노의 전적에 비추어 이러한 허수에 대한 발표는 오랜 시간 동안 그 진위에 대해 의심을 받았으며, 훗날 오일러Leonhard Euler, 1707-1783에 이르러 체계를 갖추게 되었다.

제곱해서 음수가 되는 수는 없으므로, $x^2=-1$의 해는 존재하지 않는다는 것이 당시의 상식이었다. 그러나 허수 i의 경우는 제곱해 음수가 나올 수 있다. $i=\sqrt{-1}$이므로, $i^2=-1$이 된다. 이 허수를 주로 실수와 묶여 있는 $a+bi$ 식의 복소수로 만날 수가 있는데, 허수는 무리수가 유리수와 섞이지 않는 것과 마찬가지로 실수와 섞이지 않는다. 허수는 허수끼리, 무리수는 무리수끼리 유유상종한다.

복소수는 평면적으로 움직이는 수 체계를 입체적으로 탈바꿈시킨

다. 수는 더 이상 고정되어 있지 않고 움직이게 된다. 복소수 $a+bi$에서 a가 지구의 경도라면, b는 지구의 위도가 된다.

복소수는 후에 오일러에 의해 그 체계가 확고하게 세워진다. 복소수는 쉽게 접근할 수 있는 부분이다. 좌표평면 위에 수수께끼처럼 놓인 복소수를 이해하기 어렵다 해도, 우리는 문제들을 쉽게 풀 수 있다. 복소수가 사칙연산될 때의 성질과 켤레 복소수($a+bi$의 켤레 복소수는 $a-bi$) 등에 대해 알고 있으면 된다. 복소수의 무리수 연산과 비슷하고 매우 쉬워서 전화 통화를 하면서도 할 수 있는 몇 안 되는 단원이다.

디오판토스의 나이 계산 풀이

자, 한번 계산해 보라. 대수적인 방법을 이용하거나 기하학적인 방법을 이용하거나 본인이 편한 대로 한다. 일단 아들이 아버지의 반만 살다 갔다는 데 주목하자. 아들의 나이는 바로 디오판토스 나이의 $\frac{1}{2}$이다. 그렇다면, 아들의 나이를 기준으로 하면 좀 더 쉽게 풀 수 있겠다.

쪼개진 원을 다 합한 것을 1로 보고(중간의 5년과 뒤의 4년, 모두 9년에 해당하는 기간은 잠시 보류), 모든 분수를 합해 보면,

$\frac{1}{6}+\frac{1}{12}+\frac{1}{7}+\frac{1}{2}=\frac{75}{84}$ 이다.

이것을 전체 1에서 빼 보면 $1-\frac{75}{84}=\frac{9}{84}$ 이다.

아하! 우리가 남겨둔 9년의 시간과 일치하지 않는가. 그러므로 디오판토스의 나이는 84세임에 틀림없다.

그럼, 이번엔 대수적으로도 풀어 보자. 우리가 모르는 디오판토스의 나이를 x라고 두면 다음과 같은 식이 나온다.

$$x=\frac{x}{6}+\frac{x}{12}+\frac{x}{7}+5+\frac{x}{2}+4$$

이것을 풀어보면 미지수의 답을 구할 수 있을 것이다.

"지구는 돈다, 타원으로"

케플러

Johannes Kepler, 1571 – 1630

불행한 일생을 이야기하자면 수학자이자 천문학자인 케플러도 둘째가라면 서럽다. 케플러는 독일 슈투트가르트 근교에서 태어났는데, 그의 부친은 동네 술집을 운영하고 있었다. 4세 때는 천연두로 왼쪽 눈의 시력을 거의 잃었고, 평생 허약 체질로 고생했다. 가난했기 때문에 그는 술집에서 일하며 용돈을 받아 생활해야 했다. 고귀한 지성과 품성을 지닌 케플러는 주정뱅이들을 상대하고, 술시중을 들어야 하는 일을 죽기보다 싫어했다. 아버지가 군대에 징집되어 집을 떠나게 되자, 어쩔 수 없이 술집을 맡아 운영하게 되었다. 케플러는 당연히 이 일을 떠맡기 싫어했다. 어머니와 형들의 핍박은 거세어졌고, 그는 집을 거의 도망치다시피 떠나게 된다. 어디 가나 고매한 인품의 소유자들은 보통의 삶에 융화되기 어려운 법이다. 그가 책을 읽고 있으면 "술집에 나가 돈이나 벌어 와라!"라고 악다구니하는 어머니와 그의 지적 욕구를 비웃는 형들을 어떻게 견딜 수 있었겠는가.

그는 도망쳐서 시집간 누이에게로 간다. 누이는 아우를 이해하는 유일한 사람으로 그의 지적 욕구를 격려한다. 그러나 그곳에도 적은 있었다. 누이의 남편, 즉 케플러의 매형은 그를 못마땅하게 생각해 온종일 일을 시키고 밤이 되면 구석에 몰아넣고 폭력까지 휘둘렀다. 이를 보다 못한 누이는 케플러를 튀빙겐 대학에 보내게 된다. 이렇게 똑똑한 내 동생을 노동과 폭력에서 해방시켜야 한다는 게 누이의 신념이었다.

케플러는 돈 없고 머리 좋은 사람들을 받아주는 신학부에 입학했는데, 신학에 별로 흥미를 느끼지 못하고 수학에만 몰두했다. 뛰어난 재능을 발휘한 그는 스무 살에 수학 교사가 되었고, 어느 때보다 평온한 생활을 하게 된다. 그는 아름다운 여인을 만나 결혼을 했고, 행복한 가정을 꾸려 나갔다. 그러나 행복한 순간도 오래가지 못했다. 그의 사랑하는 아이가 죽음을 맞이하게 되고, 아이의 죽음에 아내는 정신 이상이 되어 버린 것이다. 불행은 불행을 낳았다. 케플러는 아내의 치료에 모든 재산을 탕진하게 되고, 심신이 피폐해진다. 그러나 결국 그 아내마저 세상을 떠났고, 그의 어머니는 마녀로 고발되어 감옥에 가기도 했다. 그의 어머니는 감방에 갇힌 채 고문을 당했는데, 케플러는 어머니를 살려 내기 위해 안간힘을 썼다. 그를 구박하고 내쳤던 어머니였음에도 불구하고.

그는 여자를 고를 때 신중의 신중을 거듭해 두어 번 더 결혼을 했으나 모두 불행했다. 일설엔 11명의 처녀를 놓고 이리저리 재고 따졌다고 하는데, 케플러는 좀 욕심쟁이가 아니었나 싶다. 가난한 처지에 결혼을 하려 애썼고, 게다가 병아리 감별하듯이 좋은 여인을 고르기 위해 노력한 것을 보면 말이다. 11명의 여인에겐 선택의 여지가 없었는가. 모두 케플러가 낙점해 주면 쪼르르 달려와 순순히 그의 아내가 되어 주었을까.

케플러는 학교마저 그만두고, 천문대의 학자 브라헤의 조수로 쥐꼬리만 한 월급을 받고 점성술을 부업 삼아 가난하게 살아갔다. 당시엔 수학적 지식과 천문학적 능력을 마치 마술사, 예언가, 점성술사의 신기神氣와 동일시하는 사람들도 많았던 것 같다. 천문학과 수학을 공부한 역사 속의 인물들이 종종 점성술사로 거론되는 걸 보면 말이다. 하기야 탈레스가 처음 일식을 예견했을 때, 그것이 수학적 계산에서 나온 것이라고 생각지 못한 사람들은 탈레스를 예언자라고 여겼을 것이다. 코페르니쿠스Nicholaus Copernicus, 1473-1543가 등장했을 때도 종교계로부터 '벼락출세한 점성술사'라느니 '성령의 권위에 도전하는 악한'이라느니 별의별 비난을 받았었다. 거기에 우리가 아는 루터도 끼어 있다. 그럴 때 코페르니쿠스는 "이런, 수학에 무식한 인간들 같으니…."라며 별로 신경 쓰지 않았다.

아무튼 케플러도 점성술로 돈을 벌었다. 이런 천재적인 학자가 경제적 보상을 받지 못했다는 것은 안타깝다. 그의 생활은 곤궁한 예술가들의 삶과도 같아서 그는 평생, 그야말로 헐벗고 굶주렸다. 수학자들의 일생에 역사는 빠지지 않는다. 이 불우한 학자는 30년 전쟁이 소용돌이치며 끝난 어느 날, 밀린 월급을 받으러 가던 여행길의 싸구려 여인숙에서 생을 마감하게 된다. 그의 나이 59세 때였다.

가난과 불우한 삶은 그에게 고통이었지만, 그 속에서도 그는 오로지 수학과 천문학 연구에만 몰두했다. 이미 세상은 코페르니쿠스의 일대 사건, 코페르니쿠스적 대변환을 겪은 후였다. 지구는 수많은 행성 중의 하나이며, 행성들은 태양을 중심으로 돌고 있다는 것. 코페르니쿠스 이전과 이후의 세계관이란 완전히 다른 것이었다. 이것은 세계관의 대변혁이며, 서양 사회에선 합리적 과학의 세기로 접어드는 놀라운 계기가 되었다.

사실 이런 발상은 피타고라스 시절부터 있었다. 아낙시만드로스Anaximandros, B.C. 611-B.C. 549년경라는 기원전 인물은 천문학에 관심이 많던 탈레스의 제자답게 지구가 둥글다거나 움직이고 있지 않을까 하고 추측했다. 그리스 말로 행성이 '방랑자'인 것이 이때부터 유래했다고 볼 수 있겠다. 그리스어로 전기가 '호박'임은 이미 알고 있을 것이다. 전기나 행성처럼 멋없고 직접적인 단어보다 훨씬 듣기가 좋다. 시적이고 은유적인 단어들이다. 그도 그럴 것이 고대 그리스에선 수학과 과학이 문학이나 철학과 다를 바 없었기 때문이다.

이 시기의 다른 학자로는 저 유명한 갈릴레오 갈릴레이Galileo Galilei, 1564-1642가 있다. 갈릴레이는 코페르니쿠스의 지동설을 입증하는 책을 출간했다가 종교재판에 회부되었다. 재판에서 유죄 판결을 받은 갈릴레이는 지구가 돌지 않는다는 것을 인정하도록 강요받았다. 그는 공개적으로 인정했지만 "그래도 지구는 돈다."라는 유명한 혼잣말을 남겼다. 그가 줏대 없는 학자였을까. 그는 다만 모진 고문을 감당하기 어려운 늙은이였을 따름이다. 코페르니쿠스처럼 화형을 당하지 않았으나, 갈릴레이는 집행유예로 풀려나 죽을 때까지 죄수의 신분으로 종교재판소의 감시를 받았다. 그리고 그의 책은 200여 년간이나 금서로 묶여 있었다.

갈릴레이는 독실한 가톨릭 신자였으나 자신의 과학적 발견이 신에게 대항하는 행위라고는 생각지 않았다. 당시에는 종교의 힘이 대단해서 모든 철학과 과학은 종교적인 한계를 뛰어넘기 어려웠다. 우주의 중심은 신이고, 우주 만물은 신이 창조했다는 것에 대항하는 일체의 학문이 거부되었으며, 갈릴레이처럼 죄인 취급을 받기도 했고, 어떤 이는 악마나 마녀로 취급당하기도 했다. 다윈의 진화론이 일으킨 사회적 물의가 짐작이 가고도 남는 대목이다. 한마디로 종교가 인간의 탐구욕과 자유정신을 침해하는 시대였다. 종교와 과학이 별개의 문제이며, 상호보완하기도 하고 대립하기도 하는 다양성의 시대에 살고 있는 것은 참으로 다행한 일이다.

갈릴레이를 말하면서 피사의 사탑 실험을 빼놓을 수 없다. 갈릴레이 이전엔, 물체는 무게와 떨어지는 속도가 서로 비례한다고 생각하고 있었다. 즉, 무거운 물건이 더 빨리 떨어진다는 것이다. 하지만 이것은 실험이 아닌 추측이 만들어 낸 생각이다. 무거우니까 당연히 빨리 떨어질 것이라고 탁상공론을 했던 것이다. 아리스토텔레스의 시절을 넘어 갈릴레이까지 많은 시간이 흐르는 동안, 지구상의 어느 누구도 이 생각을 뒤엎을 만한 상황에 노출되지 않았다는 게 신기하다. 무게가 서로 다른 짐을 들고 가다가 놓쳤을 때, 크기가 현저하게 차이 나는 그릇을 설거지하다가 동시에 떨어뜨렸을 때, 기타 등등의 상황이 없었을까 하는 것 말이다.

갈릴레이는 무게가 서로 다른 공을 들고 피사의 사탑으로 올라갔다. 그리고 갈릴레이가 헛소리를 한다더라 하고 몰려든 구경꾼들 앞에서 과학적으로 검증해 보였다.

놀랍게도 가벼운 공과 무거운 공은 동시에 지면으로 떨어졌다. 물체의 무게와 떨어지는 속도는 아무런 관계가 없다는 것이 밝혀지는 순간이었다. 갈릴레이는 시간과 거리 사이의 관계에서 일정한 규칙을 발견하고 다음과 같은 식으로 써 내렸다.

거리(d) = 속도(v)×시간(t)

거리(d) = $\frac{1}{2}$가속도(a)×시간의 제곱(t^2)

즉, $f(x)=ax^2$이라는 포물선을 그리는 이차함수가 된다. 아리스토텔레스 시절에 무거운 것과 가벼운 것이 동시에 떨어진다는 사실을 알아내지 못했던 게 당연했는지도 모르겠다. 당시엔 직선, 원과 같은 평면기하학이 우세였으므로. 가속도가 물체의 질량에 관계없이 일정하다는 사실을 밝혀낸 것은 갈릴레이의 공적이다. 이것에 대한 실험을 갈릴레이 식으로 해볼 수 있다. 축구공과 야구공을 들고, 아파트 1층에서 떨어뜨렸을 때의 시간과 거리, 2층에서의 시간과 거리, 3층에서의 시간과 거리…. 운동도 하고 학문적 탐구도 하고, 일석이조다. 갈릴레이 역시 이 같은 방식으로 연구했으므로 자기 행동이 너무 바보 같지 않을까 하는 생각은 할 필요가 없다. 그래도 귀찮다면 바로 앞의 책상으로 가 두꺼운 책과 얇은 책을 동시에 떨어뜨려 봐도 된다.

케플러는 갈릴레이와 동시대를 살다 갔지만, 갈릴레이처럼 화려한 학자로서의 행보를 경험하지는 못했다. 그는 부와 명예도 없이 일개 천문대 조수로서 연구하는 것에 만족하며 살았다. 케플러는 천문대에서 화성에 대한 연구에 몰두했는데, 행성들이 태양을 중심으로 타원으로 돌고 있다는 사실을 발견하게 된다.

〈케플러의 법칙〉

- **제1법칙 – 행성은 태양을 1개의 초점으로 하는 타원 궤도 위를 돈다.**
- **제2법칙 – 같은 시간 동안 행성과 태양의 선분이 만드는 넓이가 서로 같게 운행된다.**
- **제3법칙 – 행성의 1주기의 제곱은 행성궤도 반지름의 세제곱에 비례한다.**

코페르니쿠스의 발견을 수학적으로 뒷받침해 주고, 심지어 행성이 원이 아니라 타원으로 돌고 있다는 사실을 발견해낸 케플러는 과학사에 엄청난 영향을 끼쳤다고 볼 수 있다. 현재 우리가 알고 있는 행성 운동의 모습들은 바로 케플러가 정리한 법칙에서 나온 것이다. 물론 코페르니쿠스도 지구가 돈다고 생각했지만, 그 정도로 삐딱하게 돌고 있을 줄은 진정 모른 채로 세상을 하직했다. 한恨이 되었으리라, 행성의 타원 궤도도 못 보고!

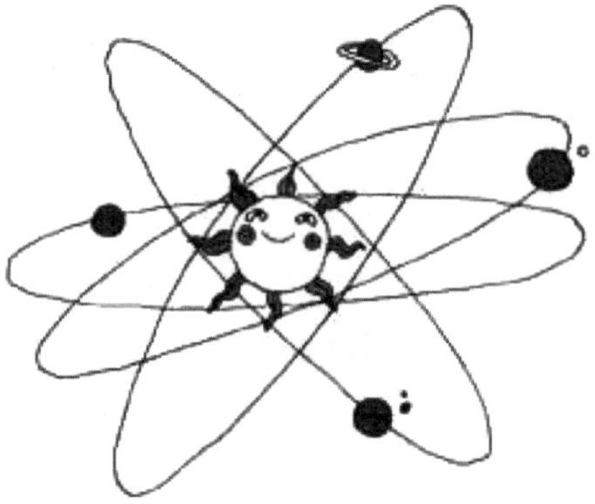

행성은 태양을 중심으로 타원 궤도로 돈다

케플러는 엄청난 집중력을 자랑하는 학자다. 한 문제를 잡으면 풀릴 때까지 풀고, 풀고 또 풀었다. 그가 문제 풀이가 귀찮아져서 게으름을 피웠다면 우리는 행성의 유연한 움직임들을 이제야 찾느라 고생하고 있을는지 모른다.

그는 또 피타고라스보다 더 피타고라스적인 피타고라스 신봉자였다.

피타고라스에서 음악이 얼마나 중요한지는 이미 살펴본 바 있다. 케플러 또한 그랬다. 망원경도 없던 터라 오로지 브라헤가 유품으로 남긴 기록들로 수학적 해석을 해야 했다. 그러던 와중에 그는 별들이 움직이면서 아름다운 음악 소리를 내는 것을 들었다고 한다. '아, 저것이 우주의 노래로다.' 하면서. 케플러는 화성학을 연구하기도 했는데, 악보에 별들을 그려 넣기까지 했다. 그가 그린 악보의 콩나물대가리는 행성처럼 생겼다.

케플러 자신은 자료들을 통해 행성이 타원 형태로 돈다고 했지만, 그 스스로는 이것을 인정하지 않았다. 그는 고대의 생각 그대로 원, 즉 동그랗게 돈다고 믿었다. 케플러는 플라톤의 정다면체와 행성을 연관시켜 '5행성 체계도'를 만들었다.

플라톤의 정다면체는 앞에서 말한 대로 정사면체, 정육면체, 정팔면체, 정십이면체, 정이십면체의 다섯 가지밖에 없다. 케플러는 정다면체를 둘러싼 구들을 행성의 궤도로 보고, 이 체계만이 완전무결한 우주, 이성의 세계라고 생각했다. 이것은 음악적 성찰과 학문에 대한 심취에서 나온 케플러만의 철학 세계였다. 혼자서 몰입하는 순간의 고독을 진정으로 즐기는 사람, 케플러. 그가 진리를 사랑하지 않았다면 그토록 궁핍한 생활을 하면서 공부에 매달릴 수는 없었을 것이다. 다행히도 그는 점쟁이라는 부업이 있어 입에 풀칠할 수는 있었다.

기하와 대수의 중매자
데카르트

Rene Descartes, 1596 – 1650

어스름이 밀려드는 방 안에 가만히 누운 채로 천장을 응시하던 때가 한 번쯤 있었을 것이다. 어린 시절로 되돌아가 보자. 지금은 좀처럼 보기 힘든 촌스러운 문양의 벽지들은 기하학적 도형처럼 얽혀, 마치 움직이는 물체들 같아 보인다. 시장에서 아직까지 돌아오지 않은 엄마의 얼굴 같기도 하고, 언젠가 동화책에서 본 듯한 비잔틴 양식의 성당 같기도 하고, 알리바바가 사는 아라비아의 뾰족한 성 같기도 하다. 그 문양들은 서로 겹쳤다 분산되기를 반복하기도 하고, 마치 프랙탈 도형처럼 끝없이 펼쳐지기도 한다.

병약한 어린아이였던 데카르트도 이 천장의 무늬들을 관찰하고 있었다. 그는 앞에 언급된 수학자들과는 다르게 유복한 환경에서 태어나 순탄한 삶을 살았다. 그는 프랑스 귀족의 자제로서 편안하게 자랐다. 어머니가 그를 낳자마자 돌아가셨기 때문에 그를 안쓰럽게 생각한 아버지는 데카르트의 모든 응석을 받아 주었다. 그는 눕고 싶으면 눕고 먹고 싶으면 먹고, 아무튼 자기 마음대로 살 수 있었다. 그런 그가 제일 좋아하는 것은 잠자기였다.

칸트의 경우엔 일찍 자고 일찍 일어나는 습관이 있었다고 하는데, 데카르트는 정반대의 경우이다. 하루를 일찍 시작하는 부지런한 아침형이 있는가 하면, 밤이 되어야 말똥해지는 올빼미형들도 있는 법이다. 모두에겐 자신만의 일상이란 것이 있는 법이니까.

'데카르트의 좌표계'는 바로 침대에 누워서 천장의 무늬를 관찰하던 중에 발견되었다. 그는 천장에 그려지는 직선들 사이를 날아다니는 파리들을 발견하고, 직선들이 교차하는 가운데 파리들의 위치를 수로 표시할 수 있을 거라는 생각을 하게 된다. 그 아이디어로부터 서로 직교하는 좌표가 탄생하게 된다. 좌표계가 파리 한 마리에서 비롯되었다면 믿을 수 있겠는가.

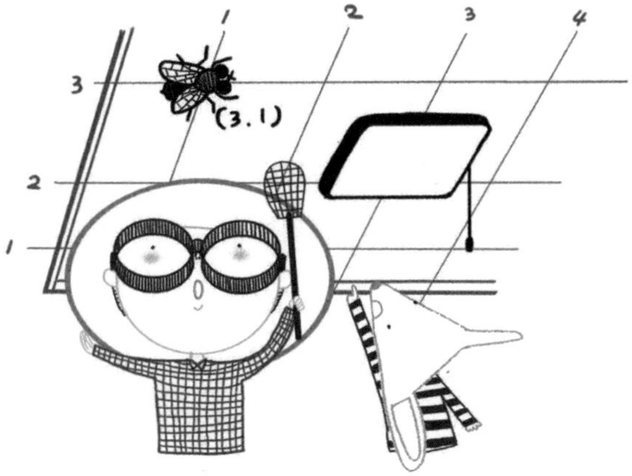

그의 모든 발상은 이렇게 누워서 공상을 하는 순간에 발견되었다고 해도 과언이 아니다. 그의 허리는 무척 길지 않았을까. 잠을 많이 자고 일어나면 허리가 엿가락처럼 늘어난 기분이 드는 경우가 있으니 말이다.

데카르트는 철학자로서 널리 알려져 있다. 그는 근대 철학의 아버지이며, 합리적이고 과학적인 자연관을 가지고 있었고, 정신의 세계를 강조한 형이상학자로 알려져 있다. 그것은 교과서적인 정리이다. 교과서에 '음악의 어머니', '음악의 아버지' 따위의 분류가 음악가들을 얼마나 따분한 사람들로 전락시켰는지를 상기해 보자.

그는 자고 또 자고, 굼벵이처럼 누워 생각하고 또 생각했다. 철학, 과학, 수학 등 여러 분야에서 탁월한 실력을 발휘한 그는 50세쯤인 1649년에 학문에 관심이 많았던 스웨덴의 크리스티나 여왕의 초대를 받아 파리를 떠난다. 그러나 그는 스웨덴에 가서 1년 만에 죽음을 맞이하게 되었다. 늘 쾌적하게 살아온 그로서는 북구 스칸디나비아 반도의 사나운 날씨를 견디기가 힘에 부쳤다. 게다가 크리스티나 여왕은 23세로 너무나 젊고 혈기왕성했다. 여왕은 가정교사인 데카르트에게 새벽 5시에 수업 해 줄 것을 명령했는데, 이것이 데카르트에겐 견딜 수 없을 정도로 가혹한 일이었다. 침대에서 늘어지게 잠자고 빈둥대지 못하게 된 데카르트는 나날이 수척해졌고, 급기야 폐렴에 걸려 유명을 달리하고 말았다.

그의 유골은 스웨덴에 머물다가 17년 후에야 파리의 품으로 돌아갈 수 있었다. 그의 유골은 두개골과 오른손 뼈가 없어진 채로 판테온에 보관되고 있다. 천재의 두개골과 오른손은 뭔가 특별한 것이 있다고 생각한 것일까. 세상은 천재를 죽어서도 편치 못하게 한다.

데카르트에 의해 수의 이단아로 취급되었던 음수는 당당하게 한 자리 꿰차게 되었다.

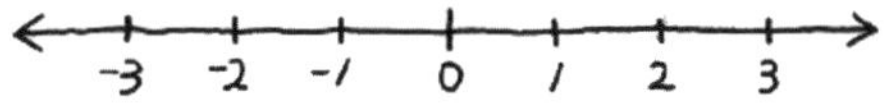

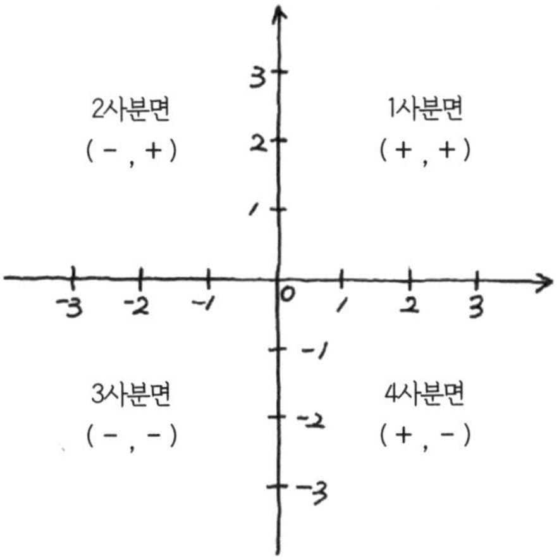

음수에 대한 개념을 생각할 때 온도계를 떠올리면 쉽다. 온도는 얼음이 어는 점, 즉 0도를 기준으로 영상과 영하로 나뉜다. 살얼음 밑의 세계를 상상해 보라. 살얼음 밑에도 물은 졸졸 흐르고 있다. 살얼음을 통해 세계는 양쪽으로 분리된다. 살얼음 위의 세계, 즉 플러스의 세계와 살얼음 밑의 세계, 즉 마이너스의 세계라고 이해해 보자.

이것은 수학의 수직선에서도 마찬가지다. 위의 그림과 같이 수직선은 0을 기준으로 양수계와 음수계로 나뉜다. 수직선을 이용하면 음수와 음수, 양수와 음수의 사칙연산이 보다 쉽게 이해될 것이다.

−5+3을 연산해 보자. 음의 방향으로 5만큼 뒷걸음질 친 후에 앞으로 3만큼 전진하면 −2의 자리에 도착하게 된다.

방정식의 해를 구하는 과정에서 음수의 존재에 대한 언급이 있어 왔으나, 이것이 실제로 보편화된 것은 데카르트의 노력 이후의 일이다. 데카르트의 수직선은 평면에서 그치지 않고 공간으로까지 확대된다. 우리가 함수를 배울 때 수없이 그리게 되는 '좌표'라는 게 바로 그것이다.

이것은 기하학적인 확장이다. 좌표 평면에 우리가 익히 알고 있는 순서쌍의 숫자들을 찍어 보면 숫자가 x축과 y축 위에 입체적으로 놓인다는 것을 알 수 있다. 이 좌표 위에 우리가 알고 있는 모든 도형을 나타낼 수 있다. 마침내 데카르트는 대수와 기하학을 결합시켰고, 숫자에 날개를 달아 주었다.

서양의 철학과 과학은 코페르니쿠스 이후에 엄청나게 변화했다. 신

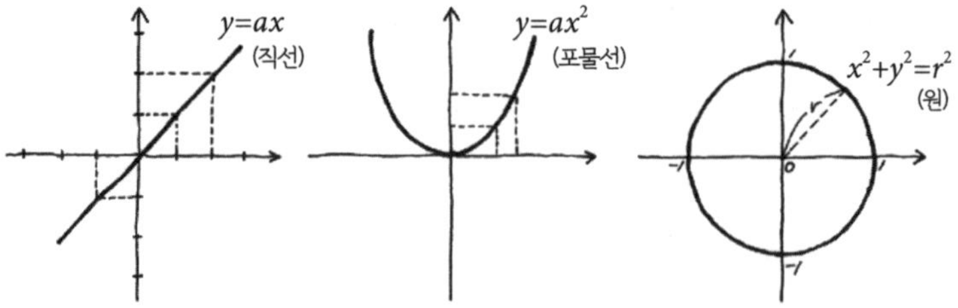

좌표계에 나타낸 도형의 예

학적 세계에서 과학과 합리로 넘어오는 중대한 계기가 되었다. 코페르니쿠스 이후에 갈릴레이, 케플러에 의해 행성의 움직임에 대한 연구가 활발히 이루어졌고, 데카르트도 이에 대한 연구를 게을리 하지 않았다. 그는 『우주론』에서 자신의 우주에 대한 철학을 밝혔지만, 이것을 발표하지는 않았다. 지구가 돈다고 외쳤던 갈릴레이가 재판에 시달리자 이 소심한 학자는 겁을 먹었던 모양이다.

그가 과학적이고 합리적인 생각을 가지고 있었다는 것은 그의 연구 방식을 통해 알아볼 수 있다. 데카르트는 지식을 '사람의 의식이 외부에 실재하는 것들을 거울에 비추는 것처럼 모사한 것'이라고 생각했는데(모사론) 이것은 그가 얼마나 과학적으로 세상을 인식했는지를 단적으로 보여 준다 하겠다. 그에게 추상이나 판타지는 통하지 않는 것처럼 보인다.

데카르트는 진리는 경험을 통해서만 얻을 수 있는 것이라고 보았고, 모든 현상은 일단 의심해 봐야 한다고 말했다. 의심할 수 없는 단 한 가지는 생각하고 있는 자기 자신뿐이라고 말했다. 아마도 침대에 누워 공상하고 있는 자기 자신이었겠다. 그는 세기의 명언을 남겨 인구에 회자되었는데, 이것은 마치 광고 카피처럼 단순하면서도 명료해 오래도록 기억에 남는다. 그는 유능한 카피라이터가 아니었을까. 『방법서설』이라는 저서에서 그는 다음과 같은 유명한 말을 남겼다.

나는 생각한다, 고로 나는 존재한다. - *cogito, ergo sum.*

그는 철학적 저서를 많이 남겼지만, 수학에 관해서도 연구를 게을리

하지 않아 『방법서설』과 그 부록인 『기하학』에서 자신의 수학적 견해를 이야기하고 있다. 그의 방식을 '해석기하학'이라고 하는데 기하학을 대수적으로 처리하는 방식을 이르는 것이다. 여기서 기하학이 만들어 내는 방정식과 비례식들이 좌표평면 위에 그려지고, 함수로 확장되었다.

데카르트를 말할 때 빼놓을 수 없는 것이 해석기하학이다. 수학은 자명한 법칙들에 대한 발견이 쌓이고 쌓여 좀 더 어려운 단계로 넘어간다고 할 수 있다는 걸 우리는 계속 확인할 수 있다. 지금 우리 평범한 시민들은 과거의 수학과 대학 교수들보다 더 많은 것을 알고 있다. 다른 수학자의 일생에 걸친 작업을 단 한순간에 습득하고, 설명하고, 사용하고 있다.

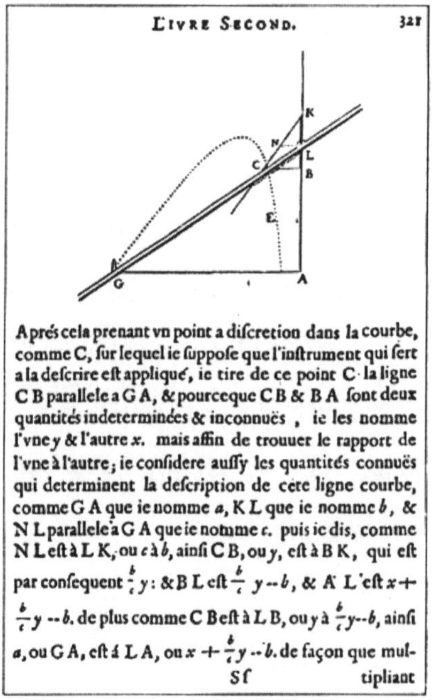
LIVRE SECOND. 321

Aprés cela prenant vn point a discretion dans la courbe, comme C, sur lequel ie suppose que l'instrument qui sert a la descrire est appliqué, ie tire de ce point C la ligne C B parallele a G A, & pourceque C B & B A sont deux quantités indeterminées & inconnuës, ie les nomme l'vne y & l'autre x. mais affin de trouuer le rapport de l'vne à l'autre; ie considere aussy les quantités connuës qui determinent la description de cete ligne courbe, comme G A que ie nomme a, K L que ie nomme b, & N L parallele a G A que ie nomme c. puis ie dis, comme N L est à L K, ou c à b, ainsi C B, ou y, est à B K, qui est par consequent $\frac{b}{c}y$: & B L est $\frac{b}{c}y - b$, & A L est $x + \frac{b}{c}y - b$. de plus comme C B est à L B, ou y à $\frac{b}{c}y - b$, ainsi a, ou G A, est á L A, ou $x + \frac{b}{c}y - b$. de façon que mul-

Sf tipliant

『방법서설』의 세 번째 부록 『기하학』의 한 페이지.
데카르트는 기하학을 좌표평면 위에 올려 놓았다.

데카르트도 수학의 이러한 성질을 익히 알고 있었다. 수학에 있어 과거는 참으로 중요하다. 데카르트의 해석기하학은 바로 과거로 돌아가 연구를 소급해 오는 방식을 택한다. 삼차, 사차방정식을 고대 그리스의 학자처럼 그림으로 작도해 보고자 노력했는데, 좌표평면 위에 그려진 고차 방정식들은 여러 가지 포물선의 파도치는 모양으로 그려졌다.

그의 수학적 영향력은 엄청난 것이어서 현재 우리가 사용하는 많은 대수학적 기호가 그로부터 나왔다고 해도 과언이 아니다. 미지수를 나타낼 때 a, b, c 나 x, y, z 로 나타내는 것이라든지 '+'와 '–'도 데카르트의 작품이다. 데카르트 이전엔 우리가 현재 알고 있는 대수학적 기호들보다는 고전적인 다른 기호들을 사용한 것으로 보인다. 데카르트는 대수학을 기하학처럼 아름다운 그림들로 표현할 수 있도록 해 주었다. 그에 이르러서야 대수학도 아름다운 예술의 옷을 입게 되었다.

우리는 실제적으로 함수에서 대수와 기하학의 만남을 한 폭의 그림으로 그리는 연습을 하게 된다. 함수가 재밌다고 말한다면 소리 지를 사람이 많을 것도 같다. 학생들이 가장 어려워하는 부분으로 기하학의 증명과 더불어 함수를 꼽을 수 있기 때문이다. 함수는 쉽고 문제 풀이의 즐거움을 만끽하게 해 주지만, 충분히 이해하지 못할 경우 수학을 싫어하게 만드는 결정적인 요인이 된다. 그러나 가만히 따지고 보면 어려운 것이 아니라, 다만 귀찮아하는 것임을 알 수 있다. 이리 대입하고 저리 대입하고 하는 과정이 무척 짜증나는 것이다.

함수가 왜 싫을까. 우선 함수는 입체적이고 논리적인 사고를 요해 사람을 귀찮게 만드는 구석이 있다. 좌표평면을 그려야 하는 번거로움 때문에 싫어하는 경우도 있겠지만, 함수를 공부하는 데 그림을 그려보는 것은 좀 더 쉽게 이해하기 위해 반드시 필요한 과정이다.

함수란 뭘까. 흔히 함수 단원에 들어가면 다음과 같은 타원형을 접하게 된다. 하도 많이 봐서 지겹겠지만, 다시 한 번 보자.

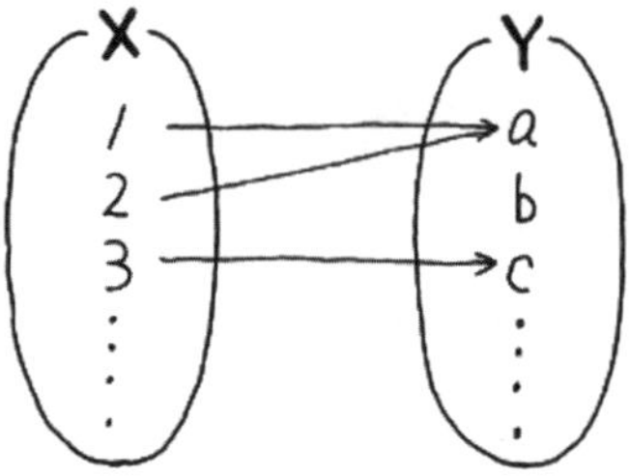

위와 같은 그림과 함께 '다음 중 함수인 것은?', '함수가 아닌 것은?' 하는 문제들을 많이 풀어 봤을 것이다. 이와 더불어 일대일 대응이나 정의역, 공역, 치역의 개념을 배우게 된다. 그런데 이 그림은 함수를 이해하기엔 부족한 점이 많다. 물론 기초적인 개념을 배우기엔 부족함이 없으나, 이 그림에서 갑자기 함수 계산 문제로 넘어가는 과정에 무리가 따르게 마련이다. 또 어떤 학생들은 이 그림과 함수식들이 대체 어떤 관계가 있는지 연결하는 데 어려움을 겪는다.

우선 함수를 이해하기 위해 함수의 뜻을 알고 넘어가야겠다. 함수란 영어로 'function'이라고 한다. 우리가 함수를 접할 때 보게 되는 $f(x)$라는 기호에 나오는 f가 바로 function의 약자이다. 우리말로 직역하면 '작용'이나 '기능'이 된다. function을 완벽하게 번역하기는 대단히 어렵다. 비슷하게 표시할 수 있는 것이 중국식 번역어인 함수인데, '函함'이란 한자를 살펴보면 전형적인 상형문자임을 알 수 있다. '상자 숫자', 그것이 바로 함수이다. 함수의 성질을 고스란히 드러내는, 대단히 적절한 단어가 아닐 수 없다.

탈의실을 떠올려 보자. 탈의실 안엔 갈아입기로 약속한 옷이 들어 있다. 옷을 갈아입고 나오면 들어갈 때와는 다른 모습을 하게 된다. 상자 속에서의 변화에 일정한 약속을 해 두고, 그 약속대로 변화하는 과정을 겪는 것이 함수의 기초적인 개념이라 하겠다.

이를테면 상자 속에서 $2x+1$의 변화를 갖기로 약속했다고 하자. $x=1$이 들어가면 '3'이 나오고, $x=3$이 들어가면 '7'이란 숫자로 변모해서 나온다.

숫자 1은 정해진 규칙 $2x+1$에 의해 변화한 후 '3'이란 숫자와 대응한다. 2 역시 마찬가지로 '5'와 대응하고 있으며 3은 '7'과 대응한다. 이렇게 대응하는 숫자를 정의해 주는 숫자들의 모임을 정의역이라고 하는데, 위 함수에서 정의역은 {1, 2, 3……}이고, 치역은 {3, 5, 7……}이 된다.

함수에서 $f(x)$는 주로 y로 나타낸다.

이런 일련의 그림들은 $f(x)$라는 기호로 대체되는데, 이것은 상자 그림의 역할을 대신한다. 상자에 대한 이해는 충분한데도 $f(x)$의 활용에 어려움을 느끼는 경우도 볼 수 있다. 상자를 그려 놓으면 쉽게 답을 찾던 문제도, $f(x)=2x+1$일 때 $f(1)$을 구하라는 문제에서는 망설이게 된다. 가만히 들여다보고 비교해 보면 푸는 방법을 쉽게 발견할 수 있을 것이다. $f(x)$에서 x자리에 1을 집어넣은 것이 $f(1)$이다. 글자 그대로 x자리에 1을 대입하기만 하면 되는 것이다. $f(1)=2\cdot1+1=3$으로 쉽게 답을 구할 수 있다.

아무리 고차로 넘어갈지라도 단순히 상자에 집어넣는 일은 누구나 할 수 있다. 물론 함수가 상자에 집어넣고 빼고 하는 것에 국한되지 않는다는 것이 문제지만.

일대일 대응을 좌표평면 위에 나타내 보자.

$y=2x+1$에서 (x, y)의 대응값을 보기 좋게 나타내는 방법은 순서쌍을 이용하는 것이다. 순서쌍은 괄호로 표시된다. 가운데 콤마를 기준으로 앞쪽이 x, 뒤쪽이 y로 (x, y)로 표시하고 'x 콤마 y'라고 읽는다. 위 함수의 대응값들을 순서쌍으로 표시하면 (1, 3), (2, 5), (3, 7)……로 나타낼 수 있다. 이 순서쌍들을 좌표평면 위에 찍어 보자. 점을 찍은 후에 점들을 연결하면 함수의 그래프가 된다. 이것은 일차함수로서, 일직선으로 표시된다.

차수가 바뀌면 그래프의 모양도 바뀌는데, 일차함수를 정확하게 알고 있다면 다음 차수를 접하더라도 두려워할 필요는 없다. 이것 모두 일차함수와 똑같은 방식으로 x, y값을 구한 뒤 순서쌍을 만들고, 점을 찍고, 그 점들을 연결한 것이므로 별로 어려운 개념이 들어가지 않았다. 일차는 1층, 이차는 2층, 삼차는 3층…. 단계적으로 계단을 올라가면 문제없다.

함수에선 기본적으로 알아야 할 개념들이 있다. x절편, y절편, 기울기, 최대, 최소 등이다. 함수는 공부하기에 그리 어렵지 않으므로 3장의 글들을 읽은 후에 한번 도전해 보기 바란다. 어떤 수학 문제집에도 다 나오므로 일단 함수를 공부하기로 마음먹었다면 책을 펼치기만 하면 된다. 함수가 어려운 사람들은 일차함수부터 차근차근 다시 공부해 보기 바란다.

어쨌거나 데카르트의 해석기하학은 고대의 수학과 근대의 수학을 한 쌍으로 결합해 주는 중대한 역할을 했다. 이전의 기하학은 인간의 직관에 많은 부분을 의지하고 있었다. 데카르트는 기하학의 이런 직관적인 증명 과정을 수학적인 계산으로 증명해 보려 노력했다. 이것은 수학사에 큰 의미로 남는다. 수식의 계산, 즉 문제 풀이에 지나지 않았던 대수학을 기하학과 접목해 서로 보완할 수 있게 한 것이다. 물론 이전에도 기하와 대수의 보완은 종종 이뤄졌지만 『방법서설』을 통해 완전한 학문적 경지로 올라오게 된 것은 괄목상대할 업적이라 하지 않을 수 없다.

위대한 아마추어 수학자 페르마와 파스칼

Pierre de Fermat, 1601 – 1665 | Blaise Pascal, 1623 – 1662

페르마는 '페르마의 마지막 정리' 혹은 '페르마의 대정리'라는 말로 대중에게 널리 알려진 학자다. 물론 그의 정리라는 것이 피타고라스처럼 명백하고 쉬워서 누구나 그 정리가 무엇인지 알 수 있는 것은 아니다. 그래도 페르마라는 천재 수학자가 '페르마의 마지막 정리'란 것을 만들었다더라, 그 정리라는 것이 하도 어려워 증명하려고 평생을 바치는 학자도 있다더라 하는 소문만은 바람결에라도 들어봤음직 하다. '대정리'나 '마지막 정리'라고 부르는 것은 페르마의 다른 정리들과 구분하기 위함이다.

우리가 그를 주목해야 할 중요한 이유는 페르마가, 우리가 생각하듯이 직업적 수학자가 아니라는 것이다. 그는 순수하게 아마추어 정신에 입각해서 수학을 즐기는, 우리와 같은 아마추어 수학자로 시작했다.

페르마의 직업은 정치가였는데, 업무를 끝내고 나면 나머지 시간을 수학 연구에 몸 바쳤다. 뛰어난 재능에도 불구하고 페르마는 수학을 취미 수준에서만 즐기려 할 뿐, 수학자로서 인정받고 연구 업적을 공표해 명성을 얻으려고 하지 않았다.

그는 수학책 옆에다 자신의 생각을 낙서해 두거나 친구에게 편지를 보내는 정도로만 기록을 남겼는데, 이것이 후대의 수학자들에게 많은 일거리와 함께 고통을 선사하게 된다. 아마도 페르마는 자신의 연구 결과가 후세에 어떤 영향을 끼칠지 전혀 예상도 못했을 것이다.

노트의 중요성을 절감케 하는 순간이다. 페르마가 수학자에 필적하는 명예를 얻을 욕심이 없었다 하더라도 수학 공부를 하며 자신이 연구한 기록을 남기는 일은 가치 있는 행위였을 것이다. 그러나 페르마는 노트를 소홀히 했으므로 그의 낙서는 엄청난 수수께끼가 될 수밖에 없었다.

그는 낙서에 이 정리를 완벽하게 증명했지만 '지면이 없어 못 쓰겠다.'라고 써 놓아서 많은 수학자의 울화통을 터지게 만들었다. 충분히 시간도 많은데 늘 "시간 관계상 ○○은 생략하겠습니다."라고 말하던 초등학교 때의 어린이회의가 생각난다. 저런! 여백이 없어서 못 적었다면 노트 한 권 마련했으면 되었을 것을.

가끔 나는 페르마가 과연 그의 말대로 그 엄청난 분량의 증명 과정을 완벽하게 풀어내고 그런 정리를 이끌어 냈을까 하는 의문이 든다. 혹시 디오판토스와 피타고라스의 제곱수와 정수론에 대해 연구하다가 퍼뜩 떠오른 수학자적 예지력과 상상력이 빚어낸 정리는 아니었을까.

이렇게 말하고 나니 페르마가 신보다 위대한 천재적 존재라는 말이 되어 버렸다. 하여간 이런 경우를 타산지석 삼아 우리 아마추어 수학자들도 수학 노트를 하찮게 생각하지 말자. 혹시 페르마처럼 자기도 모르는 사이에 수학사의 중요한 정리를 발견하게 될지도 모르는 일이니까.

물론 그는 적극적인 아마추어다. 당대의 내로라하는 유명 수학자인 파스칼, 로베르바르, 카발리에리, 호이겐스, 데카르트 등과 수학적 교제를 나서서 즐겼으니 말이다. 정치가인 그가 순수 학문에 대한 열정으로 가득 차 학문적 동지들을 사귀었다는 것은 참으로 신선하다. 과거의 학문적 교류는 주로 편지를 통해 이루어졌다.

그 당시를 배경으로 하는 영화들을 보면 참으로 고즈넉하다. 치렁치렁한 블라우스 차림에 가발을 쓴 남자가 어둑한 방 안에 앉아 편지를 쓰는 모습. 펜촉에 잉크를 묻혀서 그림을 그리듯이 편지를 쓰고, 그 편지를 나지막하게 성우가 읽어 내려간다.

> 여보게, 페르마.
> 자네의 연구는 얼마나 진척이 되었나 모르겠네. 세상은 신이 만들어 낸 오묘한 만화경 속 같다네. 우리 집 정원에 눈이 내리기 시작했는데 자네, 눈이 내리는 순간의 날카롭고 차가운 감성을 느껴 본 일이 있나?

편지보다 더 편리한 네트워크 도구를 가지고 있는 지금의 모습이 그때보다 더 좋아 보이진 않는다. 전화와 인터넷은 반강제적으로 사람들을 구속하고, 또 관계중독자로 만든다. 사람들은 그것이 없으면 금단 증세를 보이며, 세상의 빠름에서 낙오된 듯한 느낌에 신경쇠약 증세를 보인다. 현대인들은 고독을 즐기는 여유는 고사하고 편지를 쓸 시간조차 없어 보인다.

또한 학자들의 교류나 예술가들의 교류도 그 당시처럼 낭만적이지 못하다. 특히 아마추어 수학자로서 실제 수학자들을 접하고 그들과 의견을 나눌 기회란 좀처럼 없다. 아마도 수학의 아마추어리즘을 즐기는 사람들이 흔치 않기 때문일지도 모르겠다. 수학의 '數수' 자만 들어도 머리가 어지럽다는 사람들이 더 많으니 말이다.

페르마는 평범한 성격의 사람으로 대부분의 사람들과 두루두루 잘 지냈는데, 데카르트만은 페르마를 받아들이지 않았다. 항상 라이벌이란 것이 있는 법인데, 데카르트에겐 페르마가 바로 그 적수였다. 그러나 지난 시절에 비한다면, 카르다노와 타르탈리아의 추문으로 시끄럽던 때보다 이즈음은 수학자들 간에 우애 있고 모범적인 학문적 교류가 이루어졌다.

페르마는 프랑스의 가죽 장수의 아들로 태어났는데, 데카르트와 마찬가지로 어려움 없이 평탄한 삶을 살았다. 그는 행정관이 되고 싶어 법률 공부를 했고, 프랑스 툴루스 의회의 공소원 참사관으로서 일했다. 그는 툴루스의 행정관으로서, 이후엔 지방의원으로서 평생을 보냈다.

페르마는 친구인 로베르바르에게 쓴 편지에서 극대, 극소에 관해 이야기했다. 극대와 극소, 무한에 대한 수학자들의 관심은 전통적인 것이었고, 페르마도 이 연구에 몰두했다. 데카르트가 『기하학』을 출간했을 때, 페르마는 자기를 별로 달가워하지 않는 데카르트에게도 이 편지를 보냈다. 데카르트가 어떤 식의 반응을 보였는지는 모르겠다.

또, 페르마는 미분과 적분도 체계화하였는데, 이 모든 것이 데카르트의 해석기하학과 유사하다. 이 때문에 데카르트가 페르마를 별로 달갑지 않게 생각한 모양이다. 나름 독립적인 부분도 있는데 말이다.

현재, 아마추어 수학자들의 연구는 세계적으로 매우 활발하다. 특히 이처럼 듣기만 해도 어지러운 '페르마의 대정리'와 '골드바흐의 추측'처럼 밝혀야 할 난제들에 일상의 일부를 투자하는 사람들이 많다는 사실이 놀랍다.

그렇다면, 그 말로만 들어오던 '페르마의 대정리'란 것이 도대체 무엇인지 살펴보자.

n이 2보다 클 때, $x^n+y^n=z^n$를 만족하는 자연수 x, y, z는 존재하지 않는다.

물론 수학의 성질이 그러하듯이 페르마가 어느 날 뜬금없이 이런 정리를 내놓은 것은 아니다. 역사를 거슬러 올라가 피타고라스와 디오판토스가 그 모태가 된다는 것을 위 식을 보면 쉽게 짐작할 수 있을 것이다. 페르마가 앞의 정리를 디오판토스의 『산수론』이란 책에 끼적여 놓은 것만 봐도 그렇다. 이것은 피타고라스 이후의 디오판토스도 대수학적으로 접근해 보았던 문제들이다. 피타고라스의 정리 $a^2+b^2=c^2$이 성립한다는 것은 앞에서 살펴본 바와 같다. 이것을 디오판토스처럼 말로 표현하자면 이렇다.

어느 세 가지 자연수가 있다고 하자. 첫 번째 수를 거듭제곱한 것과 두 번째 수를 거듭제곱한 것을 서로 더하면 세 번째 수를 거듭제곱한 것과 같다.

우리는 이 식을 성립시키는 정수들에 대해 이미 잘 알고 있다.

$3^2+4^2=5^2$

이와 같이 위에 열거된 문장에 해당되는 정수인 (3, 4, 5)가 하나의 짝임을 알게 된다. 이 수들은 무수히 많이 찾아볼 수 있다.

그러나 피타고라스와 디오판토스라는 계단을 넘어 페르마에 이르러서 발견된 정리는 풀어내기가 여간 어렵지 않다. 거듭제곱 이상 수들의 합, 예를 들면 $x^3+y^3=z^3$이나 $x^4+y^4=z^4$을 만족하는 정수 x, y, z는 죽었다 깨어나도 없다는 말이다.

'페르마의 대정리'는 많은 사람을 수학에 몰입하는 즐거움과 괴로움에 동시에 빠지게 했다. 제1차 세계대전 전엔 '페르마의 정리'를 풀어낸 사람에게 10만 마르크의 상금을 준다는 기획안도 있었다. 많은 학자의 노력에 힘입어 오랜 세월 끝에 비밀이 풀렸다. 1993년에 미국 프린스턴 대학의 젊은 수학 교수 와일스Andrew Wiles, 1953-가 오로지 '페르마의 대정리'와 함께 먹고 잔 지 7년 만에 이 정리를 완전하게 증명했다고 한다. 1993년에 나는 뭘 했었나? 한 문장으로 된 정리에 대한 증명이 책 한 권 분량이라고 하니 놀랍지 않은가?

수학 공식은 과학처럼 실험적으로 증명해 낼 수 있어야 마땅한 것은 아니다. 물론 우리는 앞서의 기하학 증명에서 도형을 오리고 자르고 하는 식의 과학실험적인 방식을 보았다. 그런 방식을 쓰는 경우도 많지만, 직관력과 논리적 사고를 필요로 하는 수많은 가정이 꼬리에 꼬리를 물고 나가는 경우가 더 많다. 수학은 실증과 논증이 얽혀 있는 것이라고나 할까. 와일스가 연역법을 사용하면서 다른 학자들의 학설에서 가정을 이끌어 내고 추측을 이용해 증명을 한 것을 보면 말이다.

A: '곰은 곤충이다'라고 하자.

B: 곰은 곤충이 아니잖아.

A: 아니, 그게 아니라 곰을 곤충이라고 하자고.

B: 글쎄, 곰은 동물이지 곤충이 아니라니까. 논리적으로 어떻게 곰이 곤충이 될 수 있어?

A와 B가 더불어 대화를 한다는 것이 무의미해지는 순간이다. 사실 이런 식의 오류는 일상 생활에서 흔히 접하게 되는 것들이다. "내가 그런 말을 하려는 게 아니잖아?"하면서 답답했던 순간들이 누구에게나 있다. 논리를 따지는 B는 결코 논리적이지 못하다.

위와 같은 논리적 오류는 수학 공부를 하는 데 매우 방해가 된다는 것을 잊지 말자. 수학은 '과학의 여왕'이지 결코 과학 그 자체는 아니다. 위와 같은 논리의 오류는 TV 방송의 「심야토론」을 보면 심심찮게 발견할 수 있다.

파리박물관에 소장되어 있는 파스칼의 계산기

페르마의 학문적 동료 중에 파스칼Blaise Pascal, 1623-1662도 있다. 파스칼 역시 페르마와 마찬가지로 아마추어 수학자였다. 허약한 체질로 살다가 39세에 요절했는데, 그 천재성의 반도 발휘하지 못했다는 점에서 많은 사람은 파스칼을 '수학사에 가장 길이 남을 천재가 될 뻔했던 사람'이라고 말한다. 파스칼은 우리에게 '파스칼의 삼각형'이나 '계산기'를 만든 사람으로 알려져 있다.

계산기를 만든 사람은 파스칼이 처음은 아니다. 수열에 대해 연구했던 이탈리아의 피보나치Fibonachi, 1174-1250년경가 계산에 대해 연구하면서 처음으로 초보적인 수준의 계산기를 발명했다. 무역상의 아들로 태어난 피보나치는 어릴 때부터 셈에 밝았는데, 아버지는 그를 상인으로 만들려고 어려서부터 수학 공부를 열심히 시켰다. 그 결과 피보나치는 상인이 되는 대신 유능한 수학자가 되었고, 상인인 아버지를 위해 계산을 쉽게 도와주는 계산기를 발명하기에 이르렀다.

프랑스 세무 공무원의 아들로 태어난 파스칼도 이 계산기를, 복잡한 계산을 해야 하는 아버지를 위해 만들었다. 이 수동 계산기는 후에 라이프니츠의 계산기로 발전하고, 오늘날과 같은 세련되고 편리한 계산기, 컴퓨터로 이어지게 된다. 'computer'의 원래 뜻이 '계산기'임을 상기해 보고 컴퓨터를 쓸 때마다 파스칼의 순수한 아마추어리즘을 소급해서 생각해 보자. 파스칼의 계산기는 톱니바퀴가 서로 맞물려 있는 형태로 되어 있다. 톱니바퀴가 1회전할 때 맞물린 톱니바퀴가 $\frac{1}{10}$회전하면서 덧셈과 뺄셈 정도의 수를 계산했다고 한다. 차라리 암산하는 게 더 빨랐겠다.

파스칼의 아버지는 젊어서 아내를 잃고 자녀 교육에 대단히 열성적이었던 것으로 보인다. 세무 공무원이라는 안정된 직업을 버리고 자식들을 데리고 파리로 왔는데, 순전히 교육을 위해서였다. 물론 파리에서 다른 직업을 찾았다. 아이들을 양육해야 했으므로. 그곳에서 파스칼의 아버지는 아이들에게 라틴어와 그리스어를 가르쳤다. 엄마도 없이 자란 파스칼은 몸도 허약했으므로 조심스럽게 양육되었다. 몸과 마음에 무리가 갈까 봐 수학은 절대 하지 못하게 했다.

그러나 그 어느 것도 파스칼의 수학에 대한 열정을 잠재울 수는 없었다. 그는 아버지가 하지 못하게 하는 수학을 어린애가 만화책 보듯이 숨어서 공부하며 놀라운 기하학적 재능을 키워 나갔다. 그 대표적인 예가 어린아이 혼자 종이접기를 통해 삼각형의 세 각의 합이 180도라는 것을 증명해 냈다는 것이다. 아버지는 파스칼의 이러한 재능을 보고 유클리드의 『기하학 원론』을 읽게 했고, 이로써 파스칼은 수학과 기하학에 대한 갈증을 해소하게 되었다.

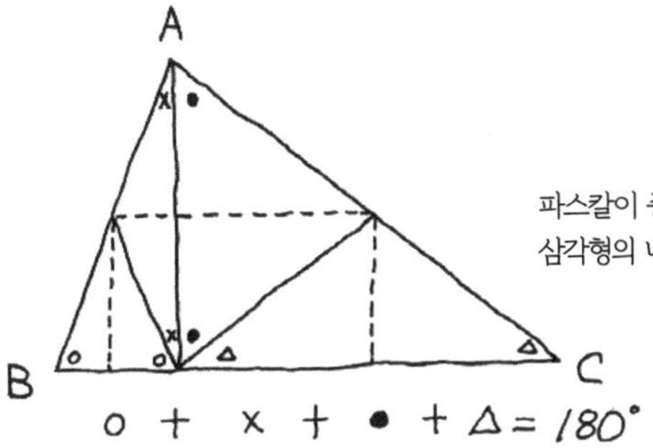

파스칼이 종이접기로 증명한
삼각형의 내각의 합

파스칼은 천재성을 인정받아 14세 때 프랑스 수학자들의 모임에 참석하게 되었다. 16세 때 「원뿔곡선시론」이라는 논문을 발표했는데, 파스칼이 그 논문을 썼다는 것을 믿으려 하지 않았다. 아버지가 썼을 것이라는 의심을 받을 정도로 이 논문은 어린 소년의 것으로 보이지 않았다.

'원뿔곡선'이란 원뿔을 잘랐을 때 생기는 곡선을 말한다. 원뿔이 있다고 가정하고 그것을 칼로 아무렇게나 베어 보자. 가로로 똑바로 자르면 원이 나오겠고, 비스듬하게 자르면 타원이 나오겠고, 바닥을 향해 비스듬히 내리면 포물선이 나온다. 이렇게 생긴 원, 타원, 포물선 등을 원뿔곡선이라고 한다.

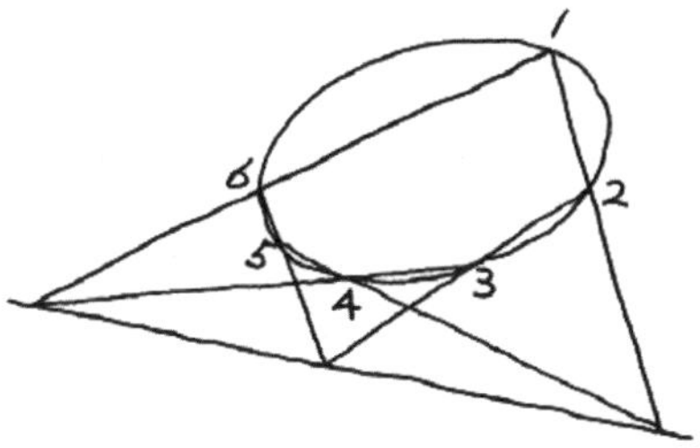

이 원뿔곡선에 내접하는 육각형의 대변의 교점들은 동일한 직선 위에 있다.

이것을 ‘파스칼의 정리’라고 한다.

파스칼은 독실한 기독교인이었다. 그는 한때 건강이 나빠져 수학 연구를 중단하고 오로지 종교적 명상에 열중하게 되었다. 그는 이때 문학적으로도 큰 업적을 남겼다. 바로 그 유명한 파스칼의 『팡세』와 『시골 친구에게 쓰는 편지』를 쓴 것이다. 모두 그가 사망한 뒤 출간되었다.

파스칼은 또 확률론에서도 큰 업적을 남겼다. 확률에 대한 연구는 한 도박사가 낸 문제에서 비롯되었는데, 파스칼은 이 문제를 푸는 과정에서 파스칼의 삼각형을 고안해 냈다. 도박이 상당히 수학적 개념이란 것은 모두 잘 알고 있을 것이다. 진정한 도박사가 되려면 수학 공부를 열심히 해야 하는 게 아닐까? 어쨌거나 다음 그림을 삼각형으로 세우면 바로 파스칼의 삼각형이 나온다. 이것은 대수의 정리에도 편리하게 이용되는데, 뉴턴의 이항정리와도 연관된다. 수식 앞의 1은 이해를 돕기 위한 것으로 실제는 숨어서 보이지 않는다.

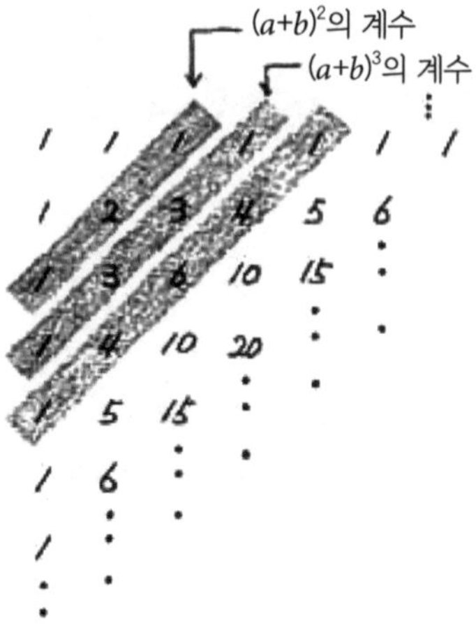

$$(a+b)^2 = 1a^2+2ab+1b^2$$

$$(a+b)^3 = 1a^3+3a^2b+3ab^2+1b^3$$

$$(a+b)^4 = 1a^4+4a^3b+6a^2b^2+4ab^3+1b^4$$

$$\vdots$$

파스칼의 삼각형을 통해 고차 방정식의 풀이까지 가능하다.

$$(a+b)^5 = a^5+5a^4b+10a^3b^2+10a^2b^3+5ab^4+b^5$$

더 복잡하고 어려운 문제들도 얼마든지 풀 수 있다. 계수는 파스칼의 삼각형을 참조하면 되고, 지수의 문제 또한 간단하다. 위와 같이 5차인 경우 a, b 두 문자의 지수 합이 a^5, a^4b, a^3b^2, a^2b^3, ab^4, b^5와 같이 5차가 되게 풀어 주면 된다.

파스칼이 수학을 그만두고 종교적인 명상만을 하면서 지내게 된 계기는, 지금으로 치자면 교통사고에 해당하는 '마차 사고'를 겪었기 때문이다. 그는 신앙심이 깊고 신비주의적인 기질이 있어서 공포스러운 마차 사고에서 가까스로 목숨을 건진 후 오로지 종교적 명상으로 시간을 보냈다. 그러던 어느 날 그는 심한 치통을 앓게 되었고, 치통을 잊기 위해 수학 연구에 정진했다. 그런데 신기하게도 치통이 사라졌다. 파스칼은 이것을 수학 연구에 몰두하라는 신의 계시로 받아들였다. 그때 연구한 것이 바로 '사이클로이드cycloid, 점이 찍힌 원을 직선 위에 굴렸을 때 그 점이 그리며 나아가는 곡선'이다. 파스칼은 원뿔곡선의 연구에서 알 수 있듯이 곡선에 대해 대단히 관심이 많았던 것으로 보인다.

뉴턴과 라이프니츠의 은근한 전투

Issac Newton, 1642–1727 | Gottfried Wilhelm Leibniz, 1646–1716

극한에 대한 아이디어는 아리스토텔레스에서부터 비롯되어 피보나치, 카르다노와 케플러, 데카르트, 페르마, 파스칼 등 거의 모든 학자에 의해 성숙되어 온 생각이다. 마침내 뉴턴과 라이프니츠에 이르러 미분과 적분이 꽃을 피우게 되었다.

뉴턴은 사과 하나로 유명해진 학자다. 물론 그는 당대의 명예로운 학자로서 모든 행보가 세인들의 관심을 모았다. 1705년 영국 앤 여왕으로부터 공작 작위를 받을 정도로 추앙받는 학자였다. 그는 부와 명예를 갖춘 보기 드문 행운아였다고 볼 수 있다.

영국에선 학문과 예술에서 뛰어난 사람들이 종종 국가로부터 작위를 받는다. 2001년 노벨문학상을 수상해 이민자 문학의 대표주자로 떠오른 비디아다르 나이폴V.S. Naipaul, 1932-도 1990년에 엘리자베스 여왕으로부터 기사 작위를 받았다.

섬세한 천재들 거의 대부분이 그렇듯이 뉴턴도 허약한 어린아이로 자랐다. 당시엔 여성들의 사망률이 지금보다 현저히 높았는데, 의학 발달 이전 여성들에게 아이를 낳는다는 것은 단명의 원인이 되기도 했다. 데카르트의 어머니가 그랬고, 파스칼의 어머니가 그랬다.

뉴턴은 농부였던 아버지를 일찍 여의었다. 어른이 되어 부와 명예를 한껏 누린 뉴턴이었지만, 그의 어린 시절은 불우했다. 그의 어머니는 뉴턴을 할머니에게 맡기고 목사와 결혼했다. 목사는 그의 젊은 어머니에 비해 나이가 너무 많은 늙은이였다. 새어머니 대부분은, 계모는 모두 사악하다는 전통적인 모함에도 불구하고 남편의 아이를 사랑으로 감싸려고 노력한다. 그러나 계부들은 그런 경우가 드물다. 천재를 몰라본 뉴턴의 새아버지도 그랬다. 새아버지는 젊은 아내를 사랑했지만 뉴턴을 달갑게 여기지 않았다. 계부가 생긴 아이들의 운명이 그러하듯 뉴턴은 어머니와 헤어져 살게 된다. 그는 할머니 손에 키워졌는데, 그야말로 '예민한 감성의 소유자'로 자랐다. 그런 성격은 타고나는 것인지 환경에 의해 생겨나는 것인지 모르겠다. 뉴턴은 나무 위에 올라가 어머니가 사는 마을을 바라보며 어머니에 대한 그리움을 홀로 삭여야 했다. 불우한 어린 시절이 타고난 섬세함을 더욱 섬세하게 만들었음이 분명하다.

뉴턴은 어린 시절부터 그리 눈에 띄게 뛰어난 학생은 아니었다. 같은 반 친구와 싸운 뒤 육체적으로 친구들을 이길 수 없다는 생각에 오기로 공부를 시작한 것이 그를 학문의 세계에 지대한 영향을 끼칠 학자로 성장하게 했다.

그의 일상 대부분은 책을 읽거나 손으로 쭈물거리며 물건들을 만드는 일로 채워졌다. 어릴 적 그는 작은 쥐가 밟아서 움직이는 풍차를 만들어 방 한구석에 놓거나 시간을 확인할 수 있도록 해시계를 만들어 집 안 여기저기에 설치해 두기도 했다. 그의 집에선 언제 어디서나 시간을 가늠할 수 있었을 것이다.

뉴턴은 놀라운 집중력의 소유자였다. 그는 몰입의 순간을 오래도록 유지할 수 있었다. 그는 연구에 몰두하면 밥 먹는 것도 잊었고, 씻는 것도 잊었고, 잠자는 것도 잊었다. 그가 연구 도중에 계란을 삶으려다가 자기 시계를 삶았다는 이야기는 유명하다. 하인이 차려 놓은 밥상을 받지 않아서 때마침 방문한 다른 사람이 뉴턴의 밥상을 비웠는데, 뒤늦게 식사를 하러 내려온 뉴턴이 자신의 접시가 비워져 있는 것을 보고 "내가 밥을 먹은 모양이군." 하고는 다시 자신만의 연구실로 들어가 버린 일도 있다고 한다.

뉴턴도 평생을 독신으로 살았다. 학자들의 경우 다만 학문에 몰입하다 보니 세상사에 관심이 없어져 독신이 되는 경우가 많다. 철학자 칸트 역시 그랬다. 하인은 이 어르신들이 공부를 하는 도중에 어떤 방해도 받지 않도록 방문자들을 통제했으며, 주위를 단속했고, 차를 대접하고 밥상을 차렸다. 학문에 대한 몰두는 세속적인 모든 것을 잊게 할 만큼 만족감을 주기 때문일 것이다.

뉴턴은 후에 자신의 모교인 케임브리지의 트리니티 칼리지의 펠로

fellow가 되었는데, 당시 대학의 펠로란 독신이면서 도덕적으로 순결한 생활을 하며 연구에 몰두하는 교수를 뜻하는 것이었다. 그는 그리 인기 있는 교수는 아니었다. 그의 어려운 학문에 접근하려는 학생은 별로 없었다. 학생들은 아마도 학점 잘 나오고 쉽고 재미있는 강의를 찾아다녔을 것이다. 당시의 케임브리지 학생들은 타락에 빠져 있었다는 기록을 보게 된다. 당시의 학생들은 공부도 별로 하지 않았고, 책도 보지 않았으며, 학교 앞의 술집을 전전하며 음주가무에 심취해 있었다고 한다. 그런 분위기 속에서 뉴턴만은 오로지 학문 연구에 몰두했다. 그 결과 뉴턴만이 군계일학으로 돋보였으며, 그의 스승 배로Issac Barrow, 1630-1677 에게서 루카스 석좌케임브리지 대학교 수학 관련 분야의 교수직를 이어받는다.

페스트pest로 학교에 2년간 휴교령이 내려진 적이 있었다. 다른 이에겐 견딜 수 없이 정체되고 한심한 시간이었지만, 뉴턴에겐 놀라운 시간이었다. 이 시기에 그는 거의 폭발적으로 연구에 몰두한다.

그는 조용하고 소심한 사람이라 다른 사람들에게 비난받는 것을 못 견뎌 해서 자신의 학설들을 발표하는 것을 꺼렸다. 뉴턴의 대표적 저서 『프린키피아*Principia*』는 핼리혜성의 발견자 핼리Edmund Halley, 1656-1742의 끈기 있는 노력에 의해 출간되었다. 핼리는 뉴턴의 연구에 대한 확신으로 자비를 털어 뉴턴의 책 출판을 도왔고, 뉴턴의 깐깐하고 섬세한 성격을 받아 주느라 애썼다.

뉴턴이 과학과 수학사에 끼친 영향은 지대하다. 그는 함수를 무한급수로 나타내는 법, 이항정리와 미적분, 중력의 법칙 등 84년이라는 세월을 살면서 많은 연구에 몰두했다.

뉴턴과 라이프니츠는 약간의 차이가 있다. 뉴턴은 미분에 접근할 때 유율법流率法, fluxion이란 걸 썼는데, 연속적으로 변화하는 흐름의 속도를 나타내는 것이다. 뉴턴이 만유인력과 물체의 속도, 움직임 등에 관심이 많았던 것을 참고하자. 즉, 어떤 방정식이 있을 때 x의 변화에 따라 y값이 변하고 이것은 고정되어 있지 않고 항상 변한다는 것이 뉴턴의 기본 생각이었다.

뉴턴의 유율법은 움직임, 즉 운동에 대한 이야기를 하고 있다. 움직이는 어떤 물체의 거리와 시간을 알 때 속도를 구하는 것과, 속도와 시간을 알 때 움직이는 물체의 거리를 알아내는 것은 반대되는 관계에 놓여 있다. 앞의 것이 미분, 뒤의 것이 적분이다. 미분과 적분은 운동과 관련되어 있어 상당히 물리학적인 개념이라고 볼 수 있다.

뉴턴과 라이프니츠의 차이도 바로 여기에 있다. 뉴턴의 저서 『프린키피아』는 '자연철학의 수학적 원리'를 이야기한다. 뉴턴이 수학자라기보다는 과학자로 알려진 것도 바로 이 때문이다. 뉴턴은 자신의 과학적 연구를 수월하게 하기 위해 수학이라는 도구를 이용했다.

그러나 라이프니츠는 뉴턴과는 생각이 달랐다. 라이프니츠는 수학자로서 수학을 철학적으로 접근하고자 노력했다. '도구냐 목적이냐'의 차이다. 이들의 노선은 분명히 달랐다. 이들의 대립은 대중 가수와 오페라 가수의 경쟁처럼 어색한 것이기도 했을 것이다. 그럼에도 점잖은(?) 물밑 전쟁은 끊이지 않았다. 이유인즉슨, 미적분 방정식에 대한 풀이법을 누가 먼저 발견했느냐가 문제가 되었기 때문이다. 영국과 독일이라는 다른 곳에서, 전혀 다른 두 사람이 이전의 학자들의 연구 업적을 디딤돌 삼아 자신만의 연구에 몰두하고 있었는데, 그 결과가 우연히 같다는 것이다.

사실 여부는 정확하게 알 수 없으나, 누가 먼저냐에 대한 논쟁은 끊이지 않았다. 뉴턴이 과학과 수학에 영향력을 떨치고 있을 시기였으므로 당연히 화살은 라이프니츠에게 꽂혔다. 영국의 뉴턴파와 독일의 라이프니츠파의 당파싸움이라고 할 수 있다. 미적분 풀이법에 대한 발표는 라이프니츠가 먼저 했지만, 당시 이에 대한 뉴턴의 논문이 학계를 돌아다니고 있었고, 뉴턴과 라이프니츠가 서로 편지 왕래를 통해 의견을 나눴다는 사실, 라이프니츠가 영국을 방문한 적이 있으므로 그때 뉴턴의 논문을 봤을 가능성이 높다는 사실 등을 들어 영국의 학자들은 라이프니츠를 공격했다.

이것은 표절의 문제로 확대된다. 사람의 생각은 비슷한 면모를 가지고 있고, 그것을 제한된 음계라든지 언어로 표현하는 과정에서 비슷해 보이는 창조물이 탄생할 가능성은 얼마든지 있다. 어떤 소설을 읽을 때나 영화, 드라마 등의 예술 작품을 볼 때 '저건 내가 하려고 했던 이야기야. 내 생각을 도둑맞았어.'라고 생각하는 사람들도 얼마든지 있지만, 그것은 표절이 아니다. 표절에 대한 정확한 기준이 없는 관계로 모든 것은 작가의 양심에 따라 유죄냐 무죄냐를 판단한다. 그런 면에서 이 식견 있는 학자, 라이프니츠의 말을 들어 보면 그가 뉴턴의 아이디어를 훔쳤다고 보이진 않는다.

“모든 것은 우연의 일치일 뿐이다.”

표절자의 변명 같기도 하지만, 라이프니츠의 학문적 업적을 둘러보면 그가 뉴턴에 필적할 만한 천재이며 그의 아이디어로 뉴턴과 비슷한 생각을 했을 수도 있다는 믿음을 갖게 된다. 미적분은 과거 학자들의 논리를 통해 추론이 가능하기 때문이다. 뉴턴이 추론했던 방식대로 라이프니츠가 추론하지 말라는 법도 없다. 엄밀하게 따지자면, 수학은 완전 무에서 유를 창조하는 신의 작업은 아닌 것이다.

영국이 조목조목 이유를 대며 라이프니츠를 악당이라고 몰아붙이자, 독일의 라이프니츠파도 할 말이 있었다. 발표를 꺼렸던 뉴턴의 성격으로 인해 그의 저작들은 사후에 출판된 것이 많은데, 이것을 두고 오히려 뉴턴이 라이프니츠를 표절한 것이 아니냐는 공격까지 나오게 되었다. 이 싸움만 아니었어도 라이프니츠는 뉴턴과 좋은 동지가 될 수 있었을 것이다.

라이프니츠와 뉴턴 모두 일찍 아버지를 여의었다. 라이프니츠의 아버지는 대학교수였고, 어머니는 법률가의 딸로서 지적인 여인이었다. 아버지는 그가 6세 때 죽었다.

라이프니츠는 어릴 때부터 자연스럽게 탐구하는 자세가 몸에 익었고 아버지의 서재에서 숱한 책을 접하며 지식을 쌓았다. 당시 교양의 기본이었던 라틴어와 그리스어에 통달했으며 15세에 법과대학에 진학해 법률 공부를 했다. 그는 다방면에 해박한 지식을 가진 지식인이었다. 철학과 법학을 공부하면서 수학에 대한 연계성을 발견하고 호이겐스의 도움을 받았지만 거의 혼자서 수학 공부에 열중했다.

일찍이 적분은 고대 그리스 때부터 도형의 넓이와 부피를 구하는데 많이 사용되었다. 아르키메데스는 착출법으로 원의 넓이를 구했고 이것은 적분의 실마리가 되었다. 후에 케플러가 포도주 통의 부피를 이런 방식으로 계산한 것도 적분의 기초라고 하겠다.

이런 식의 착출법을 마다한 뉴턴은 움직임과 변량에 초점을 맞췄다. 현대 수학에서는 뉴턴의 유율법 기호 대신 훨씬 보기 좋고 쉬운 라이프니츠의 기호들이 쓰이고 있다.

라이프니츠의 가장 큰 업적은 우리가 현재 알고 있는 적분 기호를 만들었다는 것이다. 그는 수학에서 기호의 중요성을 어느 누구보다 잘 알고 있었고, 기호 만들기에 남다른 관심이 많았다. 적분을 할 때 접하는 '$\int$' 표시는 적분 표시, 즉 '인테그랄'이라고 읽는다. 적분의 원래 의미대로 무한들을 합한다고 봐서 'sum'에서 s를 뽑아내 길게 늘여 이 기호를 만들었다.

$$\int x dx = \frac{1}{2}x^2$$

이처럼 '$\int$'을 사용해서 적분을 보기 깔끔하게 만든 사람이 바로 라이프니츠다.

그는 박식함을 무기로 외교관, 정치가, 학자로서 다방면으로 활발하게 활동했다. 그러나 뉴턴과의 싸움으로 그의 명성에 흠집이 생긴 것은 확실하다. 그의 말로末路는 뉴턴과는 정반대였다. 뉴턴은 노인이 되어 영국 여왕으로부터 작위를 받고, 편안한 삶을 살았으며 명예로운 죽음을 맞이해 웨스트민스터 사원에 묻혔다.

라이프니츠의 죽음은 달랐다. 앤 여왕도 죽고, 그를 지지하던 하노버 가家의 사람들도 모두 영국으로 떠났다. 독일의 조지가 영국의 왕이 되었을 때 그도 하노버 가를 따라 영국으로 가려고 했으나 거절당했다. 아마도 영국인들이 라이프니츠를 받아들이지 않을 것임을 알았던 모양이다. 라이프니츠는 독일에 홀로 남아 베르누이 같은 뛰어난 제자 몇 명이 지켜보는 가운데 쓸쓸한 최후를 맞이했다.

그러나 뉴턴이 그렇듯이 라이프니츠도 수학사에서 빛나는 보석이다. 라이프니츠는 우리가 현재 쓰고 있는 미분, 함수, 좌표, 미분방정식 등의 용어에 이름을 붙였고 여러 가지 기호를 만들어 냈다. 그가 진정한 표절자였다면 그런 창조적인 작업들을 할 수 있었을지 의문이다.

또한 라이프니츠를 주목해야 할 중요한 이유는 그가 이진법에 대한 발상을 했다는 것이다. 0과 1만을 사용해 모든 연산을 하는 것이다. 이진법은 구구법을 외워야 하는 곱셈의 과정을 쉽게 해 주었고 현재의 컴퓨터를 낳게 했다. 컴퓨터는 그 용어에서 보듯이 한낱 계산기에 불과했으나 오랜 시간을 거쳐 오늘날과 같은 형태로 발전했다. 라이프니츠가 없었다면 가능한 일이었을까? 아마도 누군가 다른 사람이 생각해 냈을지도 모른다. 그랬다면 라이프니츠가 무덤 속에서 벌떡 일어나 이렇게 외치지 않았을까!

'저건 내 생각이야. 내 생각을 도둑맞았어.'

라이프니츠의 이진법은 가장 단순한 계산법이라고 할 수 있다. 이진법의 모태는 기원전의 원시 부족사회로 거슬러 올라간다. 이들의 사회는 그리 복잡하지 않았으므로 많은 수를 셀 필요가 없었기 때문이다. 1 다음이 2, 그리고 그 이상의 수가 나오면 무조건 '많다'였다. 이 원시적인 이진법에선 0이란 개념이 없다. 그래서 현대적인 이진법은 라이프니츠가 고안했다고 해도 맞는 말이다. 그런데 재미있는 사실은 라이프니츠가 이진법을 고안할 때, 동양의 사상을 받아들였다는 것이다. 동양에선 오래전부터 이진법을 널리 사용하고 있었다. 즉, 모든 우주만상을 음(0)과 양(1)으로 구분하는 방식으로 우리에겐 익숙한 개념이다.

라이프니츠가 동양의 음양 사상을 받아들였던 것에서 알 수 있듯이 그의 이진법은 다분히 철학적이다. 그는 0은 아무것도 없는 무의 상태라고 여겼고, 1은 신이라고 생각했다. 즉, 그의 이진법엔 신이 무로부터 세계를 창조한다는 깊은 뜻이 숨어 있다. 그는 또한 0과 1에 논리학을 담았다. 라이프니츠가 생각한 0과 1에는 다음과 같은 심오한 개념이 담겨 있다. 라이프니츠는 다음과 같은 말을 남겨 철학으로서의 이진법을 표현했다.

"나는 여기에 빛과 어둠을, 혹은 그것들을 상징하는 바다와 그 바다를 비추는 신의 정신을 표현했다."

라이프니츠의 심오한 철학에 비해 이것이 컴퓨터에 쓰인 원리는 간단하다. 컴퓨터는 전원을 켜고 끄는 두 가지 행위를 하게 되는데, 1은 컴퓨터를 켜는 것이고 0은 컴퓨터를 끄는 것이다. 컴퓨터는 켜짐과 꺼

짐의 체계를 가지고 있으므로 1과 0을 가장 안전하고 편안하게 받아들였다. '이거 컴퓨터가 바보상자 아냐?'라고 생각하는 분들이 계실지 모르겠다. 컴퓨터에 다음 숫자를 입력해 보면 어떨까.

1010235……!

켜졌다, 꺼졌다, 켜졌다, 꺼졌다, %$#&…… 치명적 오류!

이처럼 이진법을 사용하는 컴퓨터는 인간의 지배를 받게 되어 있다. 누르고 만지고 켜고 끄는 것은 순전히 인간의 자발적인 행위로 가능한 것이다. 밥통도, 세탁기도, 전화기도 인간이 스위치를 누르고 제어하는 가운데서만 움직인다. 그러나 디지털 사회가 더욱 가속화되어 발전한다면 이 이진법이 우리 삶을 어떤 식으로 변화시킬지 궁금하다. 인공지능을 가진 기계가 스스로 진화하고, 전원을 누르지 않아도 알아서 밥을 하고 빨래를 하게 될 세상이 온다면 인간이 어떤 식으로 생활하

게 될까? 만약 공상과학 영화처럼 인간이 기계의 지배를 받는 암울한 세상이 온다면…. 그런 시절이 오지 않도록 여기서 기계문명의 발전을 멈춰야 할까? 모든 것을 예측해 가며 계속 편리함을 위해 기술을 발전시켜야 할까? 역시 과학의 딜레마라고 하지 않을 수 없다.

근대로 넘어오면서 수학의 많은 부분이 과학과 접목되어 사용되었다. 데카르트가 뜬구름 잡는 듯했던 기하학을 숫자로 좌표 위에 놓으면서 과학과 더욱 밀접한 연관을 맺게 되었다. 그러나 이런 근대의 유행들이 계속되었던 것은 아니니다. 좀 더 후에 가우스가 정수론을 통해 수에 대한 아름다움에 다시 한 번 심취했으며, 칸토어는 집합에 대한 연구에 몰두했다.

과학과 수학은 같은 배를 탄 동지이지만, 각자의 역할과 취향과 성향이 다른 개성체들인 것이다.

수학자들이 우리에게 전하는 일상의 메시지

수학자의 삶을 대강 훑어봤다고 해서 수학의 모든 것을 알았다고 볼 수는 없다. 수학과 어느 정도 친근해졌다고 느낀다면, 이제 아마추어 수학자로 변신해도 좋을 것이다. 인수분해를 풀더라도, 사칙연산을 공부하더라도 당신은 아마추어 수학자이다.

앞에서 수학자들의 삶을 훑어보면서 그들이 우리에게 준 작은 생활의 교훈에 대해 생각해 보지 않을 수 없다.

수학자라는 사람들이 실제로는 그렇게 똑똑하지 않으며 좀 얼이 빠져 있는 것은 수학적 과제에 완전히 몰입하고 있기 때문이란 것도 알게 되었을 것이다. 운동화 끈이 풀린 줄도 모르고 커다란 가방을 메고 머리를 산발하고 다니는 사람을 거리에서 봐도 지나친 경계심은 갖지 않길 바란다. 어떤 주제에 갑자기 심취해 어느 날 당신의 등에도 커다란 가방이 얹히고 신발 끈이 제멋대로일 수 있기 때문이다.

뉴턴의 몰입과 케플러의 끈기, 죽음도 불사한 아르키메데스의 탐구 정신. 페르마는 아마추어 수학자라 할지라도 자신의 연구 과정을 자세히 기록하지 않은 잘못이 얼마나 큰지에 대한 본보기를 남겼고, 우스갯소리 같지만 데카르트는 송충이는 솔잎을 먹고 살아야 함을 가르쳐 주었다. 빈둥대는 게 일이었던 그가 무리했다가 유명을 달리했음을 기억하는가. 피타고라스는 수학에서 음악을 발견하게 도와주었고 카르다노는 지적소유권의 소중함에 대해 생각하게 해 주었다.

그밖에 여기서 언급하지 않은 수많은 수학자한테서도 생활의 작은 것들을 본받을 수 있다. 파스칼은 『팡세』에서 아마추어 수학자로서 철학과 문학에도 깊은 조예를 드러내 귀감이 되었다. 1946년 디지털 컴퓨터의 초석을 놓았던 튜링Alan M.Turing, 1912-1954은 일본 작가 무라카미 하루키Murakami Haruki, 1949-처럼 달리기 마니아였다. 하루키나 튜링이나 뛰면서 많은 생각을 했다. 정신적인 노동을 하는 사람들에겐 육체의 움직임이 많은 도움을 줄 듯하다.

오일러의 놀라운 부지런함

Leonhart Euler, 1707 – 1783

그 많은 수학자 중에 오일러는 단연 돋보인다. 그는 일생의 반을 공부에 투자했고, 나머지 반을 글 쓰는 일에 몰두했다. 이런 왕성한 연구와 저작 활동으로 인해 그의 시력은 날이 갈수록 나빠져 오른 눈이 완전 실명 상태가 되었다. 나중엔 왼 눈의 시력마저 잃게 된다.

오일러는 자신이 장님이 될 거라는 사실을 받아들이고, 눈을 감고 수식을 쓰는 연습을 열심히 했다. 덕분에 두 눈을 모두 잃었을 때에도 그는 불편함 없이 연구를 이어갈 수 있었다. 그는 그렇게 17년간을 장님인 채로 여전히 연구와 저작 활동을 하며 살았다.

물론 우리가 장님이 될 정도로 읽고 쓰기를 해야 할 필요는 없다. 그러나 오일러에게서 배울 수 있는 것은 학문적 연구와 저작, 그리고 가족, 대인관계의 모든 것에 균형을 이루고 조화롭게 잘 사는 법에 관한 것이다.

우리는 모든 균형이 깨질 때 시간이 없다, 피곤하다 등의 말로 자기를 합리화하는데 그럴 때마다 오일러를 떠올려 보자. 오일러는 도대체 어떻게 생활했을까. 오, 오일러의 놀라운 근면함이여!

오일러는 엄청난 에너지를 가진 사람으로, 타고난 천재였다. 그랬기 때문에 그 모든 업적을 이룰 수 있었을까? 아니면 그만의 독특한 방식이란 것이 있었을까.

오일러에 대해 잠깐 살펴보자면, 오일러는 스위스 바젤 출신이었으며 천재도 온화할 수 있고 평범할 수 있다는 전형을 보여 주는 사람이다. 그는 따뜻한 성격의 소유자였으며 가족을 사랑했다. 13명이나 되는 자녀를 사랑으로 키웠으며 채소 기르기 등 소박한 소일거리를 즐기는 사람이었다. 죽음을 맞이할 때도 손자들과 차를 마시며 이야기하다가 평온하게 잠들었다고 한다.

오일러는 어릴 때부터 신동으로 불렸다. 목사였으며 베르누이 가家의 제자였던 오일러의 아버지는 요한 베르누이에게 오일러의 수학 교육을 맡겼다. 요한 밑에서 배우면서 그의 아들인 다니엘과 오일러는 자연스럽게 친해졌고, 둘은 학문적 동지로 나이를 뛰어넘어 오랜 우정을 나누게 된다.

바젤 대학을 졸업한 후, 다니엘이 러시아의 상트페테르부르크의 대학으로 떠나게 되자 오일러도 따라간다. 당시의 러시아는 정치적으로 혼란했는데, 다니엘은 불안해서 스위스로 돌아가지만 오일러는 결혼해 14년간이나 러시아에 머물렀다.

오일러는 대단히 열정적인 저작자로도 알려져 있다. 평생 500권이 넘는 책과 논문을 발표했는데, 그가 50년간 저작 활동을 했다고 본다면 1년에 10편, 월 단위로 치면 한 달에 1편을 세상에 내보냈다. 그것도 오일러의 시대를 열 만큼 위대한 내용이 담긴 것들을 말이다. 그는 역학, 물리수학, 응용수학에 대해 글을 썼으며 기하학, 수론, 순열조합론, 미적분학, 함수에 대한 연구 또한 게을리 하지 않았다. 수학자들 가운데 계산 실력이 뛰어나다고 알려진 사람들이 드문데, 오일러는 뛰어난 계산 실력도 가지고 있었다고 한다.

> 그는 인간 계산기였다. 하도 기억력이 엄청나서 그를 잘 아는 아카데미 회원 프랑수아 아라고는 오일러가 '사람이 숨 쉬는 것처럼, 독수리가 하늘을 춤추며 날아다니는 것처럼' 수학 계산에 능했다고 전한다.

오일러는 축복받은 천재였다. 뛰어난 기억력과 함께 원만한 성격, 수학적 천재성, 지적인 힘, 겸손의 미덕, 예술가적인 문장력까지 골고루 갖추고 있었으니 말이다. 그는 왕성한 저작 활동을 했음에도 그 필력이 닳지 않는, 마르지 않는 샘을 가지고 있었으니 작가들에게도 질투의 대상이었다. 너무나 완벽해서 신이 그 공평함을 실천하기 위해 그를 장님으로 만든 것이 아닐까 싶을 정도다.

스위스에서는 이탈리아어, 불어, 독어 세 가지 언어를 익힐 수가 있다. 오일러도 천재적 두뇌를 바탕으로 이 세 가지 언어를 습득하면서 언어에 대한 재능까지 갖추게 되었다. 그는 독일어, 라틴어, 불어로 책을 써냈고 러시아에 머물 땐 러시아어로 글을 쓰기도 했다. 그에게 국경은 의미가 없어 보인다.

평탄하고 잔잔하고 행복한 삶을 살았던 오일러에게도 마음고생은 있었다. 베를린으로 돌아왔을 때 당시 독일의 국왕은 오일러를 '외눈박이 수학자'라고 놀리며 달가워하지 않았다. 독일 궁정에서의 인간관계는 오일러를 지치게 만들었다. 러시아의 예카테리나 2세가 오일러를 다시 상트페테르부르크로 초청했을 때 그는 주저 없이 러시아로 돌아가 마음 편하게 공부에만 전념할 수 있었다.

다시 지적소유권!

집안 식구들이 같은 일에 종사하는 경우, 그러니까 대대로 모든 가족구성원이 의사이거나 배우이거나 교사일 경우, 사람들은 이들을 특별한 시선으로 바라보게 된다. 가문의 영광이 빛나는 순간이다. 이런 가계의 특성 때문에 개인의 선택권이 박탈당하는 불상사가 발생하기도 하지만, 대부분은 기꺼이 자신도 가계의 특별함에 편입하려는 특성을 보인다.

스위스의 베르누이 일가도 그랬다. 니콜라스에서 두각을 나타낸 이 일가는 2세기가 넘는 시간 동안 4대에 걸쳐 10명의 수학자를 낸 명문가로 군림했다. 니콜라스 베르누이가 정치가였고, 그의 둘째 아들인 니콜라스가 화가였던 것만 빼면 모든 구성원이 수학자였다.

베르누이 가문의 가계도

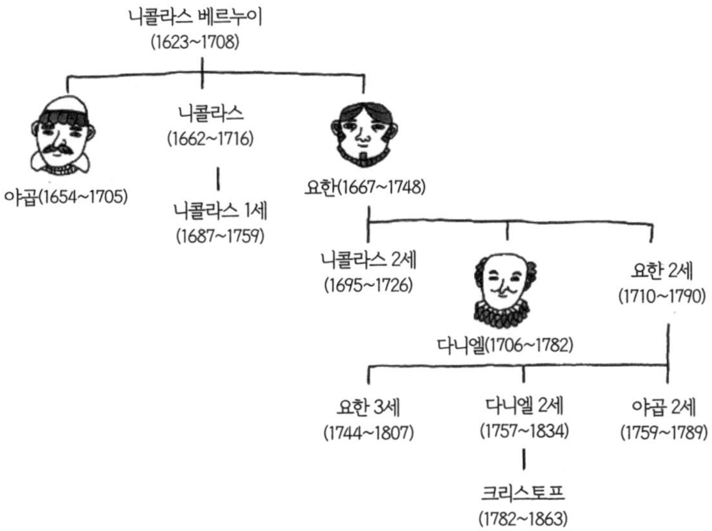

가계도를 보면 베르누이 집안엔 아들만 있는 것인지, 아니면 딸은 가계도에 끼지도 못한 것인지 모르겠다.

이들은 모두 베르누이라는 이름을 가지고 있으므로, 그들의 연구는 모두 베르누이의 이름으로 나갔을 터이다. 그들은 형제나 가족이기 전에 한 브랜드를 공유한 공동 상품인 셈이었다. 한배를 탄 그들이지만 형제애나 가족애가 돈독했던 것 같지는 않다. 오히려 가족일수록 서로 반목하게 되면 걷잡을 수 없는 증오감에 사로잡히게 마련이다. 타인에게 할 수 없는 무례한 짓을 평생 함께해 온 가족들에겐 쉽게 하기도 한다. 사랑이 깊을수록 증오도 깊다. 사랑과 증오는 배를 맞대고 있는 샴

쌍둥이 같은 것이므로.

이 보기 드문 수학의 명가에서도 형제간의 전쟁이 끊이지 않았다. 이 전쟁 또한 한 가지 학문적 논제를 둘러싼 쟁탈전이었는데, 둘레가 일정한 최대 면적의 폐곡선을 구하는 등주문제等周問題에 관한 전쟁이 4년간이나 지속되었다.

베르누이 집안의 수학은 라이프니츠에서 시작되었다 해도 과언이 아니다. 수학 1세대인 야곱과 요한 형제는 라이프니츠의 제자였고, 라이프니츠가 못다 한 연구를 그의 사후에 이어받았다. 뉴턴이 명예롭지만 까다로운 노인네로 제자도 없이 죽어 간 것에 비하면, 라이프니츠는 그 죽음이 쓸쓸했지만 학자로서는 성공한 사람이다. 그의 제자들이 수학의 일가를 이루며 자신의 연구를 이어갔으니 말이다.

야곱이 처음 수학에 대한 관심을 보인 것은 그의 나이 서른셋이었을 때다. 오후 3시가 뭔가를 하기에 좀 늦거나 이른 시간이듯이 서른셋이란 나이도 뭔가를 시작하기엔 늦은 나이처럼 보이기도 하고 이른 나이처럼 보이기도 한다. 그러나 대부분 서른이면 뭔가가 정해져 있어야 하는 게 보통이다. 그런 사회적 통념을 깨고, 서른셋의 야곱은 이미 바젤대학의 교수였던 자신의 지위에 만족하지 않고 자신보다 13년이나 어린 요한과 수학 공부에 돌입한다. 이때 그는 라이프니츠를 만나게 되는 것이다. 야곱은 늦은 나이에 수학자로서의 발을 내디뎠고 이것은 참으로 성공적인 발걸음이었다. 미적분학과 무한수열의 합, 또 확률론에 중요한 발자취를 남겨 베르누이 가의 명성을 드높였다.

처음 이들 형제는 사이좋게 수학 연구를 했던 것으로 보인다. 야곱과 나이 어린 동생 요한, 그리고 요한의 아들이자 야곱의 조카인 다니엘. 이 3명은 마치 여배우들처럼 트로이카를 조직해 서로 견제하기도 하고 균형을 맞춰 가며 수학의 새로운 장을 열어 갔다. 만사가 그렇듯이 이 평화적 구도도 돌출 행동이 잦은 한 사람으로 인해 불화를 겪고 만다. 권력에 대한 인간의 욕망이 부른 불화일 것이다.

앞에서 살펴본 바 있는 현수선은 베르누이와 라이프니츠의 합작품이라고 할 수 있다. 이 현수선의 해를 구하는 문제에 대해 야곱은 오랜 시간을 공들였으나 풀지 못해 고민하고 있었다. 그런 어느 날 동생 요한은 야곱이 몇 년간 매달린 일을 단 하룻밤의 고민 끝에 풀어냈다.

"형, 모양이 같다고 해서 포물선처럼 취급하면 안 되지. 현수선은 포물선이랑 전혀 다른 방식으로 풀어 줘야 해."

형이 이 건방진 동생을 달갑게 여겼을 리 없다. 요한 또한 자신이 형보다 월등함에도 불구하고 사회적으로 형보다 인정받지 못하는 것에 대한 불만이 쌓여 갔다.

요한이 학자로서 억울한 운명을 살았다는 것은 사실이다. 요한은 파리로 유학을 떠나는데, 그곳에서 로피탈 후작을 만나게 된다. 로피탈 후작은 부유한 귀족이었는데 취미로 수학에 열중했다. 그야말로 페르마, 파스칼과 같은 아마추어 수학자였으나 그들처럼 수학적 천재는 아니었다. 오히려 그릇된 욕망을 가진, 학자들에게 가장 중요한 도덕과 양심이 결여된, 바람직하지 못한 아마추어의 전형이라 하겠다.

로피탈은 미적분학에 대한 명성이 자자한 베르누이 가의 요한이 파리에 왔다는 소식을 듣고는 요한에게 수학 과외를 요청했다. 요한은 돈을 벌 수 있다는 것에 혹해 이 어마어마한 귀족의 과외 선생이 되어 충심으로 가르쳤다.

후에 로피탈은 요한에게 고액 연봉을 제시하며 수학적 견해를 편지로 나눌 것도 부탁했다. "네게 인간의 다리를 만들어 줄 테니, 네 어여쁜 목소리를 내게 달라."라고 말하는 바다 속 마녀처럼, "너에게 세상의 모든 것을 알게 해 줄 테니, 너의 영혼을 달라."라고 말하는 메피스토펠레스처럼 로피탈은 요한을 유혹했다. 모든 유혹엔 조건이 필요하다. 로피탈의 조건은 이러했다.

> 어느 누구에게도 이야기하지 말고, 모든 수학적 발상을 내게만 이야기하라. 사본을 절대 남기지 말라.

뭐든 한 가지를 얻으려면 한 가지는 잃어야 한다. 돈을 택한 요한은 가슴에 잊지 못할 상처를 입게 된다. 바로 로피탈이 요한의 학설들을 자신의 이름으로 출판해 버린 것이다. 로피탈은 '다른 사람이 자신에게 권리를 넘겨줬다. 그 사람이 자신의 권리를 주장하고 나서든 말든 상관없다.'는 식으로 배짱을 부렸다.

로피탈의 '무한소 해석'은 명성을 얻었고, 미적분학의 교과서처럼 읽히게 되었으며, 현재 '로피탈의 정리'로 그 이름을 남기게 되었다. 수학이나 어떤 법칙에선 먼저 발표하는 사람이 임자다. 언어는 하나의 약속이므로, 이미 약속이 생기면 다른 것으로 대치하기가 힘들다. '로피탈의 정리'로 이름 붙이기로 약속했다면 그것이 로피탈의 정리가 아니라 요한 베르누이의 정리라는 것이 뒤늦게 밝혀졌다고 해도 이미 그것은 로피탈의 정리이지 요한 베르누이의 정리가 될 수 없는 것이다.

언제나 처음 깃발을 꽂는 사람이 임자다. 집합에서 접하게 되는 벤다이어그램이나 드 모르간의 법칙도 벤J. Venn, 1834-1923이나 오거스터스 드 모르간Augustus de Morgan, 1806-1871이라는 학자에 의해 먼저 세상에 나와 그들의 이름이 수학책에 실리게 되었다. 벤 다이어그램의 경우 집합의 연구에 도움이 많이 되는 것인데, 어려운 기하학을 할 줄 알았던 기원전 학자들에 의해 시작되지 못하고 19세기가 되어서야 그 이름을 얻었다는 것은 참으로 이상한 일이다. 아무려나 수학자에게 자신의 이름을 건 공식을 갖게 된다는 것은 참으로 명예로운 일이다.

그런 기회를 자신이 가르쳤던 로피탈에게 강탈당한 요한의 심정은 어떠했을까. 먼저 깃발 꽂은 사람이 임자라는 이 차가운 현실이 요한을 더욱 좌절하게 했고 가슴에는 울분이 쌓였다. 자신의 모국 스위스 바젤 대학의 교수가 되고 싶었으나 형 야곱이 같은 분야의 한자리를 차지하고 있어 어렵게 되면서 그의 울분은 형에게 몰렸다. 이들 베르누이 가족의 불화는 가속화된다.

요한은 심술궂게 변해서 오로지 그 형제들과 싸우는 일에 몰두했고, 나중엔 아들 다니엘의 연구 성과까지 가로채는 추태를 보였다. 못된 시어머니 밑에서 자란 며느리가 더 못된 시어머니가 되듯이 자신의 지식을 강탈당하는 설움을 누구보다 잘 아는 요한이 자신의 아들에게도 같은 상처를 주게 된 것이다.

요한의 아들 다니엘 베르누이는 오일러에게 편지를 보낸다.

> 나는 지난 10년간 몰두했던 모든 것을 도둑맞았다. 아버지가 내가 쓴 『유체역학』을 마치 자기가 쓴 것인 양 발표해 버렸다. 이제 연구한다는 게 무의미하고 싫어졌다.

다니엘은 아버지 요한이 죽고 사라진 후에야 그 기를 펼 수 있었고, 베르누이 일가의 또 다른 유명 수학자로 명성을 떨쳤다.

누구나 마음속에 살리에르를 감추고 있다. 재능 있는 사람에 대한 질투, 그 사람의 재능을 훔치고 싶은 욕망. 역사와 영화 혹은 소설 속에서 우리는 그런 인물들을 종종 만나게 된다. 그 인물은 평범한 사람들의 가슴속에도 존재하며 어느 순간 갑자기 날을 퍼렇게 세우기도 한다.

카르다노 대 타르탈리아, 뉴턴 대 라이프니츠, 베르누이 대 베르누이, 그리고 로피탈. 수학사에서 만날 수 있는, 피 흘리지 않는 전쟁들은 지적재산권에 대해 다시금 생각게 만든다. 인간에겐 왜 그런 일이 끊이지 않고 일어나는 것일까.

「크라잉 게임The Crying Game」이란 영화에서 아일랜드 반군에게 잡힌 영국 군인 조디가 포대 자루를 둘러쓴 채 이야기해 주는 전갈과 개구리의 우화는 참으로 슬프다.

옛날에 개구리와 전갈이 살았다네. 어느 날 폭풍우가 몰아쳤고, 세상이 온통 물에 휩쓸리게 되었네. 물에서 허우적대던 전갈은 개구리를 발견하고 자기를 저 뭍까지 등에 태워 실어다 달라고 부탁했지. 그러자 개구리가 걱정하며 말했어.

"네가 날 그 무시무시한 앞발로 찔러 죽이면 어떡하지?"

그랬더니 전갈이 대꾸했지.

"내가 널 찌르면 나도 물에 빠져 죽을 텐데 그럴 리가 있겠어?"

개구리는 전갈을 태우고 물을 건너갔지. 얼마나 건넜을까. 천둥 번개가 내리치고 물이 요동을 치기 시작했어. 전갈은 그만 놀라서 개구리를 푹 찔러버렸어. 개구리는 피를 흘리고 죽어 가며 소리쳤지. 왜 나를 찌른 거냐고.

그러자 전갈이 울면서 말했어.

"어쩔 수가 없었어. 그게 바로 내 본성이야."- It' my nature!

파리의 살롱 문화

18세기 유럽에 달랑베르Jean Le Rond d'lembert, 1717-1783라는 청년 수학자가 살고 있었다. 달랑베르는 아름다운 용모를 가지고 있었고, 그 때문에 뭇 여성의 사랑을 한 몸에 받았다. 당시 파리는 살롱 문화가 이끌었다고 해도 과언이 아니다. 예술과 철학과 문학을 하는 사람들이 살롱으로 모여들어 그야말로 학예의 중심지로 발돋움하게 되었다.

이 살롱을 중심으로 전 시대에 비해 적극적이고 자유로운 여성들이 많이 등장하게 되었다. 살롱을 중심으로 젊은 남녀들이 모이면서 이곳은 예술과 학문의 중심지인 동시에 낭만적 사랑의 무대가 되었다. 묘한 관계들이 속출했으며 사생아 붐이 일었다. 많은 사람이 자신만의 연인을 가지고 있어 불륜의 온상이 되기도 했다. 부인 시리즈가 생겨난 것도 이때 즈음이다. 히파티아의 죽음 때와는 무척 다른 사회 분위기가 느껴진다. 그래도 어차피 18세기인 것을…. 지금보다 낫진 않았겠다. 18세기의 유럽 '사생아'라는 단어에선 비극과 동시에 비장미가 풍겨난다.

달랑베르도 사생아로 태어났다. 그의 어머니는 어느 장교의 아이를 낳아 성 장-르-롱Saint Jean-Le-Rond 교회의 돌계단 위에 버리고 또 다른 사랑을 찾아 떠났다. 몸조리가 필요 없는 서양 여인들의 씩씩함이여! 달랑베르는 순찰 중인 헌병에게 발견되었다. 장-르-롱에서 발견되었다 하여 그의 이름은 장-르-롱이 되었다. 그는 출생부터가 소설적이다.

달랑베르는 양부모에 의해 양육되었다. 좋은 교육을 받았으며 법률, 의학, 수학과 과학에 뛰어난 재능을 보여 24세의 나이에 프랑스 학술원에 갈 수 있었다. 달랑베르와 오일러는 서로 지적 능력의 탁월함 때문에 친하게 되어 학술적 문제에 대한 편지를 주고받았다.

달랑베르는 오일러처럼 극한과 미적분에 대한 연구도 했지만, 아무래도 대수학 분야의 '달랑베르의 정리'로 유명하다. 이것은 고차 방정식과 연관해 생각해 볼 수 있는 문제인데, 이차방정식의 경우 일차방정식이 2개 곱해진 것이고 삼차방정식은 일차방정식이 3개 곱해진 것이며 사차방정식은 일차방정식이 4개 곱해진 것이라는 정리다. 현재 우리는 인수분해와 방정식과 함수를 수없이 풀면서 이 정리를 암암리에 습득하고 있다.

달랑베르는 "대수는 관대하다. 종종 요구하는 이상의 것을 준다."는 대수학의 명언도 남겼다.

이 외에도 뛰어난 통찰력을 보여 주는 명언을 많이 남겼는데, 그가 살롱에서 인기 있었던 것은 잘생긴 외모 때문에 아니라 뛰어난 언변 때문이 아니었나 생각된다.

달랑베르는 수학이란 학문에 대해 남다른 애정을 가지고 있었다. 사람들이 서로 떨어져 고독하게 살아야 할 처지가 된다면 예술보다는 정밀과학 연구를 더 좋아하게 될 것이라고 했다. 그의 말에 따르면 예술 행위는 주로 다른 사람과의 관계에서 파생된 것으로 남들에게 자신의 재주를 뽐내기 위함이지만, 수학 연구는 오로지 자신의 만족을 위한 것이다. 무인도에서라면 시인은 쓸모없는 존재지만, 수학자는 여전히 발견의 기쁨을 느끼며 전혀 고독하지 않게 살 것이다.

이것은 예술가들에게 반박의 여지를 많이 준다. 달랑베르는 몰입의 즐거움을 아는 사람이고 수학이 몰입과 지적인 만족을 준다는 것을 강조한다. 그러나 예술 행위도 자기만족과 몰입의 즐거움을 위한 것임을.

달랑베르를 언급하면서 살롱을 중심으로 한 달랑베르의 연애에 대해 말하지 않을 수 없다. 살롱의 데판 부인은 달랑베르를 자유의 노예라고 불렀다. 달랑베르는 줄리 드레스피나스라는 여인과 동거를 하게 된다. 달랑베르에게 만족하지 못한 줄리는 모라 후작, 기베르 백작 등과 연애를 했으며 끝내는 달랑베르에게 돌아와 그의 품에서 숨을 거둔다. 달랑베르는 사랑하는 여인 줄리를 위해 「마드모아젤 드레스피나스의 영혼에게」라는 글을 쓴다. 그의 연애가 거기서 끝났는지 살롱을 중심으로 여러 번 다시 이뤄졌는지에 대해선 잘 모르겠다.

1754년, 37세가 된 달랑베르는 프랑스 학술원의 종신 서기가 된다.

달랑베르는 학문으로 정치적 야욕을 펼치는 사람이 아니었고, 겸손하게 몰입하는 즐거움을 느끼는 것에 만족하는 사람이었다. 프로이센 학술원장으로 초청받았을 때 오일러보다 학문적으로 높은 위치에 앉을 수 없다며 거절했고, 러시아 캐서린 황제가 고액의 연봉을 제시하며 초청했을 때도 이를 정중히 거절했다.

그는 그의 모국 프랑스에서 나머지 생을, 당시의 유명 철학자 볼테르와 디드로와 함께 『백과전서』를 편찬하는 일로 보냈다. 『백과전서』에는 미적분과 극한에 대한 여러 학자의 해석과 더불어 달랑베르 자신의 견해도 수록되어 있어 당시의 수학을 정리하는 데 많은 도움을 준다. 달랑베르는 오일러와 같은 해에 세상을 떠났다.

수학적 시간에 대한 문학적 탐구

수학과 언어

이쯤 되면 머리가 막 아파올지도 모르겠다. 머리에 쥐가 나는 사람도 있을 것이다. 그렇다면 아주 좋은 일이다. 뇌 속에서 자극을 받은 시냅스들이 활발하게 연결되기 시작했다는 증거이니까.

수학을 어려워하는 이들은 수학 책에서 문자로 쓰인 부분은 읽어 내릴 수 있지만, 숫자와 기호가 나오면 막힌다고들 한다. 수학 기호들을 읽기가 어렵다고 한다.

왜 그럴까. 증명도 말로 풀어내면 쉽게 이해할 수 있지만, 칠판 위에 숫자와 기호들을 줄줄이 써가며 설명하면 몹시 어려워 덜컥 겁이 난다고 하는 이들을 많이 보았다. 나 또한 그런 사람들 중의 하나였다.

그 이유는 수학의 언어에 익숙하지 않기 때문이다. 사람이 언어로서 자신의 생각을 드러내듯이, 수학도 언어를 가지고 그 의미를 드러낸다. 외국인들끼리 소통하려면 서로의 언어를 배워야 하는 것처럼, 수학의 세계에서는 수학의 언어를 배워야한다. 그것은 모호한 외국어처럼 우리를 당혹스럽게 할지도 모른다. 그러나 수학의 언어는 외국어와는 또 다르다. 수학은 세계 공용어이기 때문에 일단 그 언어를 알고 나면 어디서나 수학적 소통을 할 수 있다는 장점이 있다. 동서양을 막론하고, 피아노 악보처럼 모든 나라에서 똑같은 언어를 쓰는 것이다. 얼마나 편리한가. 게다가 수학의 기호는 문자를 아름답게 꾸민 것이기에 쓰는 재미도 있다.

수학을 안다는 것은 바로 수학적 언어를 안다는 말이다. 수학이라는 언어가 형성되는 과정을 배움으로서 수학적으로 사고하는 방법을 알게 되는 것이다.

다음의 수학 기호들을 살펴보자. 기호들을 이해할 필요는 없다. 우선 그림으로 받아들이자.

이것은 적분 공식이다. 미적분을 몰라도, 수식들을 읽지 못해도 좋다.

$$\begin{aligned}\int_a^b f(x)dx &= f(a)dx+f(a+dx)dx+f(a+2dx)dx+\cdots+f(b)dx\\ &= \lim_{\Delta x\to 0}\{f(a)\Delta x+f(a+\Delta x)\Delta x+\cdots+f(b)\Delta x\}\\ &= \lim_{\Delta x\to 0}\sum_{x=a}^{b} f(x)\Delta x\end{aligned}$$

「컨택트Arrival」라는 영화의 원작인 테드 창Ted Chiang의 소설 『당신 인생의 이야기Stories of Your Life and Others』에는 외계에서 온 방문자와 소통하기 위해 애쓰는 주인공이 등장한다. 그간 할리우드 SF 영화에선 외계인들도 영어를 이해하는 걸로 설정된 경우가 많았다. 그러나 이 영화에선 우주에서 온 생명체가 인간과는 전혀 다른 언어 체계를 가지고 있는 것으로 설정되어 있다. 수학적 언어에 익숙하지 않은 사람은 적분 기호가 이 외계어만큼이나 복잡하고 어렵게 느껴질 수도 있다.

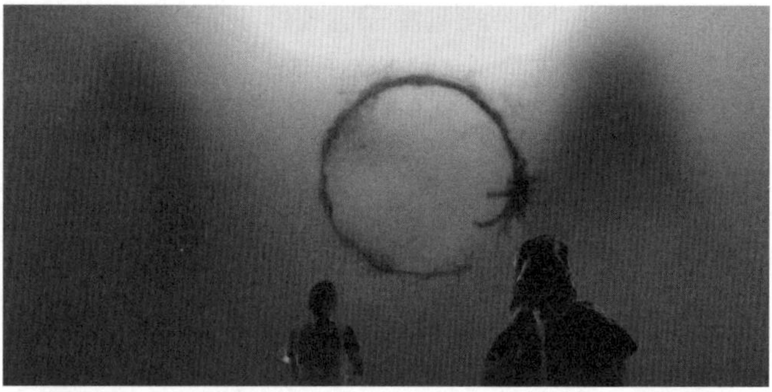

영화 「컨택트」에서 주인공이 헵타포드의 언어를 이해하기 위해 애쓰고 있다.

게다가 적분 기호를 알기까지는 시간도 오래 걸린다. 그러나 걱정할 필요가 전혀 없다. 중학교에 들어가 문자와 식을 배우기 시작했다면, 수학의 언어를 이해하기 위한 첫 걸음을 내디딘 것이다. 기다리면 된다. 놓치지 않고 계단을 밟아가다 보면 언젠가는 외계어와 같은 적분 기호도 쉽게 눈에 들어오는 날이 반드시 온다. 적어도 5, 6년이 걸리는 일이다. 그러니 조급해할 필요가 없다.

피터 빅셀Peter Bichsel의 『책상은 책상이다*Kindergeschichten*』라는 소설이 있다. 이 소설은 언어의 추상성에 대한 이야기이다. 언어는 추상적인 것이지만 약속을 통해서 구체화 된다. 처음에 책상을 책상이 아니라 양탄자라고 불렀다면 우리는 양탄자에 앉아서 수학 문제를 풀게 되었을 지도 모른다. 모두가 책상을 양탄자로 부른다면 문제가 없지만, 단 한 사람만이 책상을 양탄자라고 제멋대로 부른다면 아무도 그의 말을 알아듣지 못할 것이다. 수학 또한 언어처럼 약속을 통해 구체화된 체계이다. 수학을 한다는 것은 그 약속들을 배워나가 것과 같다.

고대 그리스인들은 수와 형태에 관심이 많았다. '세상은 무엇으로 이루어졌는가.'라는 철학적 질문을 던진 것도 이들이다. 세계가 물과 불, 공기와 흙이라는 4가지 원소로 만들어졌다는 플라톤의 사상은 지금까지도 만물의 근원처럼 전해져 오고 있다. 그리스인들은 또한 기하학을 발전시켰다. 이들은 측정하는 것과 셈하는 것 외에도 지적인 연구로서 수학을 즐겼다. 이 시대의 수학은 지적인 활동을 넘어 미학과 종교의 영역으로까지 확장되었다.

수학과 상상력

차원에 대해 상상해보자.

차원이란 시간과 공간을 이야기하는 개념이다. 이 물리학적인 단어가 사람을 표현할 때도 빈번히 쓰이곤 한다. 스스로를 '4차원'이라고 생각하는 이들도 많다. 나는 가끔 어린 아이들은 어른과 다른 차원에 살고 있는 게 아닐까 생각한다. 세 살짜리들은 자기만의 세계를 뚫고 나오기 위해 투쟁한다. 서랍을 발칵 뒤집어놓거나 엄마의 화장품을 다 없애버리거나 집안의 모든 기계들을 망가뜨린다. 4차원이 아닌 5차원쯤 되는 아기들이다.

차원이란 말은 흥미진진하다. 상상의 나래가 펼쳐지고 새로운 세계로 갈 수 있을 것만 같은 기분이 든다. 근데 4차원 세계가 과연 있긴 한 걸까? 과학 영화의 주인공처럼 나도 4차원을 경험해보고 싶다. 4차원을 경험하려면 먼저 차원에 대해 알아야 한다. 다시 유클리드의 기하학으로 돌아가 보자.

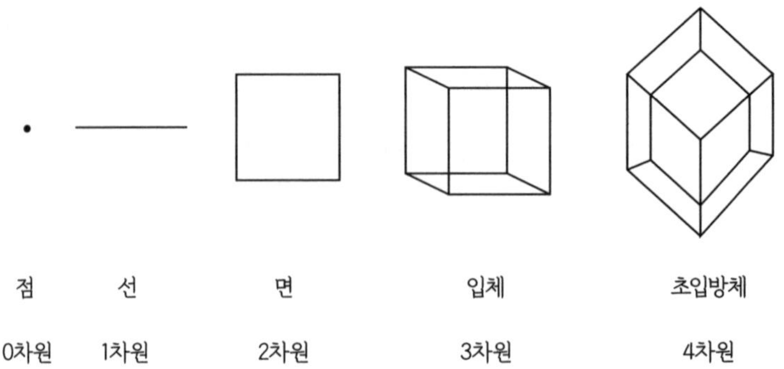

점은 쉽게 알 수 있듯이 0차원을 말한다.

1차원인 선은 이어져 있는 것처럼 보이지만, 알고 보면 점들의 연속이다.

2차원인 면은 선들이 모여 만들어진 것으로 가로와 세로가 있는 평면이다.

3차원인 입체는 가로와 세로에 높이가 더해진 것으로 부피를 갖는다.

우리가 살아가는 세상은 가로, 세로, 높이가 있는 3차원 공간이다. 그래서 우리에게 3차원은 아주 당연한 것으로 여겨진다. 4차원은 어떻게 생겼을까? 현실 너머에 있는 이 세계는 감각적으로 인지하기 어렵다보니 늘 이상한 나라 또는 마법의 세계로 그려진다. 실제로 4차원이 어떻게 생겼는지 확인할 수는 없지만, 수학적 계산으로 4차원의 도형을 만들 수는 있다. 바로 초입방체하이퍼큐브라는 것이다. 요즘은 학교에서 창의 수학 활동 시간에 수수깡으로 하이퍼큐브를 만들어보기도 한다. 입체 안에 다른 입체가 들어가 있는, 복잡하지만 매우 흥미진진한 모양을 하고 있다.

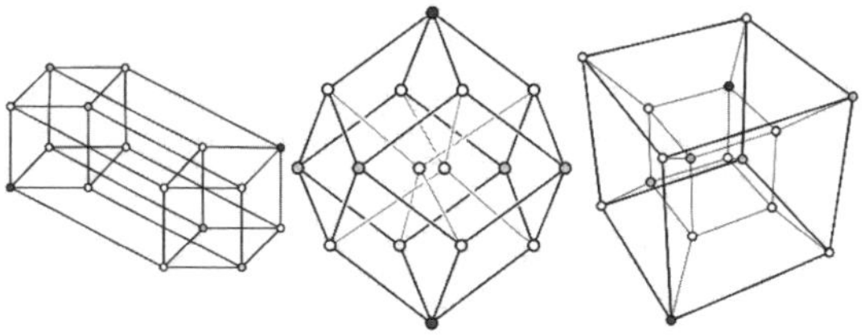

하이퍼큐브

하이퍼큐브는 3차원 공간이 이어져 있는 듯한 모양을 하고 있다. 3차원 상자에 비눗방울을 가득 채우고 옆으로 옮겨보면 이런 모양이 나타날 것 같다. 4차원은 3차원의 공간이 쌓여 있는 것일까? 비눗방울로 이어진 공간은 이쪽에서 저쪽으로 공간이 이동되는 것처럼 보인다.

4차원 이상의 세계는 3차원이 층층이 쌓여 있는 모양처럼 보인다. 그래서 사람들은 우리가 살고 있는 이곳과는 다른 세계가 바로 곁에 있을지도 모른다고 상상했다. 우리 눈에 보이지 않을 뿐, 우리보다 높은 차원에 사는 사람들은 우리를 볼 수 있을지도 모른다. 차원에 대한 상상력은 다양한 예술 장르에 영향을 주었다. 소설과 영화, 그림 속에서 우리는 차원에 대한 상상력이 어떻게 변주되는지 발견할 수 있다.

다른 차원의 공간을 알기란 어려운 일이지만, 사실 4차원의 시공간은 얼마든지 볼 수 있다. 바로 우리가 살고 있는 지금 이 순간이 4차원 시공간이기 때문이다. 뭐라고요? 우리가 4차원에 산다고요? 4차원 시공간은 바로 다음과 같은 공식으로 설명할 수 있다.

3차원 공간 + 시간 1차원 = 4차원 시공간

시간도 하나의 차원이다. 시간은 한 방향으로만 흐른다는 점에서 직선과도 같다. 그래서 시간은 직선처럼 1차원이다. 그런데 시간은 직선처럼 앞뒤로 움직일 수 있는 것이 아니고 항상 앞으로만 간다. 현재에서 과거로 돌아갈 수는 없다. 그래서 시간의 화살이라는 말도 나왔다.

시간과 공간은 아주 다르다. 공간은 얼마든지 이동 가능하고 볼 수도 있지만 시간은 그럴 수 없다. 시간은 볼 수도, 만질 수도, 무게를 잴 수도 없다. 시간은 그냥 지나가는 것이다. 그러므로 시간은 2차원이나 3차원이 될 수 없다. 타임머신이 있다면 과거나 미래로 갈 수 있을 테지만.

눈으로 볼 수 없기에 옛날 사람들은 시간을 나누고 잴 수 있는 도구로 시계를 만들었다. 지금과 같은 시계가 만들어지기 전에는 주로 해시계, 물시계, 별시계, 모래시계 등을 이용했다. 해가 지고 어두워지면 하루가 끝난다. 다음 날이 되면 다시 해가 뜨고 해가 진다.

시간이 1차원이 아니라면 지금 이 순간도 과거와 현재와 미래가 뒤섞여 뒤죽박죽이 되어 버릴지도 모른다. 모든 일에는 원인이 있고 그에 따른 결과가 있다. 그 순서가 깨진다면 삶이 아주 복잡해질 것이다. 그러나 현실세계에서 시간은 계속 앞으로만 전진할 뿐 순서가 뒤섞이는 일 따윈 결코 일어나지 않는다. '4차원 시공간'이라는 말 또한 우리가 살아가는 공간에 시간을 더한 것일 뿐, '4차원의 공간'과는 다르다. 조금 아쉽지만 우리가 살아가는 이곳이 4차원 시공간이라 걸 알게 된 것으로 위안을 삼자.

3차원 입체를 납작하게 만들면(펼치면) 2차원이 된다. 4차원도 한 단계 납작하게 만들면 3차원이 된다. 그러니 4차원 공간이란 3차원보다 훨씬 많은 것이 있는 그런 세상일 것이다. 그것이 무엇인지는 수학자나 물리학자들도 정확하게 보여줄 수 없다고 한다. 4차원에 대한 만화나 영화를 보아도 사실 우리가 사는 세상과 많이 달라 보이지 않는다. 그곳으로 가는 통로가 어질어질하고 뿅뿅 소리가 나는 이상한 공간이라는 것 외에는 진짜 4차원을 보여주는 만화나 영화는 없다. 그러니 모른다고 해도 상관이 없다. 아마 우리 아이들이 자라서 우주 비행선을 타고 우주여행을 하게 될 날이 오면 더 많은 것을 알게 되지 않을까.

4차원의 예술

컴퓨터 그래픽 속에서나 상상 속에서 4차원 입체의 전개도는 자연스럽게 하이퍼큐브로 탄생한다. 착!착!착! 경쾌한 소리와 함께. 하지만 실제로 3차원 세계에서 이 전개도를 이용해 하이퍼큐브를 만든다는 건 골치 아픈 일이다. 아래의 전개도도 4차원 입체가 3차원 공간에 비친 그림자 같은 것이다.

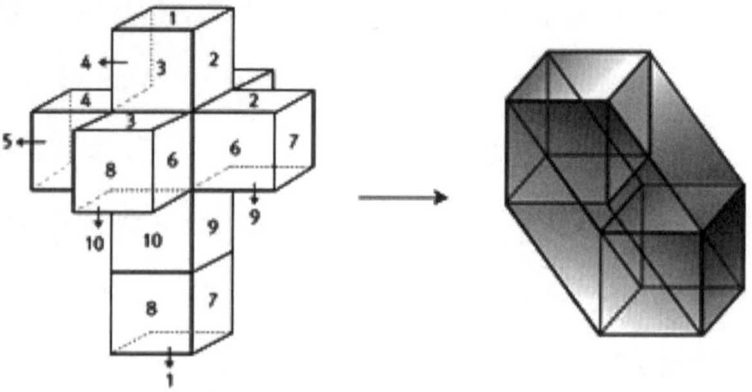

4차원 입체의 전개도

이런 하이퍼큐브, 즉 초입방체를 예술작품으로 표현한 사람이 있었으니, 이름도 신비한 살바도르 달리Salvador Dali 아저씨다. 달리는 「십자가에 못 박힌 그리스도Christ of Saint John of the Cross」라는 그림을 통해 종교적 의미를 수학적으로 표현했다. 초입방체를 이렇게 멋진 그림으로 그릴 수 있다는 것이 무척이나 신기하다.

차원의 문제, 즉 시간과 공간에 대한 개념을 표현하고자 노력한 예술가가 의외로 많다. 그들은 프랙탈을 통해서, 수학이라는 건 책상 앞에서 계산만 하는 게 아니라 자연 속에서도 얼마든지 탐구할 수 있는 대상이라는 걸 우리에게 알려준다. 에셔Maurice Cornelis Escher나 달리 아저씨의 그림들 또한 수학이나 과학도 예술이 될 수 있다는 것을 보여주는 강력한 증거다. 이토록 감성적인 수학을 그 동안 계산하는 게 피곤해서 싫어하기만 했으니, 미안한 일이다.

살바도르 달리,
「십자가에 못 박힌 그리스도」, 1954.

살바도르 달리가 그린 또 한편의 흥미진진한 그림을 살펴보자. 시계로 가득한 「기억의 고집The Persistence of Memory」은 모르는 사람이 없을 정도로 유명한 작품이다. 창의적인 구상이 떠오르지 않아 힘든 시간을 보내던 달리는 머리가 깨질 것 같은 고통 속에서 치즈처럼 흐물거리며 늘어지는 시계의 환각을 보게 된다. 거기서 힌트를 얻어 아내와 친구들이 극장에 간 사이, 두 시간 만에 뚝딱 완성한 그림이 바로 이 작품이다. 달리는 이처럼 상상력에 의지해 현실 너머의 세계를 화폭에

살바도르 달리, 「기억의 고집」, 1931.

담아냈기에 초현실주의 화가라고 불린다.

이 그림 속의 시계는 우리가 사용하는 것과는 느낌이 많이 다르다. 시간을 알려주는 시계는 고장 나거나 시간을 잘못 맞추지 않는 이상 틀릴 일이 없다. 하지만 그림 속의 시계는 왠지 제멋대로 시간을 왜곡시킬 것만 같다. 「기억의 고집」이라는 제목마저도 의미심장하다.

여러분도 나와 함께 시간에 대한 생각을 정리해보길 바란다.

- **여러분은 시간을 무엇이라고 생각하나요?**
- **하루라는 시간을 어떻게 보내나요?**
- **가장 많은 시간을 들여 몰두하는 일은 무엇인가요?**
- **시간에 대한 여러 생각들을 글로 정리해 봐요.**
- **살바도르 달리처럼 시간에 대한 그림을 그려보는 건 어떨까요?**

생각이 떠오를 때마다 한 단어로 표현해서 적어보자. 그리고 그 단어를 토대로 일기를 써보자. 여러분의 시간은 여러분만이 아는 세계다. 그러니 어디에도 정답은 없다. 오직 여러분만이 알고 있다.

『이상한 나라의 앨리스』의 세계

『이상한 나라의 앨리스*Alice's Adventures in Wonderland*』를 쓴 루이스 캐럴Lewis Carrol이 수학자였다는 사실을 알고 있는가? 그는 이웃의 어린 아이들을 즐겁게 해주기 위해 이 이야기를 지었다. 재미있는 동화처럼 보이지만 자세히 분석해보면 앨리스의 이야기 안엔 여러 수학적 장치들이 들어 있다. 특히 시간과 차원에 대한 것들이 이야기 속에 잘 녹아 있다.

앨리스가 빠진 토끼굴은 이상한 나라, 4차원 세계로 가는 통로이다. 그곳에서 앨리스가 처음으로 마주친 것은 회중시계를 보며 "늦었다, 늦었어!"라고 외치는 토끼다. 마치 21세기를 사는 현대인들처럼 토끼는 바삐 어디론가 뛰어가 버린다.

루이스 캐럴의 다른 작품 『거울나라의 앨리스*Through the Looking-Glass and What Alice Found There*』에 나오는 하얀 여왕의 세계에서는 시간이 거꾸로 흐른다. 거울 반대편 세상인 그곳에선 모든 것이 뒤집혀 보인다. 마치 4차원의 세계처럼, 결과가 먼저 일어난 후에 원인이 일어나는 희한한 세상이다. 하얀 여왕의 세계에서는 컵이 깨지기도 전에 깜짝 놀라고, 깨진 후에는 오히려 아무렇지도 않다. 신기한 이야기다.

붉은 여왕이 등장하는 대목도 흥미롭다. 체스판으로 이루어진 거울나라에서 붉은 여왕과 함께 달려가던 앨리스는 어쩐지 아무리 달려도 제자리에 머물러 있는 것만 같은 느낌을 받는다. 그 까닭을 궁금해 하는 앨리스에게 붉은 여왕이 말한다.

"앨리스, 여기서는 제자리에 있고 싶으면 죽어라 달려야 한단다. 주변 세계도 함께 움직이고 있기 때문이지. 만약 네가 앞으로 나아가고 싶다면 지금보다 훨씬 빨리 달려야할 거야."

시간은 왜 자꾸만 빨리 흘러가는 걸까? 사람들은 왜 더 바빠지기만 하는 걸까?

현재와 과거를 똑같은 시각으로 바라봐서는 안 된다. 아인슈타인Albert Einstein이 특허국에서 일하던 시대만 해도 퇴근 후 남는 시간에 상대성 이론을 연구할 만한 여유가 있었다. 그때도 지금처럼 하루가 24시간이었지만, 주변 세계가 훨씬 느리게 흘러갔기에 사람들도 여유 있는 삶을 누릴 수 있었다.

> 변화가 무서운 속도로 일어나는 현대에는 붉은 여왕의 이야기처럼 사람들이 아무리 바쁘게 움직여도 세상의 움직임을 따라잡을 수 없다. 체스판 위의 앨리스가 되어버린 현대인들은 늘 시간 부족에 시달린다.

스티븐 킹Stephen Edwin King의 소설 『11/22/63』에서 주인공은 1960년대로 시간여행을 한다. 과거로 돌아간 주인공이 처음으로 느낀 것은 느리게 흘러가는 시간이었다. 모든 것이 멈춘 것처럼 고요한 세상. 21세기는 상대적으로 모든 것이 빠르게 흘러간다. 이상한 나라의 앨리스가 사는 세상이 된 것이다.

시간과 공간, 그리고 아인슈타인 할아버지

시간의 속도는 상황에 따라 빠르게도, 느리게도 느껴진다. 이것은 단지 기분의 차이일까, 아니면 과학적으로 증명 가능한 사실일까?

시간은 어디서나 똑같이 흐르지 않는다고 말한 사람이 있다. 바로 아인슈타인 할아버지다. 아주 옛날, 뉴턴의 시대만 해도 시간은 우주 어디에서나 똑같이 흐른다고 생각했다. 이걸 '절대시간'이라고 부른다. 하지만 아인슈타인은 상대성 이론을 연구한 사람답게 시간은 어디서나 똑같은 속도로 흐르지 않는다고 말했다. 그의 이야기에 따르면 시간을 경험하는 사람만이 가지는 '고유시간'이 있다.

아인슈타인의 '상대성 이론'이라는 말을 자주 들어보았을 것이다. 상대성 이론에 대한 책들은 참 많다. 그 중에서 가장 재미있어 보이는 책을 한 권 골라 읽어보면 상대성이론을 쉽게 이해할 수 있을 것이다. 물론 인터넷 검색을 한다면 더 빠르고 쉽게 알아낼 수 있을 테지만, 그렇게 알아낸 것이 기억에 오래 남을 리 없다. 지금 여러분은 나와 함께 수학적으로 연구하는 방법을 발견하기 위해 애쓰고 있다. 그러니 좀 느리고 복잡하더라도 책을 펼쳐놓고 찾아보길 바란다.

사진 속의 할아버지는 "너희는 상대성이론이 뭔지도 모르니? 메롱!" 하고 놀리고 있는 것 같다. 상대성 이론은 우리가 사는 세계의 시간과 공간을 잘 설명해주는 원리이다. 미래를 살아갈 모든 아이들에게 꼭 필요한 지식인 셈이다.

알버트 아인슈타인
Albert Einstein, 1879-1955.

상대성 이론에 대한 간단한 예를 살펴보자. 달리는 기차 안에서 보면 나무와 풍경들이 뒤로 물러나고 있는 것처럼 보인다. 그러나 기차역에서 기차를 바라보면 움직이고 있는 것은 나무가 아니라 기차다. 우주선 안에 타고 있는 우주비행사 또한 비슷한 경험을 한다. 우주선이 매우 빠른 속도로 앞으로 달려가고 있음에도 우주비행사는 우주선의 움직임을 거의 느낄 수 없다. 가끔씩 비행사들의 눈에 행성들이 뒤로 마구 날아가는 모습이 보이는데, 사실 빠른 속도로 움직이고 있는 것은 행성이 아니라 우주선이다.

이보다 더 놀라운 상대성 이론의 핵심은 바로 이거다.

"빛의 속도로 움직이면 시간이 느려지고 길이가 줄어든다."

빛의 속도는 어마어마하게 빠르다. 우리는 아직 빛의 속도로 움직여 본 일이 없다. 우주여행의 시대가 오면 빛의 속도로 날아가는 우주선이 나올 테고, 그럼 아인슈타인 할아버지의 상대성이론을 직접 체험할 수 있는 날이 올지도 모른다. 야호! 하지만 언제?

자전거가 빛의 속도만큼 빠르진 않지만, 어쨌든 자전거를 타고 무서운 속도로 달리는 사람은 길이가 줄어들어서 홀쭉하게 보인다. 반대로 자전거에 타고 있는 사람의 눈에는 거리의 건물들이 납작하게 보인다. 이것이 바로 상대성의 세계!

길이가 줄어드는 건 알겠는데, 시간이 느려진다는 건 뭘까?

'쌍둥이 패러독스'라는 걸 통해 알아보자. 쌍둥이 중 한 사람이 1년 동안 우주여행을 떠난다. 1년 후 우주여행을 마치고 돌아온 쌍둥이는 지구에 남아 있던 쌍둥이가 자신보다 더 빨리 늙어버린 것을 발견한다. 두 사람을 둘러싼 시간이 각기 다른 속도로 흘렀기 때문이다. 과학에서도 이처럼 문학적인 비유를 들어 어려운 개념을 설명한다. 뉴턴의 사과에 얽힌 이야기도 사실이 아니라 중력을 설명하기 위한 비유였다.

동양과 서양은 많은 부분에서 서로 다르지만, 비슷한 생각을 발전시키기도 했다. 상대성 이론까지는 정립하지 못했지만, 일찍이 장자莊子도 무릉도원에서 며칠 놀다왔더니 세상의 시간은 수십 년이 흘러있더라는 이야기를 한 적이 있다.

이것은 어디까지나 수학적인 생각이다. 실제로 빛의 속도로 날아가는 우주선이 개발되긴 어렵다. 결국 장자의 사상은 철학의 영역에만 국한되는 이야기다.

어떤 물질이 있을 때, 그 물질의 영향으로 주위의 시공간이 변한다. 즉, 시간이 느려지거나 공간이 휘어진다. 이 말은 또 무슨 의미일까?

우리가 사는 4차원 시공은 언제나 일그러질 수 있다. 질량을 가진 물체가 있으면 그 주위의 시간과 공간이 휘어지고, 물체도 그 휘어진

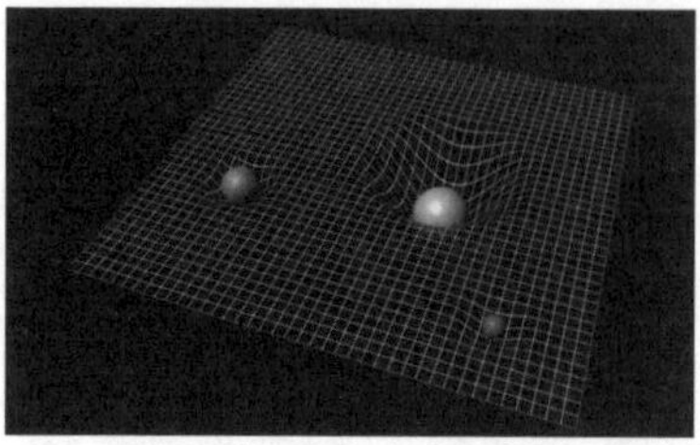
중력에 의한 시공간의 변형

궤도를 따라 운동한다. 두 사람이 들고 서 있는 얇은 천 위에 무거운 것을 올려놓았을 때를 상상해 보면 이해가 쉽다. 이걸 바로 중력이라고 한다.

중력이 무엇인지는 모두 알고 있을 것이다. 뉴턴의 사과나 만유인력의 법칙쯤은 식은 죽 먹기니까. 그러나 뉴턴이 채 알지 못했던 것들이 아인슈타인의 시대가 오면 상대성이론으로 설명이 가능해진다. 사과가 지구로 떨어지는 건, 사과를 둘러싼 시공간이 지구의 영향을 받아 휘어져 있기 때문이다. 중력이 강한 지구 쪽의 시공간은 더 급한 경사를 이루며 휘어지고 이 위에 떨어진 사과는 어쩔 수 없이 그 가파른 언덕길을 내려가 지구를 향해 굴러 떨어지는 것이다.

근데 아무리 둘러봐도 우리 주위엔 휘어 보이는 것이 없다. 대체 어떻게 된 일일까?

지구는 둥글지만 너무 커서 우리 눈에는 아무리 봐도 평평해 보인다. 이처럼, 4차원 시공도 그 휘어짐의 정도가 너무 작아서 우리가 그걸 실감하지 못할 뿐이다. 하지만 극단적으로 무거운 질량을 가진 물체가 놓여 있는 우주의 어느 부분에서는 시공 또한 극단적으로 휘어진다. 너무 심하게 휘어져서 중력까지 무너지는 곳, 그게 바로 블랙홀이다. 블랙홀 안에 들어가면 빛도 힘을 못 쓰고 빠져나오지 못한다.

자전거를 타는 것은 아인슈타인의 상대성 이론에 대해 연구하는 일이다. 자전거를 타면서 혹시 주변의 시공이 휘어지는지 관찰해 보기 바란다. 바람 한 점 없는 날이면 상대성이론을 이용해서 나 자신이 스스로 바람을 만들어 낼 수 있다. 이렇게 자전거를 타고 내달리는 것이다.

> 시골의 바람 부는 날 풍경이 생생하게 떠올랐다.
> 보리밭은 바람을 얼마나 우아하게 탈 줄 아는가.
> 큰 나무는 바람에 얼마나 안달맞게 들까부는가.
> 큰 나무와 작은 나무가 함께 사는 숲은
> 바람에 얼마나 우렁차고 비통하게 포효하는가.
>
> — 박완서, 『자전거 도둑』 중에서.

수학을 하는 여자는 위험하다

여자는 수학과 과학을 못한다?

아주 오랫동안 정설처럼 내려온 이야기이다. 고대 그리스로부터 시작해 근·현대에 이르기까지 이 책에서 언급된 여러 수학자들과 과학자들은 모두 남성이었다. 간혹가다 등장했던 여성들조차 어머니나 아내 등 그들의 가족이었을 뿐이다. 대부분의 분야가 그렇지만, 수학과 과학의 영역에서도 여성이 등장하기 시작한 것은 19세기 중후반부터였다.

그러나 여성이 참정권을 얻은 지 120년이 훨씬 넘은 지금까지도 사람들 사이엔 여자가 수학과 과학을 못한다는 통념이 남아 있다. 지난 백 년 간 수많은 여성 수학자, 여성 과학자가 배출되었는데도 말이다.

최초의 여성 수학자

여성들이 지적인 활동을 포함하여 사회의 공적 영역에 진출하기 시작한 19세기. 당시의 여성들은 남성 중심의 사회가 만들어 놓은 온갖 장애물들을 뛰어 넘기 위해 안간힘을 써야했다. 지금도 명성이 자자한 『프랑켄슈타인*Frankenstein*』이라는 소설을 쓴 작가 메리 셸리[1]는 그 뛰어난 작품을 쓰고도 자기 이름으로 소설을 발표하지 못해 남편의 이름을 빌어야 했다.

이처럼 당시의 여성들에게는 글을 쓴다는 것은 물론 수학 또한 금기의 영역이었다.

최초의 여성 수학자를 만나려면 아주 긴 세월을 거슬러 올라가야 한다. 인류의 역사를 한참 되밟아 간 끝에 만나게 되는 이는 유명한 수학자 테온의 딸 히파티아Hypatia,355-415. 그녀는 아버지의 영향을 받아 수학자가 되었지만 뛰어난 재능만큼 험난한 삶을 살아야 했다. 똑똑한 여자는 위험한 인물로 취급되던 시대였다.

히파티아는 아테네 학당에 초대된 유일한 여성이었다. 그 모습은 「아

1 **메리 셸리Mary Shelley, 1797–1851** 영국의 소설가. 공포소설, SF 소설을 최초로 쓴 작가이다. 그녀의 어머니는 페미니즘의 고전 『여성의 권리 옹호』를 쓴 메리 울스턴크래프트이다. 그녀는 메리 셸리를 낳은 지 며칠 후 사망해 저작 활동을 이어가지 못했다. 『프랑켄슈타인』은 아주 사소한 일이 계기가 되어 탄생했다. 어느 날 지인들과의 저녁식사에서 세상에서 가장 무서운 이야기를 쓰자는 대화들이 오갔다. 메리는 이 말을 잊지 않고 글을 쓰기 시작했다. 19살 때 쓰기 시작해 21살에 완성한 작품, 『 프랑켄슈타인』, 지금도 이 소설은 공포 소설의 영원한 고전이자 SF 소설의 원형으로 회자되고 있다.

라파엘로가 그린 「아테네 학당」

테네 학당」이라는 그림 속에도 나타나 있다. 그리스 철학의 중요한 인물들이 모두 나오는 이 그림에서 히파티아의 모습을 찾아보길 바란다.

한 가운데 위풍당당하게 서 있는 두 사람은 플라톤과 아리스토텔레스다. 그림을 자세히 보면 왼편의 남자는 손가락으로 하늘을 가리키고, 오른쪽 남자는 땅을 가리키고 있다. 이건 무엇을 의미할까? 플라톤은 이상주의 철학자라서 하늘을 가리키고, 아리스토텔레스는 현실에서 이상을 찾으려고 했던 사람이라 땅을 가리키고 있는 것이다. 그림은 철학의 양대 산맥인 두 사람의 차이를 상징적으로 표현하고 있다. 하늘과 땅!

그림에 숨겨진 비밀들을 하나하나 밝혀보는 것이 「아테네 학당」을 감상하는 묘미이다. 플라톤의 얼굴은 레오나르도 다빈치를 닮았고, 아리스토텔레스의 얼굴은 미켈란젤로를 닮았다는 것도 재미있다. 라파엘로는 구석에 자기 모습도 그려 넣었다. 화가처럼 빵모자베레모를 쓴 사람.

그림 속엔 당대의 유명한 학자들이 모두 등장한다. 플라톤, 아리스토텔레스, 소크라테스, 알렉산드로스, 크세노폰, 제논, 아낙시만드로스, 피타고라스, 아낙사고라스, 유클리드 등 고대 수학을 이야기할 때 한번 씩은 들어봤던 이들이다. 그림 속 인물들은 끊임없이 대화하면서 자신이 아는 것, 자신이 믿는 것에 대해 설명하고 있다.

그런데 이 그림엔 신기한 사람이 한 명 있다. 이 쟁쟁한 남자들 사이의 유일한 여성. 고대 아테네의 유일한 여성 수학자, 히파티아. 그녀는 정면을 응시하며 침묵 속에 서 있다. 라파엘로는 히파티아에게서 어떤 인상을 받았던 것일까. 생각에 잠긴 여자의 고독!

그녀는 알렉산드리아의 뮤제이온Museion, 이집트의 수도 알렉산드리아에 있던 종합 학문 연구소에서 강의를 했지만, 제자들과 동료들의 협박 때문에 제대로 수업을 할 수가 없었다. 그럼에도 히파티아는 물러서지 않았다.

그녀는 자신의 일을 사랑했다는 이유로, 꿋꿋이 자신의 신념을 따르는 삶을 살고자 했다는 이유로 죽임을 당했다. 많은 업적을 이뤘지만, 히파티아는 사람들의 기억 속에서 지워지고 잊혀졌다. 수학사의 빈칸에 묻히고 말았던 것이다.

침묵 속에 정면을 응시하고 있는 히파티아

아주 먼 훗날에야 히파티아가 유클리드 기하학, 정수방정식, 아폴로니우스의 원뿔곡선론 등 다양한 논문을 썼다는 사실이 알려졌다.

히파티아의 죽음은 중세의 마녀사냥과 비슷했다. 복잡한 정치적 문제도 하나의 이유였지만 그녀가 마녀취급을 받아 불태워진 결정적 이유는 유난히 총명하고 아름다운 여자였기 때문이다. 그녀는 길을 걷다가 잘못된 판단을 한 일부 기독교 광신도들에게 끌려갔다. 그들은 히파티아를 할퀴고 물어뜯었으며 굴 껍질로 살점을 도려낸 후 피를 철철 흘리는 상태로 불길 속에 집어 던졌다. 잔인한 학살이었다. 히파티아를 따랐던 일부 제자들은 그녀의 죽음을 오래도록 애도했다. 그들은 철학자의 망토를 입고 있던 히파티아를 추억했으며 명철한 그녀와 더 이상 대화할 수 없음을 슬퍼했다.

최초의 여성 수학자는 그렇게 거품처럼 사라졌다. 그 이후 아주 오랫동안 수학사에서 여성은 단 한 명도 등장하지 않았다. 아니, 등장하지 못했다. 기록되지 않았다는 말이 가장 정확할 것이다. 그 오랜 시간 동안 수학에 뛰어난 여성들이 왜 없었겠는가. 다만 그들은 이름을 남기지 못했을 뿐이다.

에이다 러브레이스의 모험

19세기가 되면, 마치 꽁꽁 얼었던 세상이 해빙되듯 사회의 각 분야에서 여성들이 등장하기 시작한다. 대다수의 여성들이 제대로 교육받지 못하는 열악한 환경 속에서도 그들 대부분은 자신들의 분야에서 '최초의 여성'이 되었다. 남녀를 통틀어 최초로 SF 소설을 쓴 메리 셸리처럼 세계 최초의 컴퓨터 프로그래머도 여성이었다. 이 놀라운 인물의 이름은 에이다 러브레이스Ada Lovelace, 1815-1852, 수학사에 뚜렷한 족적을 남긴 여성이다.

에이다 러브레이스는 당대의 유명한 시인 조지 고든 바이런George Gordon Byron, 1788-1824의 딸이었다. 바이런은 예술가란 핑계로 자신의 재능을 낭비하며 삶을 파탄으로 이끌어가는 유형의 남자였다. 바이런의 아내 앤 이사벨라 밀뱅크는 딸 에이다를 낳고 한 달 만에 남편을 떠났다.

앤은 딸이 아버지의 기질을 물려받았을까봐 걱정되어 어릴 때부터 엄격하게 교육시켰다. 딸이 시인이 될까봐 두려웠던 그녀는 에이다가 시와 관련된 것은 아무것도 하지 못하게 했다. 상상을 한다든가 엉뚱한 언행을 하는 것조차 허락되지 않았다.

대신 앤은 에이다에게 수학을 가르쳤다. 수학과 과학을 하면 상상력이 없는 아이로 자랄 것이라 생각했지만 그 예상은 보기 좋게 빗나갔다. 수학은 앤이 생각한 것처럼 현실적이고 확실한 것만은 아니었다. 에이다는 수학이 자극하는 상상력으로 괴로워했다. 수학의 불확실성 속에서 음수와 허수에 대해 궁금해 했다. 어느 날은 비행기를 상상하다가 까마귀의 날개를 해부하기도 했다. 상상의 수와 차원에 대해 끊임없이 생각했다. 결국, 에이다는 그림을 그리고 글을 쓰며 세상의 모든 신기한 것들에 대해 연구를 시작했다.

> 시인의 피를 타고난 에이다는 수학 교육을 받음으로써 시적인 수학자가 되었다. 수학자들 중에는 그녀처럼 의외로 시를 잘 쓰는 이들이 많다. 이성적일 것만 같은 수학도 감수성과 깊은 연결고리를 갖고 있다.

『길 위의 수학자』라는 책은 수학에 관한 책이지만 얼핏 봐선 시집처럼 보인다. 처음부터 끝까지 시로 쓰여 있기 때문이다. 저자인 릴리언 R. 리버Lillian Rosanoff Lieber, 1886-1986는 책 속에서 추상화 능력이 인간에게 특별한 것임을 피력하며 수학도 추상화를 통해 이뤄진다고 말한다. 이처럼 수학과 예술은 멀지 않은 곳에 있다.

2010년, 수학의 노벨상이라고 불리는 필즈상을 탄 프랑스 수학자 세드릭 빌라니Cédric Villani, 1973-의 책 『살아 있는 정리』는 시적인 문장들로 가득하다. 그는 다음과 같이 말한다.

> "상상해보라. 평화로운 여름날 오후, 숲속을 산책하다가 어느 연못 근처에서 발길을 멈췄다. 사방은 고요하고 바람 한 점 없다."

뉴턴을 생각나게 하는 문장이다. 미국 프린스턴 대학에는 프랑스처럼 '껍질이 바삭한 바게트'가 없는 게 아쉽다고 익살스럽게 말하는 세드릭. 그는 자신의 책에 동료와 "지겹다!"라고 대화한 내용을 쓰기도 하고 샹송의 가사에 대해 논하는 내용을 집어넣기도 했다. 이런 내용은 우리가 그간 생각해왔던 수학책과는 전혀 다르다. 숫자와 기호들로 가득 차 있는 줄로만 알았던 수학책 안에 세상을 살아가는 온갖 이야기들이 담겨있다. 세상에!

물론 그가 연구한 수학적 내용에 대해 듣는 순간 갑자기 두통이 오기는 한다.

"비선형 란다우 감쇠와 볼츠만 방정식에 대한 균형 수렴 증명!"

네? 뭐라고요?

나는 세드릭을 무척 좋아한다. 그가 나와 동시대인이기 때문이다. 1973년생으로 나와 동갑인 그는 2010년, 37세가 되던 해에 필즈상을 받았다. 그 해에 나도 셋째 아이를 낳았으니 우리 둘 모두에게 2010년은 기념할 만한 해이다.

세드릭은 특이한 수학자이다. 옛날 왕자표 단발머리, 빨간 실크 스카프, 검은 양복 그리고 커다란 거미 브로치. 그는 수학을 스타일로 승화시킨 개성이 넘치는 수학자이다.

자, 지금은 여성 수학자에 대해 이야기하는 중이다. 위대한 남성 수학자들이여, 미안! 이제 다시 에이다로 돌아가자.

에이다는 컴퓨터의 기반을 마련한 찰스 배비지Charles Babbage, 1791-1871와 운명적 만남을 갖게 된다. 물론 배비지는 죽을 때까지 완벽한 기계식 계산기를 완성하지 못했지만, 그 연구를 바탕으로 훗날 컴퓨터가 개발되었기 때문에 '컴퓨터의 아버지'라고 불린다. 그런데 그의 업적에 지대한 공헌을 한 에이다의 이름은 어디에 있을까. 그동안 학계에서는 그녀의 역할이 단지 배비지의 이론과 생각을 가장 잘 이해했던 조력자에 그쳤는지 아니면 그 안의 많은 부분이 그녀가 새롭게 고안해 낸 개념들이었던 건지에 대해 끊임없는 논란이 있었다. 많은 사실들이 새롭게 밝혀진 지금, 우리는 에이다를 '최초의 컴퓨터 프로그래머'라고 부를 수 있게 되었다.

에이다는 모험심이 강했다.

배비지의 저택에서 열린 파티에 초대받았을 때, 에이다는 놀라운 기계를 보게 된다. 바로 차분기관 혹은 해석기관이라고 불리는 기계로 최초의 컴퓨터에 해당되는 것이었다. 에이다는 차분기계에 매료되어 배비지에게 "내 머리를 써요!"라고 선언했다. 에이다는 '연구 기계'와도 같았다. 배비지가 기계를 발명할 수 있는 기초적인 연구는 모두 에이다가 했다. 에이다는 해석기관에 대한 연구를 했고 최초의 컴퓨터 과학에 대한 논문을 썼다. 이 논문 안엔 현대적 시점으로 보았을 때도 전혀 손색이 없는, 완성된 컴퓨터 프로그램이 쓰여 있다고 한다.

에이다는 열아홉 살에 결혼해 바이런이라는 이름 대신 러브레이스란 이름을 갖게 되었다. 결혼 후 세 명의 아이를 낳고 셋째 아이 출산

후엔 산후 우울증에 시달리면서도 배비지의 동료로서 연구에 열중했다. 에이다는 평생 아버지를 극복하고자 애썼다. 아버지처럼 살지 않겠다고. 재능을 탕진하지 않고 사회에 공헌하겠다고 마음먹기도 했다.

그 소망은 거의 이뤄질 듯 했지만, 안타깝게도 에이다 러브레이스는 36세에 자궁암으로 세상을 떠나고 말았다. 그녀가 좀 더 오래 살았더라면 지금 우리는 또 다른 세상에서 살고 있었을지도 모를 일이다.

계산하는 여자들

과학에서는 계산이 매우 중요하다. 정확한 계산이 없이는 우주선을 띄울 수 없다. 한 치의 오차도 허락되지 않는 세계. 0.001도의 오류는 치명적인 결과를 낳고 결국 우주선은 달에 가지 못한다.

아주 오래 전 여성들은 수학과 과학을 배울 수 없었다. 그런데 19세기 중반부터 계산하는 일이 여성들에게 주어지기 시작했다. 1차 산업혁명 이후 100년쯤 지난 시점에서, 좀 더 나은 기계를 만들기 위해 계산과 같은 단순 노동이 여성들에게 주어졌던 것이다. 여자들은 하루 온종일 작업에만 매달리며 어렵고 지루한 계산을 정확하게 해냈다. 이런 사회 분위기에 힘입어 여성 수학자들이 역사의 전면에 본격적으로 등장하기 시작한다.

18세기에는 마리 소피 제르맹Marie-Sophie Germain, 1776-1831이, 19세기에는 소냐 코발레프스카야가 있었다면 20세기를 대표하는 여성 수학자로는 에미 뇌터Emmy Noether, 1882-1935를 들 수 있다.

에미 뇌터는 아인슈타인과 함께 상대성이론에 대해 연구한 인물이다. 독일 출신인 그녀는 2차 대전 중 유태인이라는 이유로 수학 교수직을 박탈당했다. 다행히 미국의 수학자 휠러가 그녀를 미국으로 초청했고 프린스턴 대학에서 아인슈타인을 만나 상대성 이론 연구를 돕게 되었다. 뇌터는 현대 대수학을 정립하는 데 큰 역할을 했으며 에너지 보존 법칙을 수학적 대칭성으로 설명해 상대성이론에 기여하기도 했다.

독일에 있을 때 그녀는 정교수가 아니라는 이유로 월급을 받지 못하면서도 강의와 연구를 계속 했다. 수학 연구를 위해 가난한 삶을 택했던 그녀는 가족들에게 조금씩 도움을 받으면서 검소하게 살았다. 헐렁한 원피스에 천으로 짠 신발을 신고 다녔던 까닭에 종종 놀림감이 되곤 했지만 뇌터는 신경 쓰지 않았다. 1922년, 괴팅겐 대학의 초빙교수가 되었을 때도 그녀의 직함은 비공식 부교수였다. 이유는 단 하나, 뇌터가 여성이었기 때문이다. 역사상 가장 위대한 수학자라고 평가받는 천재였음에도 불구하고 시대를 뛰어 넘기란 어려운 일이었다. 탁월한 재능을 지닌 수많은 여성들이 능력을 펼쳐 보지도 못하고 조용히 살다 떠나가던 시절이었다. 뇌터 또한 한참 정력적으로 연구를 하던 53세의 나이에 자궁암으로 세상을 떠났다.

뇌터는 요즘 표현대로 '큰 그림'을 그린 이였다. 시대가 만들어내는 온갖 장애물과 차별 속에서도 그녀는 수학과 물리학을 떠나지 않겠다고 결심했다. 이 세상 어느 누구보다 수학과 물리학을 사랑했던 그녀는 성품마저도 다정하여 동료에게 "막 구운 빵처럼 따뜻했다."라는 평가를 받기도 했다.

> 그녀는 세상의 절반을 차지하고 있는 여성이 단지 '여성'이라는 이유로 아무것도 이루어 내지 못하는 상황을 매우 안타까워했다.

이런 상황을 조금이라도 개선하기 위해 그녀는 교수로 일하는 동안 후학들에게 좋은 멘토가 되고자 애썼고 제자들이 학위를 딸 수 있도록 열정적으로 지도했다. 그런 그녀의 열정을 기려 독일에서는 여성 학자들을 후원하는 '에미 뇌터 프로그램'이란 것을 만들었다. 4년마다 열리는 '세계수학자대회'에서는 뛰어난 여성 수학자를 선정해 시상하고 에미 뇌터의 이름을 딴 'ICM 에미 뇌터 강연'의 연사로 초청해 강연을 한다. 이 강연을 통해 많은 여성 수학자들이 세계무대에 당당히 설 수 있게 되었다.

21세기라는 시공간에서

19세기 이전, 여성은 대학에 입학하는 것이 금지되었다. 이런 열악한 시대적 환경에도 불구하고 뛰어난 업적을 남긴 여성들은 각고의 노력을 한 인물들이다. 다행히 여성의 권리 운동이 시작되면서 대학이 아주 작은 틈들을 내주었다. 분야마다 한두 명씩 대학 교육을 받을 수 있게 된 여성들이 생겨나기 시작했던 것이다.

21세기에는 많은 것이 달라졌다. 그리고 2014년, 드디어 여성 수학자가 필즈상을 수상했다. 21세가 무르익어 가는 시점에야 나온, 너무 늦은 여성의 필즈상 수상. 더 안타까운 건 그 주인공이 유방암으로 일찍 우리 곁을 떠났다는 것이다.

마리암 미르자카니Maryam Mirzakhani, 1977-2017, 향년 40세의 이야기다.

마리암은 2014년, 세드릭과 같은 나이인 37세에 필즈상을 받았다. 이란 출신인 그녀는 미국의 하버드 대학에서 공부했다. 상대적으로 늦은 나이인 고등학교 때 본격적으로 수학 공부를 시작해 31세에 스탠퍼드 대학의 수학과 교수가 되었다. 수학에 전혀 관심이 없던 사람이 수학의 천재가 된 특이한 경우다. 마리암이 열정적으로 연구한 분야는 현대 기하학과 위상수학位相數學, topology이었다.

기하학에는 유클리드 기하학과 비유클리드 기하학이 있다. 유클리드 기하학에서는 삼각형 내각의 합이 180도이다. 비유클리드 기하학에서는 이것이 성립하지 않는다. 풍선에 삼각형을 그려보면 곡면을 따라 휘어지고 내각의 합이 180도 이상이 되는 걸 발견하게 된다. 달리 말하면, 유클리드 기하학에서 직선은 항상 똑바르게 앞으로 가지만 비유클리드 기하학에서는 직선도 휘어질 수 있다. 비유클리드 기하학은 지구가 둥글다는 것만큼이나 파격적인 발견이었다. 기하학의 공간이 우주로 확대되었기 때문이다. 구겨지고 뒤틀어지는 다양한 차원의 기하학 세계.

위상수학은 공간 속에서 점, 선, 면의 위치와 모양에 관한 학문이다. 유클리드적 도형들(우리가 아는 일반적 도형들)도 다양한 공간 속에 놓이면 다양한 모양으로 변형된다. 뫼비우스의 띠나 클라인 병과 같은 곡면을 보라.

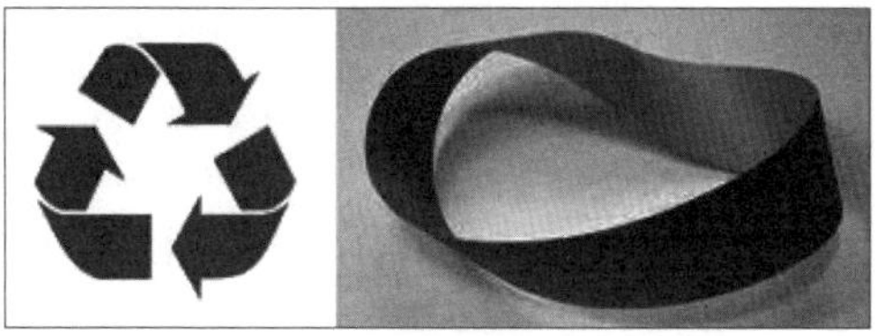

뫼비우스의 띠

그녀는 쌍곡 기하학에 대한 논문 「리만 곡면의 역학, 기하학과 모듈라이 공간」으로 2014년 서울에서 열린 세계수학자대회에서 필즈상을 수상했다. 젊은 수학자였기에 그녀는 아직 책에 많이 기록되지 않은 상태다. 그녀에 대해 더 많은 것을 알고 싶다면 학술지의 논문과 신문의 인터뷰들을 찾아보면 된다.

> 그녀는 스스로를 가리켜 '느린 수학자'라고 말했다. 빠르게 답을 찾는 방식을 거부하고, 한 가지 문제를 풀기 위해 자신이 아는 모든 지식을 바탕으로 천천히 접근해서 푸는 방식을 즐겼다. 시간이 많이 걸렸지만, 그녀는 결국 해냈다.

수학자로 일한다는 것은 어떤 모습일까. 산책을 하면서 머릿속으로는 수식에 대해 고민하는 아인슈타인이나 땅에 그림을 그리는 아르키메데스가 떠오른다. 여성 수학자들은 상황이 많이 다르다. 마리 소피 제르맹은 바느질하고 아이들을 돌보면서 수학에 대해 생각했다. 많은 여성들이 아이를 돌보고 집안일을 하면서 틈나는 시간마다 끊임없이 연구를 이어나가기 위해 애썼을 것이다. 아이들이 잠들고 나면 그제야 피곤한 몸으로 부엌 테이블에 앉아 지적인 생산을 해보려고 노력하다가 좌절하기도 했을 것이다.

다행히 21세기 여성인 마리암은 대학 교수로서 자신의 연구실을 가질 수 있었고 그곳에서 자신의 일에 집중할 수 있었다. 그녀의 딸은 인터뷰에서 엄마가 집에서 일할 때 마치 화가 같다고 말했다. 커다란 종이를 펼쳐 놓고 수식을 쓰고 그래프를 그리는 모습이 그림을 그리는 것처럼 보였다고 한다.

수학을 하려는 목적은 수학 안에 숨겨져 있는 아름다움을 찾아내기 위해서다. 고대부터 현대에 이르기까지 모든 수학자들을 매료시킨 수학의 아름다움, 수학자 마리암 미르자카니 또한 그것에 좀 더 가까이 다가가기 위해 수학을 했다. 자신의 모국어가 아닌 서툰 영어로, 그 어떠한 두려움이나 부끄러움 없이 그녀는 평생 수학 연구에 매진했다.

앞으로는 수학사 책에 그녀의 이름이 활발하게 거론될 것이다. 스스로를 느린 수학자라고 칭했던, 그러나 너무도 빨리 우리 곁을 떠난 안타까운 수학자로 말이다. 마리암은 동시대 여성 그리고 미래의 여성들에게 영감을 주었으며 나아가 모든 미래 세대에게 좋은 영향력을 끼쳤다.

그녀는 다음과 같은 말을 남겼다.

"10대에 수학을 할 때는 재능이 중요한 게 아니다. 내가 재능이 있다고 느끼는 것이 중요하다."

이 말은 자신을 의심하지 말라는 말이다. 10대의 청소년들은 쉽게 흔들리고 쉽게 좌절한다. 아무것도 할 수 없다고, 무력하다고 느낄 때가 많다. 그럼에도 불구하고 자신이 할 수 있다는 걸 믿는 게 중요하다. 이 말은 "난 할 수 있어!"라는 말과는 다르다. 자신이 무엇을 할 수 있는지에 대해 고민해 보고 찾아가는 과정. 그리고 그 과정에서 원하는 걸 찾지 못하더라도 끝까지 자신을 믿는 것, 그것만이 중요하다. "난 나야!"라고 선언해 보자. 결과적으로 처음의 희망과는 전혀 다른 지점에 도달할 수도 있다. 그러나 그것은 다른 삶이지 결코 실패가 아니다. 나 자신이 누구이든, 내가 어떠한 재능을 가졌든 간에 상관없이 자신을 믿고 느리더라도 계속 앞으로 가보는 것이다. 보폭이 좁더라도 괜찮다. 서툴러도 괜찮다. 어차피 사람은 영원히 완벽함에 도달하지 못한다. 제논의 역설처럼, 완벽주의는 느림을 따라잡지 못한다. 우리 삶의 목표는 자기 자신이 되는 것이지, 완벽해지는 것이 아니다.

빈 캔버스 앞의 화가는 백지의 공포에 사로잡힌다. 손은 바윗덩어리 같다. 도저히 그림을 그릴 수 없을 것 같은 막막함을 이겨내기 위해 화가는 아무렇게나 붓을 한번 움직여본다. 그 첫 순간이 가장 어렵다. 곧 수백, 수천 개의 점과 선이 손끝에서 태어나고 여백이 채워진다. 그러다 보면 서서히 형태가 드러나고 그림자까지 보태지면 마침내 자신이 그림을 그리고 있다는 확신을 갖게 된다. 그림이 완성되는 건 나중의 일이다. 바로 지금 그림을 그리고 있다고 느끼는 것, 그것이 중요하다.

SF 소설의 대가 레이 브래드버리Ray Bradbury, 1920-2012의 작품 『민들레 와인*Dandelion Wine*』에는 모든 순간 자신이 생생하게 살아 있음을 느끼는 소년이 나온다. 아마도 청소년의 능력은 그것일 것이다. 자신이 살아 있다고 느낄 수 있는 것. 그것이 어른들은 잃어버린, 시간의 길을 볼 수 있는 아이들의 감각이자 삶에 대한 재능일 것이다.

수학보다 아름다운 것이 있다면 바로 여러분 자신이다.

제3장

아마추어 수학자가 되자

수학은 과학과 마찬가지로 현대의 디지털 사회를 이끌어 나가는 중요한 코드이다. 그러나 수학을 익히는 과정은 아날로그가 아니면 안 된다. 수학은 악기와 마찬가지로 손으로, 몸으로 익히는 것이지 기계로 대신할 수 없는 것들이기 때문이다. 수학 공부를 아날로그적인 방식으로 하지 않으면 사상누각이 될지도 모른다. 젓가락질이나 칼로 연필을 깎는 것, 연필로 글씨를 쓰는 것 등 손의 섬세한 조작 능력이 인간에게 얼마나 중요한 것인지 잊으면 안 된다.

∮ "순수 수학 그 자체는
논리적인 아이디어로 구성된 시詩다."

—알버트 아인슈타인

아마추어 수학자 되기의 실제

수학은 수박 같은 것

아마추어 수학자가 되려고 할 때, 오로지 수학 공부만 열심히 해야 되는 건 아니다. 수학은 명백한 논리로 대변되므로 냉철하고 이성적으로 보이지만, 그것은 단순히 겉모습일 뿐이다. 많은 수학자들은 예술가처럼 영감을 기다리며, 뼈아프게 철학한다. 아주 작은 생각의 고리라도 놓치지 않으려고 몰입하며 고민과 좌절의 과정을 통해 공식을 만들어 낸다. 결과물은 냉정해 보이는(그래 보이지만 결코 냉정하지 않은) 수數, 혹은 논리적 규칙으로 귀결될지라도 그 과정 즉, 생각한다는 인간적 행위 자체는 따뜻하다. 생각이란 머리뿐만이 아니라 가슴으로 해야 하는 것이므로! 수학은, 단단한 껍질을 가졌지만 안엔 빨갛고 시원하고 보드라운 과육을 품고 있는 수박과 같다!

문제를 푸는 능력은 연습을 통해 향상시킬 수 있지만, 다른 것은 그렇지 않다. 사고력을 키우겠다고 사고력 문제집을 풀어봤자 아무 소용없다. 그렇게 키워진 사고력이라면 이미 자유롭지 못하기 때문이다. 아마추어 수학자가 되어 수학을 철학과 예술과 문학의 영역으로 범위를 넓혀가며 깊이 이해하려 들자면 오랜 시간의 노력이 필요하겠지만, 방법이 없는 것은 아니다. 지금부터는 수학에 전혀 관심이 없더라도, 조금은 지적이고 풍요로운 생활을 하기 위해 필요한 요건과 방법들에 대해 말해보려 한다. 이것은 나의 개인적인 경험과 생각에 바탕을 둔 것임을 밝혀둔다.

즐거운 책 읽기

아마추어 수학자가 되기 위한 첫 번째 관문, 충만하다 못해 철철 넘치는 감수성!

모든 일이 그렇겠지만, 특히 아마추어 수학자가 되려면 상상력과 창의력이 풍부해야 한다. 수학은 고정되어 있지 않기에 끊임없이 우리들의 도전을 받고 싶어 한다. 수학을 하려면 끝없이 생각해야 하고 그 생각을 뒤집어 보거나 흔들어 봐야 한다. 수학에 말을 걸어 보려면 머리와 마음을 물렁물렁하게 자극해야 할 필요가 있다. 아마도 책이 가장 쉽게 그 길로 인도해 주지 않을까.

나는 외출할 때 항상 책과 필기구를 챙겨서 나간다. 언제 어디서 생겨날지 모를, 책을 읽거나 낙서를 할 수 있는 자투리 시간을 적절히 활용하기 위해서다. 약속 시간에 친구가 늦게 올 수도 있고, 여러 가지 일을 처리하는 과정에서 빈 시간이 생길 수도 있고, 혼자서 거리를 돌아다니다가 앉아서 쉬고 싶은 생각이 들 때도 있기 때문이다. 책은 언제 어디서나 즐기는 휴대용 가상체험기다. 버스정류장, 터미널 대합실 등 멀거니 서 있거나 앉아 있어야 하는 모든 장소에서 책 읽기는 가능하다. 여행지나 잠들기 전의 침대맡은 책 읽기에 최적의 공간이다.

내가 가장 책을 많이 읽었던 장소를 꼽아 보면 1위가 바로 지하철 안이다. 대학에 다닐 때 인천에서 서울까지 4년 동안 통학을 했었다. 지하철을 타고 이동할 때 책이 없었다면 피곤하고 지루한 여행이 되었을 것이다. 인천에서 서울까지는 그리 먼 거리가 아니지만, 시의 경계를 넘는다는 것만으로 느껴지는 심리적 부담이 있었다. 나중에 다시 서울로 돌아가서 살았는데 집이 가깝다는 게 얼마나 좋았는지 모른다. 지하철의 편리함은 서울에 살 때 더 빛을 발한다. 수도권 외곽에서 서울로 진입하는 것은 무척 고단한 일이다. 학교에 도착하기도 전에 나는 신도림역쯤에서 지쳐버리기 일쑤였다.

예전엔 지하철에 앉아 잠을 청할 수 있는 기회가 그리 흔치 않았으므로 서서 가는 지루한 시간을 견디기 위해 책은 없어선 안 될 소중한 것이었다. 지금은 지하철이 상당히 편안한 운송수단이 되었지만, 예전엔 지옥철이라 불릴 정도로 끔찍했다. 출근 시간이면 개미떼처럼 모여든 사람들이 저마다 먼저 타겠다고 몸싸움을 벌이는 아비규환의 현장이었다. 급기야 90년대엔 푸시맨까지 등장했는데 주로 공익근무 요원들이 그 일을 담당했다. 기다란 깡통 속에 사람들을 구겨서 꽉꽉 밀어 넣는 게 그들의 일이었다. 지하철 안에서도 오랜 시간 동안 고통이 지속되었다. 당시의 열차는 지금보다 훨씬 느렸다. 두 발을 더 편안하게 두려고 서로를 밀치다 보면 싸움이 일어나기도 했다. 출근 시간의 지하철 안에선 별의별 사건들이 다 있었다. 여성전용 칸을 타지 못하면 담뱃진 냄새가 나는 아저씨들과 몸을 부대끼며 달려야 했고, 멍하니 서 있다가 성추행의 피해자가 되기도 했다. 그나마 휴대폰이 없던 시절이라 대부분의 아침 열차는 조용했다.

처음 부평역에 도착했던 6학년 때의 충격적인 기억이 아직도 생생하다. 인천의 부대로 발령이 난 아버지를 따라 우리 가족은 3년 정도 머물렀던 대전에서 즉각 철수, 인천으로 올라오게 되었다. 이삿짐이 먼저 올라갔고 엄마와 언니와 나는 기차를 타고 서울역에 도착해 전철을 타고 부평으로 왔다. 생전 처음 타 보는 만원 전동차 안에서 나는 균형을 잡지 못해 이리 쏠리고 저리 쏠렸다. 엄마와 언니는 어디에 있는지 찾을 수조차 없었다. 나는 열세 살치고는 큰 160cm의 키에 빨간 초등학생용 사각 가방을 둘러메고 있었고 엄마와 언니는 이불 보따리를 들고 있었다. 부평역에 내려 위쪽을 올려다보니 계단을 올라가는 사람들이 「피리 부는 사나이」에 나오는 쥐새끼들의 검은 물결처럼 보였다. 지금은 지하철역이 깔끔하게 정돈되었다. 나의 독서실인 지하철이 쾌적해진 것은 참으로 다행스러운 일이다.

> 책을 펼치면 이곳이 아닌 다른 곳으로의 여행이 가능해진다. 그런 느낌은 특히 소설을 읽을 때 더욱 강해진다. 전혀 낯선 장소, 전혀 낯선 상황 그리고 오로지 문자로만 형성된 낯모르는 이의 이미지를 그려가며 소설을 읽다 보면 인생으로의 깊은 여행을 하는 것과 같은 기쁨을 느끼게 된다.

책은 되도록 다양하게 읽는 것이 좋다. 인문·사회 분야의 책뿐만 아니라 과학을 쉽게 배울 수 있는 책, 미술사학, 철학, 심리학, 여성학 등 여러 분야의 책을 읽되 그 목록 중에 소설도 제법 많이 끼워 넣기를 권한다.

흔히들 소설은 심심풀이로 읽는 거라고 생각한다. 물론 그렇다. 소설을 좋아하는 사람들은 소설을 읽으면서 크나큰 즐거움을 발견한다. 반면 어떤 이들은 소설을 뻔한 이야기나 거짓말로 치부해 버리거나 소설을 읽은 건 시간을 낭비하는 짓이라 여긴다. 그러나 인간을 이해하기에, 특히 타인을 이해하고 마음의 지평을 열기에 소설만큼 좋은 것은 없다. 러시아를 알기 위해 어려운 역사책을 읽는 것보다 톨스토이Leo Tolstoy나 도스토옙스키Dostoevski의 소설을 읽는 것이 훨씬 마음에 와 닿을 수 있기 때문이다.

소설을 읽으면 비루한 인간 삶의 다양함을 간접 체험할 수 있고 타인의 삶에 대한 이해심도 깊어진다. 인간이 살면서 할 수 있는 체험이란 게 얼마나 한정되어 있는가. 그리고 사람이란 얼마나 편협해질 수 있는가. 소설 읽기가 그 함정을 유유히 빠져나올 수 있게 도와줄지도 모르는 일이다. 감정을 이입하여 울고 웃는 사이 타인의 삶을 다정하게 바라보는 여유를 갖게 될 것이다.

고전소설 읽기는 즐거운 체험이다. 『폭풍의 언덕*Wuthering Heights*』이나 『제인 에어*Jane Eyre*』를 읽고 눈물을 흘려 본 경험을 갖고 있는 사람이라면, 어렵사리 고전 문학 한 권을 다 읽었을 때 마치 산 하나를 넘은 것과 같은 충만한 기쁨을 느껴 보았을 것이다. 고전 속엔 뭔가 특별한 것이 있다. 고전 읽기는 계속되어야 한다.

수학 전공자가 아닌 아마추어 수학자도 책을 통해 연구해 나가는 것이 가장 손쉬운 방법이다. 나도 가끔 연구에 필요한 전문서적과 문제풀이에 필요한 수학 문제집을 살펴보기 위해 서점을 찾는다. 요즘 학생들은 어떤 과정에 맞춰 공부하는지 파악하기 위해서이다.

서점에서 새로운 문제집을 몇 권 사가지고 올 때도 있다. 나는 책을 사는 데 돈을 아끼지 않는 편이지만 수학 참고서를 살 때는 가끔 아깝다는 생각이 든다. 실제 중고교의 참고서 가격이 날로 높아지는 것도 사실이다. 대부분의 학생들은 학년이 바뀌면 참고서를 버리는 경향이 있는데 그 중 대부분의 책이 아주 깨끗하다. 덕분에 학기가 끝나거나 시작될 무렵, 아파트의 분리수거일에 좋은 책들을 구하는 경우도 더러 있다.

나는 한번 산 문제집은 반복해서 보는 편이다. 깨끗하게 보다가 나중에는 단원별로 뜯어서 가볍게 가방 안에 넣고 다니기도 한다. 참고서 가격이 부담스러울 때면 철 지난 것을 사는 것도 괜찮겠다는 생각이 들어 헌책방에 들러 보기도 한다. 헌책방에 들른 길에 시간을 내어 꼼꼼하게 둘러보면 이미 절판되어 구할 수 없는 양서들을 만나게 되는 행운을 누리기도 한다. 특히 60~70년대의 한국 소설을 발견하게 되면 무척이나 반갑다.

책은 가장 쉽게 배움의 기쁨으로 인도해 주는 도구이다. 게다가 한정되기 쉬운 상상력을 무한으로 확장시켜 주므로 대단히 고마운 존재다. 상상력 없는 수학은 침대에 누운 수학이라고, 노트 위에 낙서해 본다.

아마추어 수학자를 위한 수학 서적

서점에 가면 다음 책들을 눈여겨보자. 수학책을 고를 때는 반드시 서점에 가서 찾는다. 책 전체를 관통해서 후루룩 빠르게 훑어보고 내 책이라는 느낌이 확 꽂히는 책을 산다. 이해하기 어려운 책이라면 소용없기 때문이다.

수학귀신
한스 마그누스 엔첸스베르거 글 | 고영아 옮김 | 비룡소
(수학 동화의 스테디셀러)

수학 걸
히로시 유키 글 | 김정환 옮김 | 동아일보사

햄버거보다 맛있는 수학 이야기
요시자와 미쓰오 글 | 김정환 옮김 | 블루엘리펀트

재밌어서 밤새 읽는 수학 이야기

사쿠라이 스스무 글 | 조미량 옮김 | 계영희 감수 | 더숲

수학자의 낙원

드니 게즈 글 | 이세진 옮김 | 정경훈 수학 해설 | 해나무

앵무새의 정리 1, 2, 3

드니 게즈 글 | 문선영 옮김 | 이지북

(1999년에 이끌리오에서 출간된 책의 개정판)

수냐의 수학 영화관 – 영화로 수학 읽기, 수학으로 세상 읽기

김용관 글 | 궁리

우주는 수학이다 – 우주의 은밀한 숫자들

제임스 D. 스타인 글 | 전대호 옮김 | 까치글방

마틴 가드너 수학자의 노트 – 수리 논술 · 대수 · 조합 · 논리 · 기하

마틴 가드너 글 | 윤금현 옮김 | 보누스

수학홀릭 페르마의 마지막 정리

유키 히로시 글 | 김정환 옮김 | 김상정 감수 | 동아일보사

페르마의 마지막 정리

사이먼 싱 글 | 박병철 옮김 | 영림카디널

뷰티풀 마인드

실비아 네이사 글 | 신현용·이종인·승영조 옮김 | 승산

누구나 수학 – 생활 속에서 재미있게 배우는 수학 백과사전
위르겐 브뤽 글 | 정인회 옮김 | 오혜정 감수 | Gbrain

대통령을 위한 수학 – 민주주의를 애태운 수학의 정치적 패러독스
조지 슈피로 글 | 차백만 옮김 | 살림

괴델, 에셔, 바흐 : 영원한 황금 노끈(상·하)
더글러스 호프스태터 글 | 박여성 옮김 | 까치글방

청소년을 위한 시간의 역사
스티븐 호킹 글 | 전대호 옮김 | 이명균 감수 | 웅진지식하우스

호두 껍질 속의 우주
스티븐 호킹 글 | 김동광 옮김 | 까치글방

부탁해요, 아인슈타인 – 아인슈타인의 과학철학
장 클로드 카리에르 글 | 이세진 옮김 | 모티브북

에이다, 당신이군요. 최초의 프로그래머 – 컴퓨터 탄생을 둘러싼 기이하고 놀라운 이야기
시드니 파두아 글 | 홍승효 옮김 | 곰출판

소피아 코발레프스카야 – 불꽃처럼 살다간 러시아 여성 수학자
코둘라 톨민 글 | 김혜숙 옮김 | 시와 진실

길 위의 수학자
릴리언 R. 리버 글 | 휴 그레이 리버 그림 | 김소정 옮김 | 궁리

살아 있는 정리

세드릭 빌라니 글 | 클로드 공다르 그림 | 이세진·임선희 옮김 | 해나무

공상에 빠진 수학자가 들려주는 상상력의 공식 – 시로씨와 함께 한 유쾌한 7일

세야마 시로 글 | 이혜진 옮김 | 새로운 현재

수학은 어떻게 예술이 되었나

이한진 글 | 컬처룩

내가 사랑한 수학자들

박형주 글 | 푸른들녘

미래의 수학자에게

이언 스튜어트 글 | 박영훈 옮김 | 미래인

좀 더 전문적인 수학을 원한다면 '경문수학산책 시리즈'를 추천한다. 상당히 체계적으로 분류가 되어 있어서 이 책을 쓸 때도 큰 도움을 받았다. 가장 기초적인 책은 『수학사』이지만, 『 아름다운, 너무나 아름다운 수학』, 『수학의 역사』 등 다른 책들도 도전해 볼만하다.

감성을 자극하는 문화

아마추어 수학자의 감성을 자극하는 것에 문화만큼 좋은 도구는 없다. 문화란 한마디로 말하기엔 그 범위가 너무도 방대하다. '문화생활이란 이것이다'라고 말하기엔 애매한 구석도 많다. 아마도 개인의 취향에 따라 문화생활의 목록을 여러 가지로 작성해 볼 수 있겠다.

내가 즐기는 문화생활을 열거해 보자면 이렇다. 누구나 그렇겠지만, 제일 쉽게 하는 문화생활로 영화 관람을 꼽을 수 있다. 친구와 볼 때도 있지만 대부분의 영화 마니아들이 그렇듯이 종종 혼자서 영화를 보러 간다. 보고 싶으면 계획에 없었더라도 혼자서 영화관에 가 보고픈 영화를 본다. 대학 때는 하굣길에 어슬렁거리며 신촌까지 걸어가다가 마음이 끌리는 영화 한편을 보고 지하철이나 삼화고속을 타고 귀가했다. 학교에서 신촌역까지 걸어가는 길에는 영화관이 5개나 있었다.

학교 내에도 영화를 볼 수 있는 공간이 있었다. 4년 내내 그런 곳이 있는지도 모르는 학생들이 있었을 만큼 내게 그곳은 숨겨진 보물섬이었다. 거기선 주로 시중에서 보기 힘든 고전 영화들과 예술 영화들을 상영했다. 특히 「400번의 구타Les 400 Coups」와 「베니스에서의 죽음Morte a Venezia」이 가장 인상 깊었다. 작은 공간에서 작은 스크린으로 보는 만큼 재미있는 에피소드들도 많다. 이 공간 덕분에 영화를 완성하는 것은 관객이라는 생각도 하게 되었다. 같은 영화라도 함께 보는 관객들이 누구냐에 따라 그 감동이 달라진다.

실화에 바탕을 두고 만든 대만 영화 「로빙화魯氷花」를 보았던 때가 생각난다. 동양적인 정서를 느끼기에 부족함이 없는 신파조 영화였는데, 무슨 조화인지 그날 나는 영화를 보면서 펑펑 울었다. 함께 보는 학생들이 5명이 될까 말까 했고, 조용한 분위기에서 영화에 흠뻑 빠져 드는 분위기였다. 누군가 훌쩍거리며 눈물을 흘리기 시작하자 곧 눈물은 감기처럼 전염되어 5명의 관객이 모두 우는 상황이 발생했다. 우리는 전혀 모르는 사이였지만 화장지를 서로 돌려가며 눈물, 콧물을 짰다. 충만한 시스터후드sisterhood!

학과의 친구들과 함께 비디오방에서 보았던 「전선 위의 참새Bird On A Wire」도 그렇다. 공강 시간에 우르르 몰려가서 영화를 보았는데 시종일관 웃느라고 정신이 없었다. 모두들 자기 생애에 그렇게 유쾌하고 재미있는 영화는 처음이었다고 말했다. 그래서 각자의 친구들에게 그 영화의 흥미진진함을 전파하고 다녔다. 그러나 우리의 전도에 넘어가 그 영화를 본 친구들의 말은 하나같이 날카로웠다. 나중에 생각해 보니 영화 자체보다는 함께 영화를 보는 그 분위기가 재밌었다는 생각이 들었다. 주인공의 행동을 두고 누군가 한마디씩 했는데 그 일로 배꼽을 잡고 웃었던 것이다.

영화란 늘 새롭게 치장되어 나오므로 선택의 여지가 참으로 많다. 요즈음에 개봉되는 모든 영화들을 본다는 것은 영화 전문가로서 시사회에 참석하는 게 일이 아닌 이상 어렵다는 생각이 든다. 근래엔 서울에 자주 나가지 않으므로 주로 가까운 영화관들을 이용한다. 커다란 화면을 볼 수 없어 안타깝지만 멀티플렉스 극장도 내겐 즐거운 참새방

앗간이 되었다.

이전에 나의 참새방앗간은 '부평극장'이었다. 부평에서 가장 큰 스크린이 있던 그곳은 같은 자리에 앉아 두세 번 영화를 반복해서 볼 수도 있었다. 그 영화관에 갈 때마다 분위기에 젖어 그 극장의 주인이 되는 공상을 자주 했더랬다. 그런 부평극장이 문을 닫았다. 아무래도 장사가 잘되는 멀티플렉스에 자꾸 밀려났기 때문이리라. 그 자리에 멀티플렉스가 들어설지 아니면 극장이 아예 사라질지는 두고 봐야겠다.

연극을 감상하거나 콘서트를 즐기는 일도 좋다. 그러나 이것은 혼자서 하기에 어려운 점이 많아 친구와 약속을 해서 일부러 보러 가지 않으면 안 되므로 그렇게 자주 즐기지는 못한다. 그러나 볼 때마다 항상 신선한 충격을 받게 된다. 내가 처음으로 본 뮤지컬은 90년대 초반 언저리의 「코러스 라인A Chorus Line」이었던 걸로 기억한다.

어떤 이에겐 따분하게 들릴지도 모르지만, 미술관에 가는 것도 아주 즐거운 경험이다. 내가 미술관에 다니기 시작한 것은 교양 과목으로 미술사를 수강하게 되면서였다. 나는 학교에서 가장 가까운 '호암아트홀'을 주로 애용했고 '예술의 전당'과 과천에 있는 미술관까지 진출하기도 했다. 기억에 남는 전시회는 「조지 시걸George Segal 전展」과 「구겐하임Guggenheim 전」, 「피카소Pablo Picasso 전」, 「세자르César 전」 등이다. 미술관은 숙제 때문에 오는 학생들이 없는 시간에 가야 조용히 감상할 수 있다.

이렇게 열거해 놓고 보니 아주 기본적인 것들이다. 찾아보면 가까이에서도 문화생활을 누릴 수 있는 공간들을 생각보다 쉽게 발견할 수 있다.

사람이란 마음의 지배를 받는 동물이기 때문에 늘 문화를 접해야 한다. 항상 똑같이 치이는 일상을 살아가다가도 잠시 동안 아주 특별한 문화적 충격을 받고 나면, 감성이 충전되고 새롭게 살아갈 힘도 얻게 되며 자기 삶을 관조적으로 바라볼 수 있는 여유 또한 갖게 된다.

요즘엔 특별한 문화적 취미를 즐기며 사는 마니아들이 많이 늘어났다. 아마도 그들은 문화가 우리 삶의 배터리임을 잘 알고 있는 것이 아닐까 싶다.

아마추어 수학자를 위한 수학적인 영화

뷰티풀 마인드	러셀 크로의 수학자 연기가 볼 만.
꼬마천재 테이트	조디 포스터의 아들이 수학 천재로 나온다.
I.Q.	유쾌한 이웃집 아저씨 같은 아인슈타인이 나온다.
A.I.	진보된 미래의 디지털 사회를 구경할 수 있다.
빠삐용	주인공이 그리는 포물선.
쇼생크 탈출	탈출하기 위해선 함수를 잘해야 한다.
디어 헌터	러시안 룰렛 게임.
중경삼림	우렁이 각시, 교차된 시간.
맥가이버	수학보다는 물리에 가까운…
굿 윌 헌팅	맷 데이먼이 각본을 쓴 영화. MIT 대학의 청소부가 우

	연히 수학의 천재로 밝혀진다.
페르마의 밀실	본격적인 수학 영화. 골드바흐의 추측, 페르마의 마지막 정리와 같은 수학의 난제들을 영화로 만날 수 있다.
큐브	정육면체 안에 갇힌 사람들은 어떻게 되었을까.
히든 피겨스	1960년대 흑인 여성 과학자의 활약을 그린 영화.
무한대를 본 남자	인도의 천재 수학자 라마누잔의 삶.

– 추억 속의 모든 탐정 시리즈(제시카의 추리극장, 콜롬보 형사 등)

– 카지노와 카드놀이가 등장하는 모든 홍콩 느와르 영화

– 거의 모든 첩보 영화(암호나 도둑이 등장한다면 더더욱)와 알리바이를 쫓는 모든 추리 영화 등에서 수학을 쉽게 발견할 수 있다.

– 모든 SF 영화는 수학적이다.

수학과 꼭 닮은 음악

나 또한 피타고라스학파의 일원이 아닐까 하는 생각이 들 때가 있다. 지적인 삶을 추구하며 음악에 대한 중요성을 강조하고 있으니 말이다. 음악은 수학과 많이 닮았다. 음악의 특성이 수학적이라는 건 이미 앞에서도 지적한 바 있으므로 전혀 낯선 이야기는 아닐 것이다.

음악과 수학은 본질은 물론 배우는 과정도 유사하다. 마치 몸을 단련하는 것과 똑같은 과정을 거쳐야 하는 것이다.

피아노를 예로 들어 보자. 피아노를 배우는 과정은 참으로 지루하고 먼 길이다. 매일매일 연습을 해야 하고, 진도는 무척 더디게 나간다. 마음먹었다고 한 달 만에 완성할 수 있는 것도 아니다. 베토벤이나 쇼팽을 잘 치기까지, 짧게는 5년에서 길게는 10년의 세월이 걸린다. 피아노 실력은 시간이 해결해 준다. 악기 연주는 누가 대신해 줄 수 있는 게 아니다. 누군가에게 배울 수 있지만 숙련되기 위해선 자기 몸으로 몸소 연습해야 한다. 또 늘 연습하지 않으면 실력이 후퇴한다.

나는 어릴 때 자연의 소리로부터 음악을 배웠다. 오후의 세계엔 아무런 소리도 없는 날들이 많았다. 뉘엿한 햇빛만이 가득 차 있었고, 공기 속엔 오로지 고요함만이 가득했다. 그러나 마루에 앉아 눈을 감고 귀를 열어 보면 적잖은 소리들이 들려왔다. 바람에 흔들리는 나뭇가지 소리, 바스락거리는 새의 날갯짓, 풀벌레 소리, 어느 밭두렁에서 들려오는 무서리를 하고 도망가는 아이들의 함성…. 내가 살던 주문진의 '소돌이'란 마을은 바람 소리도 계절에 따라 달랐다. 소풍 가는 날 아침이면 나는 마음을 졸이며 이불 속에서 빗소리가 들리는지 귀를 쫑긋 기울였다. 그런 날 엄마는 프라이팬에 달걀 프라이를 만들어서 비가 오는 걸로 착각하게 만들었다. 달걀을 프라이할 때 기름이 달걀 표면과 프라이팬을 사이를 왔다 갔다 하며 보글보글 튕겨지는 소리는 빗소리와 흡사했다.

너무 조용한 곳에서 어린 시절을 보내서 그런지 나는 귀가 무척 밝다. 영화를 볼 때 외국어를 잘 알아듣는 편이고 지나가는 사람들이 저희들끼리 속닥거리는 소리도 잘 듣는다. 듣는 것으로는 아름다운 음악이 가장 좋다는 건 두말할 필요도 없다. 물론 나는 귀가 밝지만 그리 고급은 아니라 '쥐의 귀'를 가졌다는 오디오 마니아는 못 된다. 나는 그저 음악을 들을 수 있는, 내 책상 위의 미니 오디오에 만족한다. 그러나 휴대용 플레이어로 음악을 듣는 것은 별로다. 귀가 막히는 것 같이 답답하고 귀가 안 좋아질 것 같은 두려움이 있어서다. 실제로 종종 이어폰을 사용하는 사람들의 경우엔 청력이 약해지는 것 같다. 옆 사람이 다 들리게 큰 소리로 음악을 듣는 걸 보면 말이다. 외출을 해서 움직일 때는 열린 귀로 거리의 소리를 듣는 게 훨씬 좋다. 그게 대부분 도시의 소음이라는 게 안타까울 뿐이지만.

내가 피아노를 갖게 된 것은 중학교 2학년 때의 일이다. 그 당시엔 피아노를 가지고 있는 집이 드물었고 나는 피아노가 있는 친구가 세상에서 제일 부러웠다. 그 애들은 매일 피아노 학원에 가지 않아도 되었고, 치고 싶을 땐 아무 때나 피아노를 칠 수 있었다. 나는 고작해야 종이 피아노를 그리거나 입으로 멜로디언을 불어서 연습해야 했다. 하교할 때마다 부모님이 나를 위해 피아노를 사는 상상을 하곤 했다. 그건 아주 간절한 바람이어서 교회에 갈 때면 빼놓지 않고 기도할 정도였다. 그 바람은 대전에서 시작되었는데, 인천에 와서야 이루어졌다.

피아노를 갖게 되던 날, 그 때 난 열다섯 살이었고 여느 날과 다름없이 피아노 학원에서 연습을 하고 있었다. 베토벤의 「월광」 1악장을 치고 있을 때였다. 피아노 선생님이 나를 바라보며 의미심장한 미소를 지으셨다. 내가 얼마나 피아노를 갖고 싶어 하는지 알고 계셨기 때문이다. 엄마는 학원 앞 길목에서 나와 피아노 선생님을 기다리고 있었다. 우리 셋은 택시를 타고 부평역으로 나갔다. 엄마와 선생님이 부평역 근처의 큰 피아노 대리점으로 들어설 때 나는 쇼크로 기절할 뻔했다. 아직도 그 대리점이 건재하고 있어서 가끔 그 앞을 지날 때마다 15년 전의 감동이 되살아난다. 생각지도 않았던 행운이 찾아왔다고 여겼다. 선생님이 꼼꼼하게 건반과 스트링과 페달을 살펴가며 피아노를 골라 주셨고, 당시로서는 최신품이었던 나무 무늬의 독일형 피아노가 우리 집에 오게 되었다. 그 피아노는 15년의 세월을 거쳐 긁히고 망가지고 낡았지만 아직도 우리 집 거실에 덩그러니 놓여 있다. 전만큼 자주는 아니지만 그래도 가끔 주인의 손에 의해 소리를 만들어 낸다.

피아노 실력을 혼자서 향상시키는 건 어렵다. 사실 학생이 아닌 이상 정기적으로 레슨을 받기도 무척 어려운 일이다. 예전에 점심 식사를 포기하고 피아노를 배우러 다닌다는 직장 여성을 본적이 있긴 하다(오, 부러운 결단력이여!). 그러다 대부분의 직장인들은 퇴근이 늦고 그러면 밤늦게 시끄러운 소리를 내며 연습하기가 어렵다. 그래서인지 나는 요즘에 디지털 피아노에 관심이 간다. 어쿠스틱 피아노의 매력을 익히 알고 있지만 헤드폰을 끼거나 소리를 조절할 수 있다는 점에서 디지털 피아노가 욕심나는 것이다. 아무튼, 아마추어 수학자에게 악기 연주가 중요한 것은 악보를 자주 보다 보면 수학과 친근해질 수 있기 때문이다. 악보를 보는 행위, 악보 위의 음표들을 손으로 연주해 음악을 만들어 내는 과정이 자연스럽게 수학과 친해지게 만들어 주지 않을까.

나는 공부를 시작하기 전에 커다란 유리 물병에 뜨거운 물을 가득 붓고, 녹차 티백을 하나 넣어 컵과 함께 책상 위에 놓아둔다. 따뜻한 녹차로 가끔씩 목을 축이면서 공부를 하는 것은 내 책상을 근사한 카페로 탈바꿈시켜 준다. 한 가지 더, 미니 오디오에 클래식 음반을 하나 걸어 두고 플레이 버튼을 누르면 공부할 준비는 완성된다.

공부할 때 FM 라디오를 들으면 음악만 나오는 것이 아니라 DJ와 초대 손님들이 끊임없이 뭐라고 떠들어대고 광고까지 나오므로 집중력이 떨어진다. 라디오를 들으면 공부가 더 잘 된다는 사람이 있긴 하지만 그건 본인이 그렇다고 믿을 뿐이지 실제로는 자기가 할 수 있는 최선의 집중은 하기 어렵다. 나는 집중할 때 사람의 목소리가 들어 있는 음악은 피하는 편이다. 물론 나도 학창 시절에는 「별이 빛나는 밤에」라는 라디오 프로그램을 들으며 공부했다. 그 프로그램에서 하는 이벤트, '예쁜 엽서전'에 뽑히기 위해 온 정성을 다해 엽서를 만들기도 했다. 라디오는 한때의 좋은 추억을 만들어 주는 고마운 친구지만 완전한 집중을 요할 때는 방해가 된다.

여러모로 클래식은 공부에 도움이 되는 장르이다. 잔잔한 분위기를 만들어 주면서 사람의 목소리로 정신을 혼미하게 하는 일도 없어 공부할 때 좋은 배경 음악이 되어 준다. 아무 소리가 없는 것도 좋다. 완전한 무음의 상태에서 집중하며 오로지 연필의 사각거리는 소리를 음악처럼 듣는 것도 무척 즐거운 일이기 때문이다.

아마추어 수학자를 위한 추천 음반

- 너무도 수학적인, 바흐의 곡을 연주하는 모든 음반
- 바흐의 푸가(오르간 연주)
- 바흐의 평균율 연주 음반
- 슈베르트의 피아노 5중주
- 모차르트의 피아노 협주곡
- 쇼팽의 「녹턴」
- 차이코프스키의 잔잔하고 비장한 교향곡
- 미샤 마이스키의 첼로 연주 음반
- 엔리오 모리꼬네의 영화 음악 사운드 트랙이라면 어느 것이나
- 우리 국악 「영산회상」

아날로그에 대한 향수

빠름이 지배하는 디지털의 시대에 나는 아날로그로의 퇴행을 꿈꾼다. 디지털이 일상이라면 아날로그는 마치 일상의 탈피처럼 느껴지는 시간들이다. 저마다 더 빠른 네트워크로의 접속만을 도모하고 느림을

외면하고 있는 것은 아닌지….

물론 나는 컴퓨터를 사용해서 글을 쓴다. 그러나 만년필을 이용해 노트에 혹은 200자나 1000자 원고지에 쓰기도 한다. 컴퓨터를 가지고 갈 수 없는 장소에선 손으로 쓰는 것도 그리 나쁘지 않다. 한동안은 오로지 컴퓨터만을 이용했는데 글씨 쓰는 행위와 멀어지다 보니 한때 별명이 추사체(추사秋史 김정희 선생과 이름이 같아 생긴 별명)였던 글씨체가 많이 망가졌다. 또박또박 예쁜 정자체가 바람에 날아가는 글씨로 변해 버린 것이다. 심혈을 기울이면 단정한 글씨가 나오지만 마음이 급해지면 다시 악필이 되어 버린다. 어르신들이 한자를 잘 쓰는 건 물론 많은 연습을 했기 때문이겠지만 현재도 항상 사용하고 있기 때문이다. 요즘은 의식적으로 더 많은 글씨를 써서 손의 근력을 기르고자 노력한다. 컴퓨터 세대일수록 글씨를 오래 쓰지 못하는 사람들이 많다.

중학교에 들어가 수학 시간에 최초로 배운 교훈이 연필을 이용하라는 것이었다. 볼펜으로 문제를 풀어 가면 할아버지 선생님께 꾸지람을 들었다. 샤프도 볼펜도 아닌 연필이어야 했다.

> 연필의 까만 심이 종이와 마찰하면서 사각거리는 소리를 낼 때, 수학 문제와 사람의 육체가 하나로 결합할 수 있다는 것을 그때 처음 알았다. 마치 예술가처럼 수식을 공책에 손으로 그리면서 공부하는 맛이란!

물론 써 내린 수식을 지우는 행위는 금물이다. 만약 틀렸다면 밑에 다시 풀어 보는 것이 정석이다. 초등학생의 경우는 연필을 필수적으로 쓰지만 일단 중학교에 진학하고 나면 거의 대부분의 학생들이 연필을 멀리하고 볼펜을 쓰는 경우가 많다. 수학 문제를 풀 때도 문제집에 직접 푸는데, 볼펜으로 아무렇게나 낙서를 해 두어 나중에 다시 볼 수조차 없을 지경으로 만들어 놓기도 한다. 도형의 경우엔 볼펜으로 선을 그어 두면 원래의 도형이 어떻게 생겼으며 문제가 무엇이었는지 잘 보이지도 않는다.

열심히 손으로 공부를 해 가다 보면 가운뎃손가락에 흔히 '펜 혹'이라고 하는 굳은살이 박인다. 다른 곳의 굳은살은 그리 반갑지 않지만 중지의 펜 혹만은 반갑고 어여삐 여겨진다. '내가 이렇게 열심히 공부를 했구나.'하는 만족을 느끼게 되기 때문이다. 굳은살이 커질수록 마치 나의 지성도 함께 드높아지는 것만 같다. 그러나 공부를 게을리 하면 펜 혹도 무뎌진다.

수학 공부를 할 때는 오감과 신체를 적절하게 이용해야 한다. 그 중에서 가장 중요한 부분은 손이다. 손으로 글씨를 눌러쓰는 행위는 키보드 자판을 두드리는 것과는 다르게 많은 가능성과 생각의 공터를 만들어 낸다. 무심코 그린 동그라미 속에서 자기만의 이야기를 발견해 낼 수도 있다. 아르키메데스가 낙서를 하며 수학 연구를 하다가 죽어간 사실은 유명한 일화다. 연구를 함에 있어 손과 연필 그리고 낙서가 얼마나 중요한 것인지는 이미 역사 속의 수많은 학자들의 이야기가 증명하고 있다.

나는 이를 '손의 마법 효과'라 부르고 싶다. 많은 전문가들이 계획을 세울 때 메모를 하라 말하는 건 이 마법 효과를 익히 알고 있기 때문일 것이다. 머리도 생각하지만, 손도 생각한다.

학창 시절에 해 봤을 '깜지'와는 다른 개념이다. 깜지는 암기할 것을 빽빽하게 쓰면서 외우는 것이지만 수학은 암기 과목이 아니므로 그렇게 해서는 안 된다. 암기 과목처럼 외우는 수학은 헷갈리고 곧 지겨워지며 나중엔 이 공식 저 공식이 마구 뒤섞여 도무지 알 수 없게 되어버린다. 예를 들어 원의 둘레를 구하는 공식을 공부할 때, 낙서를 통해 수많은 원을 그려보거나 쪼개 보지 않고 다짜고짜 공식부터 외우는 것은 수학을 재미없게 하는 첫걸음이다.

수학은 과학과 마찬가지로 가장 디지털적인 것이며 현대의 디지털 사회를 이끌어 나가는 중요한 코드이다. 그러나 수학을 익히는 과정은 아날로그가 아니면 안 된다. 수학은 악기와 마찬가지로 손으로, 몸으로 익히는 것이지 기계로 대신할 수 없는 것들이기 때문이다. 요즘엔 수학 공부를 컴퓨터를 통해서 하는 경우도 있다. 그러나 조금 느려도 수학 공부를 아날로그적인 방식으로 하지 않으면 사상누각이 될 지도 모른다. 컴퓨터가 발달했다고 해서 아이들이 모두 글씨 쓰기를 포기한다면 어떻게 될까? 젓가락질이나 칼로 연필을 깎는 것, 연필로 글씨를 쓰는 것 모두 고도의 손기술을 필요로 한다. 손의 섬세한 조작 능력이 인간에게 얼마나 중요한 것인지 잊으면 안 된다.

요즘 같은 속도의 시대에 아날로그적으로 공부하는 것은 자칫 퇴보하는 것과 같은 느낌을 주지만, 진정한 디지털 인간이 되기 위해서는 아날로그 방식의 공부가 필수다. 그래야 디지털을 제어할 수 있는 진정한 실력을 갖출 수 있다.

몰입을 위한 공간

내 방은 작은 싱글 침대와 두 짝의 옷장, 책들로 둘러싸여 있다. 한쪽에 버티고 있는 덩치 큰 책상은 안 그래도 좁은 방을 더 답답하게 만들고 있다. 그나마 책상에 앉아 뭔가를 할라치면 금세 침대 위고 책상 위고 온통 낙서한 종이들과 A4 용지, 먹다 남은 비스킷, 녹차 티백이 그대로 말라붙은 머그컵, 책 등으로 어질러진다. 어떤 날은 피곤해서 종이들을 깔고 그대로 잠들 때도 있다.

한때는, 방은 좁고 물건들은 넘쳐나기 때문이라고 합리화하기도 했다. 그러나 수납의 중요성을 깊이 깨닫고 작은 방을 효율적으로 사용하는 방법에 대해 끊임없이 연구하며 대책을 찾고 있다. 자료들을 깔끔하게 정리하고 종이와 책과 음반들을 분류하고 필기구를 정리하는 체계적인 수납이 절실하다.

책상은 커다란 것일수록 뭔가를 도모하기에 좋은 것 같다. 책들을 펼쳐 놓고 볼 때, 그림을 그릴 때, 하물며 책상 위에서 '테디 베어'를 만들더라도 널찍한 공간이 아무래도 편할 것이다. 책상 위엔 흔히 컴퓨터가 놓이기 쉬운데, 거대한 대형 모니터에게 대부분의 공간을 내주고 정작 주인장은 책상 위에서 컴퓨터를 만지는 일 외의 것을 할 수 없는 경우가 많다. 책상은 수많은 일을 처리할 수 있는 공간이어야지 오직 컴퓨터를 위한 수납공간이 되어서는 안 되겠다는 생각이 들었다. 그래서 얼마 전에 큰 결심을 하고 17인치 브라운관 모니터를 LCD모니터로 과감하게 바꿨다. 덕분에 눈도 덜 피곤하고 책상 위의 공간도 넓어졌다. 책상에 대한 또 한 가지 불만은 발을 뻗을 여유 공간이 부족하다는 것이다. 책상 아래쪽에 프린터 등을 수납하도록 칸막이가 있어서 발을 마음대로 움직일 수가 없다. 다음에 책상을 마련하게 된다면 발을 뻥뻥 차고 들어 올려도 될 만큼 자유로운 책상을 갖고 싶다.

대학 졸업 후에 조카가 생기면서 집의 공간이 줄어들어 더블 침대와 옷장이 내 방 안으로 들어와 한동안 책상 없이 지내야 했던 시절이 있었다. 그러자 자연스레 뭔가에 몰두하고 연구하는 일에 소원해지게 되었고, 책도 덜 읽게 되었다. 조카가 말을 할 수 있게 되면서 나를 '이모맨'이라고 불렀다. 내가 방문을 닫고 들어가면 조카는 "이모맨!"하고 외친다. 나는 노래를 부르며 용수철처럼 통겨 올라 바람같이 달려간다.

책상은 지적 몰입을 하는 데 무척 중요한 공간이다. 책상이 있을 때와 없을 때의 생활은 180도 달라진다. 공간이 작더라도, 아주 작은 책상일지라도 자신만의 책상을 마련하면 공부하는 생활에 반은 접근한 셈이다.

책상 위는 항상 깨끗하게!

사실 이 규칙은 나조차 잘 지키지 못한다. 늘 청소를 해도 한 순간에 지저분해지는 게 책상 위이므로. 하지만 오랜 노력 끝에 나의 책상에도 해가 떴다. 정리정돈의 확실한 실천!

나는 주로 자기 전에 청소를 한다. 아침이 되면 깨끗한 책상이 한눈에 들어오고, 짧은 시간이지만 앉아서 하루 계획을 세우고 싶은 생각이 절로 들게 된다.

요즘 들어 알람시계 대신 미니 오디오의 알람 기능을 이용하다 보니 아침마다 FM 라디오가 나를 깨운다. 잠결에 아침방송 DJ의 명랑한 목소리를 듣거나 신나는 댄스 음악을 듣는 일도 즐거운 습관이 되었다. 교육방송으로 맞춰 놓고 잔 다음날은 선잠 속에서 새벽에 진행되는 방송대학 강의를 듣기도 한다. 뭐든 배우는 것에 관심이 많은 나는 비몽사몽간에도 열심히 귀를 기울이곤 한다. 일본 하이쿠 문학과 마쓰오 바쇼松尾芭蕉란 사람에 대해서도 자면서 알게 되었다. 어떤 날은 잠결에 라디오 뉴스로 날씨를 전해 듣기도 한다. '오늘은 비가 많이 오겠구나, 우산을 챙겨 가야지.'하는 생각들을 마치 꿈을 꾸듯이 하는 것도 재미있다.

잠시 다른 길로 샜다. 다시 책상 이야기로 돌아가자. 공부 못하는 애들 가방이 무겁고, 공부 못하는 애들이 꼭 시험 때면 책상 정리를 한다는 우스갯소리가 있다. 전자는 자기가 공부해야 할 분야를 잘 간추리는 요령이 없어서 그런 것이겠고, 후자는 시간을 잘 활용하지 못해서 그런 것이겠다. 어쨌든 나는 새로운 일을 시작할 때면 마음을 다지는 행위로 책상을 정리한다.

물론 집에서 공부할 수 있는 공간으로 책상만 꼽을 수 있는 건 아니다. 나는 가끔 텔레비전을 보면서 수학 문제를 푼다. 놀랍게도 드라마나 뉴스의 내용을 다 파악하고 장면들을 놓치지 않으면서도 문제 풀이는 무리 없이 진행된다. 몰입할 수 있는 명백한 문제가 있기 때문이다. 수학 공부는 분위기가 갖춰져 있는 책상에서만 할 수 있는 건 아니다. 노트와 문제 몇 개를 항상 가지고 다니면 언제 어디서나 수학 공부를 할 수 있다. 안 읽히는 책보다 수학 문제 하나 푸는 것이 때로는 집중력을 유도하는 데 더 좋은 방법이 될 수 있다. 도저히 집중이 안 되고 딴 생각만 들 때 자신이 쉽게 풀 수 있는 수학 문제를 몇 개 풀면 집중력에 탄력이 붙는다.

수학 공부를 하는 데는 조용한 장소도 좋지만 시끌벅적한 장소에서도 충분히 할 수 있다. 아는 사람이 전혀 없어 익명으로 존재할 수 있는 소란스런 장소는 공부하기에 딱 좋다. 그런 곳에 혼자 있게 되면 시계만 들여다보지 말고 수학 문제를 한번 풀어 보는 것은 어떨까.

기분 전환을 위한 몰입의 공간

패스트푸드점

나는 가끔 시끄럽고 사람들로 붐비는 패스트푸드점에 가곤 한다. 2층

창가에 앉아 어디서 왔을지 알 수 없는 검은 머리 물결을 보며 책을 읽기도 한다. 그곳에서 노트를 꺼내 낙서 글을 쓰기도 한다. 대학생 때는 햄버거 가게 2층에서 시험공부를 하기도 했다. 멍하니 거리를 내려다보며 기억되지 않을 사람들의 행렬을 바라보다가 약간의 고독과 쓸쓸함에 힘입어 노트를 펼친다. 그리고 문제를 풀어 내려간다. 가끔은 일부러 이런 곳을 찾아가기도 한다. 읽어야 할 책이 있거나 써야 할 편지가 생기면 집이랑 가까운 거리의 패스트푸드점을 찾아간다. 일상의 소리들, 백색 소음이라고 불리는 소란스러움 속에서 자기만의 세계에 몰입하는 도시인 흉내를 내본다.

도시의 모든 플라스틱 벤치

길을 걷다가 무너지는 듯한 피로를 느낄 때가 있다. 특히 복잡한 지하철을 타고 까마득하게 느껴지는 먼 거리를 달려 집으로 돌아가야 할 때, 가끔은 승강장의 노랗고 빨간 플라스틱 벤치에 앉아서 몇 대의 전동차를 그냥 보내기도 한다. 아니면 쇼핑센터를 거닐다가 앉게 되는 경우도 있다. 땅과는 다른, 콘크리트 바닥의 딱딱함에 지쳐 어디든 다리를 쉬고 싶을 때, 도시의 모든 플라스틱 벤치는 소중한 공간이 된다. 그런 곳에서 읽는 책이 꿀맛이란 걸 아는 사람이라면 그는 이미 아마추어 수학자인 셈이다.

그곳에서 책을 읽을 수 있다면 수학 문제도 풀 수 있다. 무릎에 노트를 놓고 문제를 두세 개 정도, 많게는 10개까지도 풀 수 있다. 다음 열차가 올 때까지, 혹은 다시 걷고 싶어질 때까지. 그렇게 느림보처럼 쉬엄쉬엄 다니는 것이 시간 낭비라고 생각되진 않는다. 느린 산책만이 가지는 즐거움과 매력이 있다.

커피 향과 낭만이 가득한 카페

카페에서 책을 읽거나 글을 쓰거나 공부를 하는 것은 대학가에선 그리 낯선 풍경이 아니다. 그렇지만 혼자 있는 건 대학가에서조차 눈길을 끈다. 책을 읽기 위해, 글을 쓰기 위해 카페에 찾아가는 건 드문 일이기 때문이다. 그럼에도 불구하고 카페에서 공부하는 건 즐거운 경험 중의 하나다. 대학가가 아닌, 내가 사는 아파트 단지 앞의 카페에선 그게 약간의 구경거리인 듯하다. 패스트푸드점과 다르게 이곳엔 수많은 시선이 있다. 자리를 오래 차지하고 앉아 있으면 어김없이 날아오는 종업원의 날카로운 시선, 호기심에 가득 찬 옆 테이블의 시선, 가끔은 내 귀가 밝은지 모르고 저희끼리 주고받는 수군거림. 영화를 혼자 보거나 카페에 혼자 가는 여자는 실연당했을 게 뻔하다는 규칙이 어디에 있는지 모르겠지만…. 하긴, 혼자 꽤 엄숙한 표정으로 카페에 앉아 있으면 다소 우울해 보일 수도 있겠다. 게다가 수학 문제를 풀고 있다면 더더욱. 하지만 번화가의 카페라면 가 볼만하다. 쾌적한 공기를 마시며 몰두할 수 있는 산소 카페가 있었으면 좋겠다.

* 이 항목에는 보충설명이 필요하다. 혼자서 카페에 앉아 있는 것을 어색하게 여기던 시절은 20세기의 이야기다. 21세기 살아가는 우리는 카페의 자유에 대해 알게 되었다. 요즘은 카페에서 책을 읽거나 글을 쓰는 일은 도시인들의 삶의 한 부분이 되었다.

빈 강의실이나 사무실

수업이 끝난 강의실에 남아 자욱한 빛의 안개에 갇힌 오후의 세계를 구경할 때가 있다. 지금도 나는 가끔 졸업한 대학교에 찾아가는데, 수업이 끝나는 4시나 5시가 되면 빈 강의실을 쉽게 찾을 수 있다. 그곳이 넓은 장소라면 더없이 좋다. 창 밖에서 들려오는 학생들의 웅성거림도 듣기 좋다. 가끔 그런 데서 비슷한 취미를 가진 사람을 만나기도 한다. 그럴 때면 멀찌감치 앉아서 각자 공부를 하거나 편지를 쓴다. 서로에게 방해가 안 되도록 조심하면서, 때론 서로의 존재에 대해 의식조차 못한 채 각자의 일에 몰두한다. 그런 곳에서 수학 문제를 풀다 보면 시간이 멈춘 것 같은 정적을 느낄 때가 있다.

고등학교 다닐 때는 휴일이면 오전 11시 무렵 체육복을 입고 학교에 가기도 했다. 휴일에 빈 교실에서 하는 공부는 엄청난 집중력과 함께 대단한 만족감을 준다. 오후가 되어 친구라도 오면 평소의 번잡한 교실과 달리 친구들 사이에서 할 수 없었던 조용하고도 진솔한 이야기를 주고받을 수 있어 더 좋았던 기억이 난다.

가끔 휴일에 아무도 없는 교실이나 강의실, 사무실에 가 보는 건 어떨까? 월요일이면 다시 시작될 일상이 아우성치며 기다리는 그런 곳에 일부러 찾아갈 사람도 없겠지만. 그래도 휴일에 가끔 학교나 사무실에 가 보면 새로운 발견을 하게 된다. 학교에 가지만 공부하지 않아도 되고, 사무실에 가지만 일하지 않아도 되는 자유의 날인 것이다. 빈 강의실과 빈 사무실은 터무니없이 고요하고 평화롭다. 무엇이든 도모하고픈 마음이 생기지 않을까?

달리는 기차 안

「비포 선라이즈Before Sunrise」란 영화의 주인공 남녀는 유레일패스Eurailpass 안에서 만난다. 여자가 읽고 있는 책에 대해 남자가 몇 마디 건네면서 둘의 대화가 시작된다. 기차 안은 책을 읽거나 열중하기에 좋은 장소이다. 어릴 때는 기차를 참 많이 탔다. 이사를 많이 다녔고, 기차를 타고 이동하는 일도 잦았다. 게다가 할아버지 댁에 가려면 기차가 가장 편한 수단이었다. 커서 여행이란 걸 가 본 일이 없는 나는 기차와 인연을 거의 끊고 지냈다. 그래도 몰입하기 좋은 공간으로 기차를 떠올리게 되는 건 왜일까. 아마도 어릴 때 느릿느릿 달리던 열차에서 책을 읽은 기억이 남아서인 것 같다.

여행을 좋아하고 기차를 자주 탄다면, 가방에 꼭 챙겨 넣어야 할 품목으로 책과 노트 그리고 몇 개의 수학 문제를 챙기는 것도 좋을 것 같다. 삶이 여행 그 자체였던 어린 시절을 가진 까닭에 나는 도시 토박이들처럼 여행에 그다지 목말라 하지 않는다. 다만 글쓰기를 도모하는 자로서, 여행을 해야 한다는 책임감 같은 걸 가끔 느끼곤 한다. 하늘을 날아 아주 멀리 갈 수 있다면, 파리나 뉴욕의 카페에서 편지를 쓰거나 책을 읽거나 수학 문제를 풀어 보고 싶다. 그 카페의 어딘가에 헤밍웨이Ernest Hemingway가 앉아있을 거라고 상상하면서.

문제풀이로 만끽하는 수학의 아름다움

문제 풀이의 중요성

수학 공부를 하는 데 있어 문제를 푸는 것은 무척 중요한 일이다. 어떤 사람들은 문제를 많이 푸는 건 그리 좋지 않다고 하는데, 내 생각은 다르다. 수학은 암기 과목이 아닌 관계로 원리를 충분히 이해하지 못했다면 문제를 푸는 능력도 키울 수 없기 때문이다. 문제를 푸는 것은 원리를 적용해 보는 무척 유용한 방법이다.

수학을 잘하는 학생이 의외로 분수에 대한 이해나 사칙연산 등 산수에 둔한 경우가 종종 있다. 모든 과정에는 그 과정을 위한 기초가 튼튼해야 한다. 그러나 산수가 부족하다 해도 수학을 할 수 없는 것은 아니므로 하고 싶은 부분을 계속 공부하면서 기초 산수를 곁들이면 된다.

피아노를 연습할 때도 '하농' 같은 손가락 풀기는 매일 해야 하는 것처럼, 수학을 공부할 때도 산수를 손가락 풀기처럼 연습한다고 생각하면 된다.

좀 더 수준이 향상된 사람의 경우에 하농처럼 손가락 풀기용으로 공부해야 할 단원은 산수가 아니라 인수분해나 일차, 이차, 삼차방정식 등이다.

우리 엄마는 계산기 없이 돈 계산을 종이 위에다 하신다. 그걸 보고 나도 가계부를 정리할 때 따라 해 보았다. 의외로 재밌다. 가끔은 주판알을 톡톡 튀기며 계산을 해 보고픈 생각도 든다. 어릴 때 주산학원에 다녔던 기억이 있어서다. 몇 급까지 땄는지는 기억이 나지 않지만 주판알의 느낌만은 생생하다.

"234원이요, 546원이요." 톡톡톡톡.

주판을 하려면 연필을 새끼손가락 앞에 끼운 채로 엄지와 검지를 이용해야 한다. 이 자세는 공기놀이를 할 때처럼 손에 특별한 감각을 준다. 주판은 수학을 손으로 만질 수 있게 하는 재미있는 도구다.

취미 수학의 순서는 재미있는 것부터

고등학교 때 언제나 수학 참고서의 맨 앞만 공부하다 마는 친구를 보았다. 고등학교 수학의 처음은 집합이기 때문에 늘 집합만 공부하다

중도에 포기하고 만다. 그런 경험이 있는 사람이라면 집합 부분은 조금 미뤄 두고 일단 자신이 제일 좋아하는 단원을 선택하는 게 좋다. 내 경우는 식을 쓰고 계산하는 것에 재미를 느끼기 때문에 방정식 부분을 가장 먼저 공부한다.

늘 처음이 어려우니만큼 시작을 어렵게 할 필요는 없다. 달리기와 마찬가지로 서서히 달리다가 속력을 내는 것이 몸에 무리가 가지 않고 쉽게 습관이 될 수 있기 때문이다. 마라톤을 하려는 사람이 처음부터 42.195km를 뛴다면 병이 나서 다음날 몸져눕고 다시는 달리는 일에 엄두도 내지 못하게 될 것이다. 일단 처음에 수학의 재미를 즐기기 위해서는 자신의 실력보다 한참 낮은 단계의 문제부터 시작하는 게 좋다. 만약 내가 쉬운 인수분해 문제가 아니라 다짜고짜 미적분부터 풀겠다고 덤볐다면 아마도 수학을 취미 삼겠다는 생각은 하지 못했을 것이다.

무조건 진도를 앞서 나가는 것보단 약간 뒤로 물러나는 것이 수학 실력 향상에 도움이 된다. 이항정리를 이해하지 못하는 사람은 방정식을 풀 수가 없고, 방정식을 풀 수 없으니 당연히 함수가 어려울 것이다.

한 단계 낮은 곳부터 시작하라!

수학공부를 다시 시작하려고 한다면 가장 쉬운 중1 과정부터 출발하라고 권하고 싶다. 공부할 만한 단계를 결정하기 위해 다음의 중고교 과정을 검토해 보기 바란다.

물론 교과 과정은 종종 바뀌기도 한다. 그러나 다른 과목에 비해 수

(2018년도 개정 내용은 1학기만 반영됨)

중1	
1학기	2학기
소인수분해, 정수와 유리수, 문자와 식 일차방정식, 좌표명면과 그래프	통계의 기초 , 기본 도형, 작도 등 기하학의 기초

중2	
1학기	2학기
수와 식의 계산 방정식과 부등식, 일차 함수	확률의 기초(경우의 수부터) 삼각형·사각형 등 갖가지 도형의 성질

중3	
1학기	2학기
제곱근과 실수, 근호를 포함하는 식의 계산 인수 분해, 이차방정식 이차함수와 그래프 이차함수 $y=ax+bx+c$의 그래프	통계(중학 과정에서 가장 발전된 단계로 산포도, 상관관계 등의 개념을 배움), 피타고라스의 정리와 원, 삼각비

고등학교		
고1 2018년 개정	상	다항식의 연산, 나머지정리, 인수분해, 복소수, 이차방정식의 판별식, 이차방정식과 이차함수, 여러 가지 방정식, 여러 가지 부등식, 평면좌표, 직선의 방정식, 원의 방정식, 도형의 이동
	하	집합의 뜻과 포함관계. 집합의 연산, 명제와 사이 관계, 명제의 증명과 절대부등식, 함수의 뜻과 그래프, 합성함수의 역함수, 유리식과 유리함수, 무리식과 무리함수, 경우의 수와 순열, 조합
수1 2019년 개정	지수, 로그, 지수함수, 로그함수, 삼각함수, 삼각함수의 그래프, 삼각함수의 활용, 등차수열, 등비수열, 수열의 합, 수학적 귀납법	
수2 2019년 개정	함수의 극한(1), 함수의 극한(2), 함수의 연속, 연속함수의 성질, 미분계수, 도함수, 접선의 방정식과 평균값 정리, 도함수의 활용, 함수의 극대·극소와 그래프, 부정적분, 정적분, 정적분의 활용	
고2-3학년	미적분1·2, 확률과 통계, 기하와 벡터	

학은 큰 변화가 없으므로 과정이 바뀌더라도 상관없다.

중학교 과정의 경우, 1학기 때는 '문자와 식'이 나오는 방정식이나 함수를 연습하고 2학기 때는 1, 2, 3학년 모두 도형을 다룬다. 1, 2학년은 삼각형이나 사각형에 대해 배우고, 2학년 과정에선 수많은 정리에 대해 증명하는 연습을 한다. 3학년은 2학기에 드디어 피타고라스를 배우게 된다. 피타고라스와 원, 싸인, 코사인, 탄젠트 등을 배운다.

고등학교 통계 단원에서는 평균과 표준편차와 확률을 다룬다. 이것은 중학교에서 이미 기초를 배운 것이다. 고등학교에서 배우는 내용은 중학교 수학을 더 깊이 들어가는 것이다. 여기에 미분과 적분, 기하와 벡터 등 더 어려운 곳으로 나아가게 된다.

수학이 아주 쉽다고 말할 수는 없다. 간단한 사칙연산은 쉬우나 복잡한 계산은 어렵고 틀리는 경우도 많다. 1차 방정식은 쉬울 수 있으나 고차 방정식으로 가면 복잡해진다. 지금 하고 있는 공부가 어렵다면 기초로 다시 내려가서 시작하는 것이 좋다.

중학교 3학년 과정의 통계가 어렵다고 느껴지면 중학교 1학년으로 내려가 통계의 처음을 공부할 필요가 있다. 중1 과정에선 중3 과정보다 훨씬 쉬운 기초를 공부하며, 표준편차를 구하기 전에 도수분포표를 보고 통계를 구하는 법이나 계급값, 상대도수, 누적도수 등의 개념을 연습할 수가 있다.

함수는 참으로 중요하다. 기하학을 제외한 대수의 영역에서 대부분의 사람들이 어려움을 느끼는 부분은 단연 함수이다. 함수는 기하학과 대수학의 만남 즉, 수와 그림의 만남이라고도 할 수 있기 때문에 복합적인 분야다. 학생들이 어려움을 호소하는 것도 이 때문일지 모르겠다. 고등학교 과정엔 수없이 많은 분야로 확장된 함수를 만나게 된다. 합성함수, 역함수, 유리함수, 무리함수, 지수함수, 로그함수, 삼각함수, 미분법의 도함수, 삼각함수 등 고등학교 과정의 상당 부분을 함수가 차지하고 있는 것이 사실이다. 이 용어들 때문에 가슴이 답답하다면 일차함수부터 시작하면 된다.

수학이 즐거워지는 노트 사용법

수학은 참으로 아름답다. 수학엔 분명 아름다운 정신이 숨어 있다. 수학은 생활의 필요에 의해 나왔고, 온갖 역사를 겪어 냈다. 수학은 예술과 철학적 사고의 산물이며 많은 수학자들의 파란만장한 인생을 통과해 우리 앞에 와 있다. 수학은 과학 분야의 여왕이라고 칭송할 만하다. 피타고라스학파는 마치 수학을 예술처럼 취급했으며 그들이 발견해낸 삼각수나 사각수, 완전수의 개념들은 수학으로 완성시킨 하나의 예술작품과 같다. 우리가 보게 되는 미술 작품들 속에도 황금분할이라는 비례식이 숨어 있고 수학적으로 설명할 수 있는 구도들도 담겨 있다.

그러나 수학에 대한 전문 지식이 없는 평범한 우리들이 수학의 깊은 철학과 정신에 대해 고찰하기는 어려운 일이다. 그나마 우리가 수학의 미학적 아름다움에 대해 느낄 수 있는 작은 부분으로 '식을 쓰는 과정'을 권하고 싶다.

대수학의 수많은 문자와 식들을 쭉 써 내려간 노트를 나중에 펼쳐 보면 마치 한 폭의 그림을 보는 듯한 느낌이 든다.

$\alpha\ \beta\ \Upsilon\ \theta\ \pi\ \omega\ \Sigma\ \int\ \infty$

수학 식은 손으로 쓴 것이 예쁘다. 특히 수학에 나오는 다양한 기호들은 쓰는 재미를 더해 준다. 암호처럼 늘어서 있는 식들은 질서정연하면서도 예쁘장하다. 기하학을 할 때는 수학이 마치 그림 같다는 생각을 하게 된다. 특히 원에 대한 공부를 하고 난 후에 노트를 펼쳐 보면 노트 위엔 크로키처럼 그려진 수많은 원들이 보이고, 기하학적 도형들과 수식이 어우러져 하나의 그림을 완성한다. 이젤 앞에서 붓을 들고 물감으로 그려야만 그림이 되는 것은 아니다. 수학 식을 써 내려가며 내가 예술가의 행위를 흉내 내고 있다고 상상하는 것도 즐거운 일이다.

노트는 높은 단계로 올라갈수록 쓸모가 많다. 식을 쓰면서 계산해야 할 것들이 많아지기 때문이다. 중학교 1, 2학년 과정의 경우엔 써야 할 식들이 대부분 간단하고 도형 부분이 나올 때는 문제집에 바로 풀어도 되기에 노트가 크게 쓸모 있진 않다. 그러나 중3 과정으로 넘어가면 노트를 활용하는 것이 100배 더 효과적이다. 방정식이 이차로 넘어가게 되고 인수분해와 이차함수를 접하게 되기 때문이다. 이차함수의 경우 수식이 길어지고 그래프를 그려야 하므로 노트를 활용하는 것이 문제집 여기저기에 아무렇게나 푸는 것보다 좋다. 특히 함수의 최대,

최소를 구할 때는 더 요긴하다.

고등학교 과정의 경우, 풀이가 노트의 한 페이지를 다 차지할 정도로 긴 경우가 많다. 고등학교의 수학 시험 때 풀이할 B4 용지를 하나 더 주는 경우가 많은 건 풀이 과정이 길고 그것을 풀어낼 종이가 필요하기 때문이다. 고등학교 과정이라면 문제집에 직접 문제를 푸는 건 거의 불가능하다. 문제집엔 식들을 일목요연하게 풀어내려갈 공간이 턱없이 부족하다.

노트 사용법은 그리 복잡하지 않다. 게다가 이미 학창시절에 경험했던 것이기도 하다. 이 방법을 사용하지 않았거나 방법을 까맣게 잊은 분들 그리고 연필과 노트 쓰기에 익숙하지 않은 중고생을 위해 간단히 방법을 소개한다.

가장 첫 번째 할 일은 노트를 사는 일이다. 노트는 비싸고 예쁜 것을 고를 필요가 없다. 스프링 노트도 불편하다. 대학 노트 같이 두꺼운 것도 피한다. 휴대하기 간편하게 얇고 싼 것이 최고다. 동네 문방구에서 쉽게 살 수 있는 500원짜리 노트면 충분하다.

우선 노트를 반으로 접는다

수학 식의 계산은 보통 옆으로 길게 쓰지 않고 알아보기 쉽도록 세로로 내려쓴다. 아무렇게나 이곳저곳에 계산해서 푸는 것은 수학 실력을 체계적으로 늘리는 데 도움이 안 된다. 만약 역사 속의 많은 수학자들이 식을 쓰지 않았다면 수학의 체계화는 불가능했을 것이다. '페르마의 마지막 정리'가 주는 교훈을 돌이켜보라.

노트 위에 그날의 날짜를 적는다

노트 위에 날짜를 적고, 그날 푸는 문제에 1번부터 일련번호를 매긴다. 하루에 다섯 문제를 풀었는지, 열 문제를 풀었는지 나중에 한눈에 볼 수 있다. 그렇게 노트가 하나하나 쌓이면 나중엔 자신만의 수학 연구 기록이 된다. 그것은 평범한 사람들이 이루어낸 지적 연구의 작은 산물이며, 소장품이며, 전리품이고 언젠가는 역사가 된다.

수식들이 섞이지 않게 쓴다

1번 문제를 푼 후에 한 칸을 띄우고 다음 문제를 푼다. 답이 틀렸더라도 풀이한 식을 함부로 지우지 말고, 바로 밑에 다시 풀기 시작한다. 어떤 과정이든 적어 두는 거다. 모든 과정을 한 권의 노트에 통합해서 한다.

문제는 동시다발적으로 푼다

문제는 많이 풀수록 좋다. 이것에 관해서는 의견이 분분하다. 그러나 위대한 수학자로서 상당 수준의 깊이 있는 수학을 공부할 것이 아니라 그저 수학을 취미로 즐기는 수준이라면 수학 문제를 많이 풀어 보는 것이 좋다고 생각된다. 또 수학의 원리를 모르면 수학 문제를 풀 수도 없으므로 문제를 풀 수 있는 능력이 있다면 이미 그 문제의 원리에 대해 어느 정도 이해하고 있다고 봐야 한다.

내 노트를 암호 문서로 만든다

수학자들이 실제로 연구한 노트나 문학의 대가들이 새의 깃털에 잉크를 묻혀 필기체로 써 내린 친필 원고의 한 면들을 보면 고풍스러운 멋이 풍겨난다. 이런 멋스러움을 평범한 우리들도 충분히 흉내 내 볼 수 있다. 위의 방법대로 노트 위에 열심히 문제를 풀어 가다 보면 어느 날 무심코 펼쳐본 노트는 마치 복잡한 암호문처럼 보일 것이다.

암호문 안엔 수도 없이 '그러므로(∴)'가 찍혀 있다. '이 문제의 정답은 이거다.'라는 의미로 곰 발바닥같이 생긴 이 표시들이 군데군데 박혀있는 것이다. 증명을 한 문제엔 'Q.E.D.'(Quod erat demonstratum, 증명되었다는 뜻의 라틴어)라고 찍혀 있다. 가끔 '왜냐하면(∵)'도 보인다. 이런 기호들을 적절히 사용하는 버릇을 들이는 건 어렵지 않다. 가장 많이 쓰이는 것은 물론 답을 찾아냈을 때 적는 '∴'이다.

노트는 무한한 자유 공간이다

노트에 쓰면 어쩐지 필기하는 것처럼 깨끗이 정리해야 한다는 생각을 하게 된다. 실제로 노트는 줄이 처져 있어서 연습장에처럼 마음 편하게 문제를 풀 수 없다고 생각하는 사람들도 있다. 그러나 노트 위의 줄은 단지 수식을 나란히 써 내려가기 위한 지지대일 뿐이다. 노트란 얼마든지 선을 넘어도 되는 자유의 공간이다. 물론 수식은 알아보기 쉽고 깔끔하게 써야 하지만 그것에 제약을 받을 필요는 없다. 편안하게 손이 가는 대로 쓰면 된다. 낙서를 해도 상관없다.

수학 공부를 하는 데 노트와 연필 한 자루면 충분하다. 어려운 입시 수학에 치여서 그렇지, 누구에게나 자기가 쉽게 할 수 있는 수학 영역이 있게 마련이다. 일차방정식 정도는 사실 식은 죽 먹기가 아니겠는

가. 그렇게 쉬운 건 수학이 아니라고 생각할지 모르겠으나, 그것 또한 엄연한 수학이다. 미적분 정도는 풀어야 수학을 하는 것이란 생각은 하지 말기 바란다. 쉬운 것부터 해 가다 보면 언젠가는 미적분도 쉬워질 날이 온다, 반드시!

재미로 풀어 보는 워밍업 수학 문제

그렇다면 문제를 직접 풀어 보자. 중학생 3학년 정도의 실력이면 풀 수 있는 쉬운 문제들로 구성되어 있으니 도전해 볼 만하다. 정답을 보지 말고, 끝까지 혼자서….

당신의 수학 실력은?

1. 다음 그림에서 $\angle x$의 크기를 구하시오.

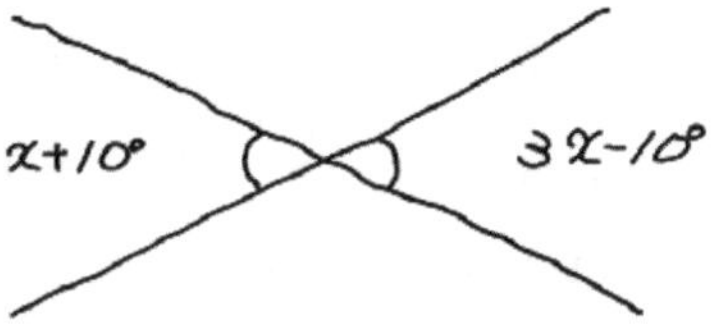

2. 아래의 삼각형에서 $\angle x$의 크기를 구하시오.

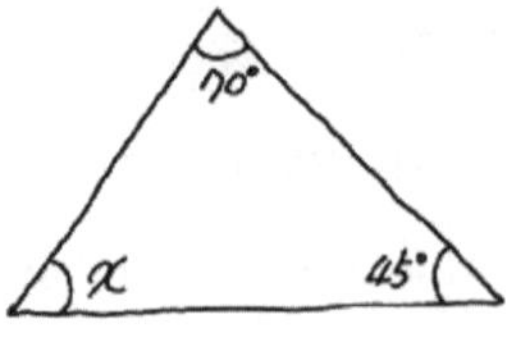

3. 다음 삼각형에서 $\angle x$의 크기를 구하시오.

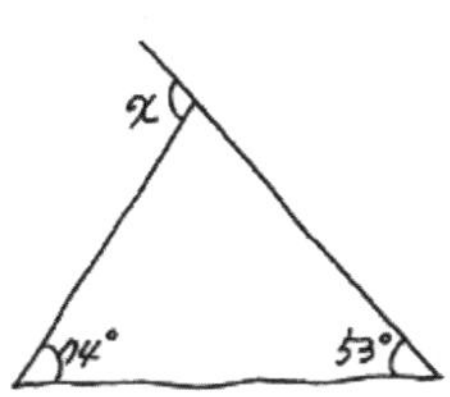

4. 다음 그림은 $\overline{AB}=\overline{AC}$인 이등변삼각형이다. $\overline{BC}=\overline{BD}$이고, $\angle C = 70°$이라면, $\angle ABD$의 크기는 얼마인가?

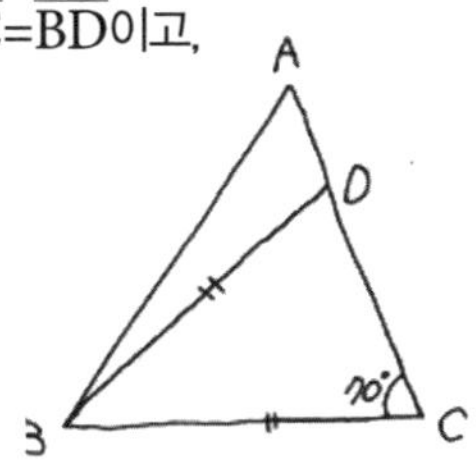

5. 오른쪽 그림에서 점 I는 ΔABC의 내심이고, 세 점 D, E, F는 내접원의 접점이다. 길이가 다음과 같을 때, 선분 $\overline{BC}$의 길이를 구하시오.

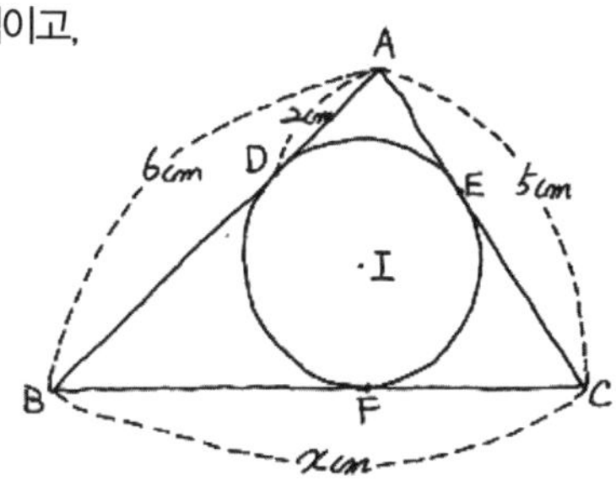

6. $-\frac{3}{4}+\left\{-\frac{1}{3}-\left(-\frac{2}{3}+\frac{1}{4}\right)\right\}$ 의 답을 구하시오.

7 . 일차함수 $y = -x+2$의 그래프 위에 있는 점은?

① (2, 1) ② (1, 4) ③ (0, 1) ④ (1, 0) ⑤ (0, 2)

8. 기울기가 3이고, 점 (-1,-5)를 지나는 직선의 방정식을 구하라.

9. 다음 연립방정식을 풀어라.

① $\frac{x}{2} - \frac{y}{3} = 2$

$\frac{x}{4} + \frac{y}{6} = 3$

② $3(x-2y)-y = 10$

$2x-5(y+1) = 1$

10. 다음 연립부등식의 해를 구하라.

① $2x-5 < 6x-1$

$3x+7 \geq 5x-2$

② $2x-7 < x-1 \leq 3x+5$

11. 은경, 세진, 세영, 은숙이가 일렬로 늘어서는 모든 경우의 수를 구하시오.

12. 다음 그림을 보고 정희네 집에서 은경이네 집에 갈 수 있는

모든 경우의 수를 구하시오.

13. 다음은 창수의 2학기 중간고사 성적표이다. 평균을 구하시오.

과목	국어	영어	수학	과학	사회	미술
점수	87	93	86	79	100	98

14. 다음 직각삼각형에서 x의 길이를 구하시오.

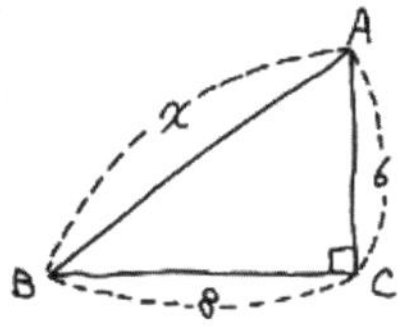

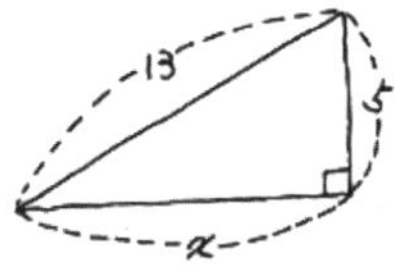

15. 아래 그림은 직각삼각형을 연결해 놓은 그림이다. 표시된 부분의 길이가 모두 3cm로 같을 때, x의 길이를 구하시오.

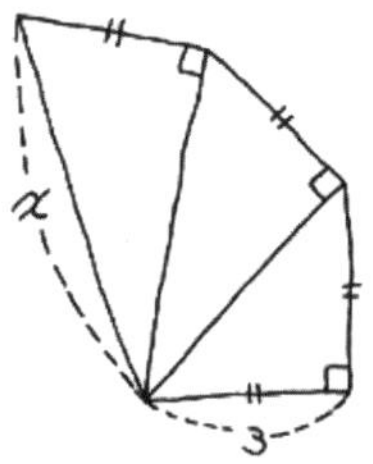

16. 다음의 원에서 중심각의 크기가 각각 30°와 60°이고, 그에 해당하는 호의 길이는 5cm와 $x$cm라는 것을 알 수 있다. 이것에서 x가 10cm라는 것을 쉽게 발견할 수 있는데, 이는 원의 어떤 성질을 이용한 것인지 설명하시오.

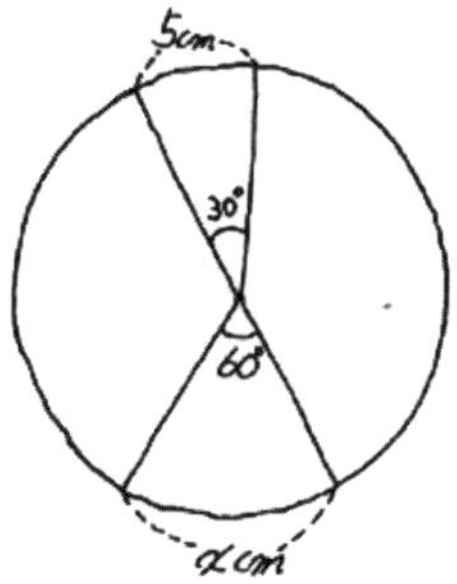

17. 다음 무리식을 간단히 정리하여라.

① $\sqrt{8} - \frac{2}{\sqrt{2}-1}$

② $5\sqrt{3} - 4\sqrt{5} - \sqrt{27} + 2\sqrt{5}$

18. 다음 식을 전개하여라.

① $(x+7)(x-3)$

② $(x+2)(x^2-2x+1)$

19. 다음 식을 인수분해 하여라.

① $9x^2-30x+25$

② $(x+2)^2-4(x+2)+4$

20. $x^2+x+2a=0$의 한 근이 6일 때, 다른 한 근을 구하시오.

21. $x^2-2x+k=0$의 한 근이 $1-\sqrt{2}$이다. k의 값은?

22. $A=\{1, 2, 3, a, b\}$, $B=\{3, 4, a, c\}$, $C=\{3, 5, a, b, c\}$ 일 때,

빗금 친 부분의 원소 개수는?

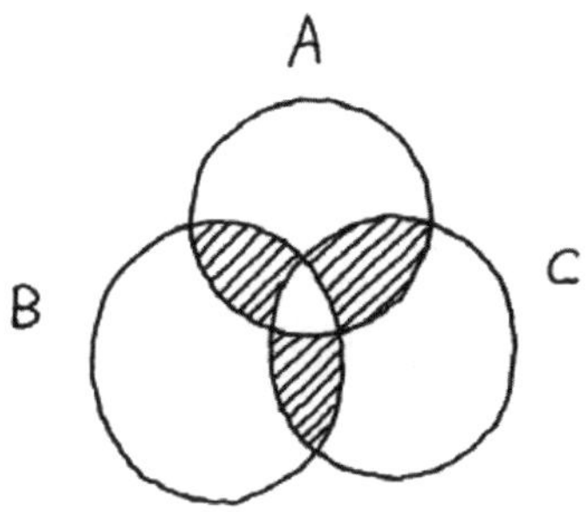

23. 〈어리석은 토끼〉

토끼는 매일 새벽 옹달샘에서 물을 떠 온다. 그런데 이상하게 집에 도착하기만 하면, 물이 한 방울도 남아 있지 않았다. 알고 보니 양동이 바닥에 구멍이 나서 물이 계속 새 나가고 있었던 것이다. 토끼의 양동이에는 30리터의 물을 담을 수 있고, 5분에 10리터씩 물이 새어 나갔다. 집에 도착한 순간 물이 한 방울도 남지 않게 되었다면, 토끼의 집에서 옹달샘까지 왕복하는 데 걸린 시간은 얼마겠는가?

24. 피타고라스의 정리 $a^2 + b^2 = c^2$ 이 성립함을 증명하시오.

25. 자신이 알고 있는 수학자의 이름을 3명 이상 적으시오.

※정답은 308쪽에 있습니다.

중고생을 위한 여우 공부법

선생님들은 곧잘 "무식하게 공부해라! 곰처럼 공부해라!"라는 잔소리를 하신다. 무조건 앉아서 답답하고 무식해 보일 정도로 공부하는 것이 공부를 잘하는 지름길이라는 것이다. 그러나 이 방법은 틀린 것 같다. 공부를 잘하는 학생, 특히 수학을 잘하는 학생들을 유심히 살펴보면 분명 특별한 비법들을 가지고 있다. 물론 유클리드 말마따나 기하학엔 왕도가 없는 것처럼, 공부에도 왕도가 없다.

가장 쉬운 것부터 한 걸음 한 걸음 걸어 나가야 하는 것이 공부다. 그러나 각자의 방법론 또한 있어야 한다. 곰처럼 무식하게 앉아서 목숨 바쳐 공부를 하는데도 성적이 오르지 않거나 만날 노는 것처럼 보여도 성적이 늘 상위권에 머무는 것에는 분명 이유가 있다.

공부도 안 하는 것처럼 보이고, 시험 전날도 일찍 잤다고 말하는 학생이 일등을 하면 친구들로부터 미움을 사게 된다. "분명 우리가 보지 않는 곳에서 코피 터져 가며 공부했을 거야.", "시험 전날에도 밤샘한 게 분명해." 이런 식으로 친구들이 수군거린다. 그러나 실제로 일등 하는 학생들은 시험 당일의 컨디션을 고려해 일찍 잠자리에 드는 경우가 많다. 밤샘을 하면 알던 것도 실수할 가능성이 많아지기 때문이다. 공부를 잘하는 학생들은 곰이 아닌 여우같은 공부법을 가지고 있고, 그것이 자연스럽게 습관이 되어 애써 공부하지 않아도 성적이 높게 나오는 것이다.

습관의 중요성

특히 수학은 벼락치기를 하거나 공식을 달달 외우는 것으로는 성적을 올릴 수가 없는 과목이다. 본인이 직접 문제 풀이를 열심히 해 보지 않았다면 족집게 선생이 있어서 문제를 딱딱 집어 줘도 시험을 엉망으로 볼 수 있다. 다 아는 것을 틀렸다고 땅을 치겠지만, 냉철하게 판단한다면 모르는 문제를 틀린 것이므로 변명의 여지가 없다. 수학은 자신이 직접 풀어서 정답을 찾아낼 수 없다면 완전하게 안다고 말할 수 없다. 누군가 설명해 주면 고개를 끄덕이면서 "설명을 들으면 알겠는데, 혼자 하면 못 풀겠어요."라고 한다. 그래서 직접 다시 풀어 보라고 말하면 "이젠 푸는 법을 알아요."라고 말하면서 귀찮아한다.

수학은 몸의 근육과 같다. 우리는 어떻게 하면 근육을 발달시키고 몸을 단단하게 만들 수 있는지 잘 알고 있다. 그러나 실천하는 사람은 드물고 실제로 멋진 근육을 갖게 되는 사람은 소수에 불과하다. 그들은 자신의 게으름과 나태함을 극복하고 남들이 귀찮아하는 일에 과감하게 매일을 투자한 사람들이다. 꼼꼼하고 성실한 사람만이 멋진 근육을 갖게 된다.

매일 조금씩, 꾸준히, 집중해서 공부한다면 우리 또한 멋진 수학 실력을 갖출 수 있다. 시험 때만 공부하는 벼락치기 방식에서 벗어나 매일 조금씩 규칙적으로 공부하는 습관을 들이면 부담도 훨씬 적고 시간도 더 여유롭게 사용할 수 있다.

한 번 틀린 문제는 다시 틀리지 않는다

공부 잘하는 비법 중에 대중적으로 잘 알려진 것이 '오답 노트'의 활용이다. 이것은 전 과목에 걸쳐 사용할 수 있는데, 평소 문제집을 풀다가 틀린 문제나 시험에서 틀린 문제들을 노트에 일목요연하게 정리하면서 복습하여 다시는 틀리지 않도록 하는 공부법이다. 많은 이들이 알고 있는 이 공부법은 그러나 실천이 어렵다는 단점이 있다. 대부분의 학생들은 틀린 문제를 다시 보는 것조차 짜증스러워한다. 오답 노트를 따로 만드는 것은 귀찮겠지만 틀린 문제를 다시 풀어 보는 것 정도는 그렇게 어렵지 않다.

틀린 문제는 반드시 다시 풀어 봐야 한다. 정답을 풀어내는 과정에서 자신이 왜 실수를 했는지 그 원인을 정확히 알게 되게 때문이다. '내가 인수분해 하는 방식에서 틀렸구나.', '괄호를 풀어 줄 때 부호 바꾸는 부분에서 실수를 했네.', '약분을 잘 못했구나.'하고 깨닫는 순간 수학 실력은 향상된다. 더불어 실수에도 일정한 규칙이 있음을 발견하게 될 것이고, 그 실수를 영원히 뛰어넘을 수 있게 된다. '실패는 성공의 어머니'란 말이 고루한 옛날 명언처럼 들리겠지만 이것은 진리에 가깝다. 실패한 것에는 분명 이유가 있고 그것을 되짚어 반성하지 않으면 똑같은 실패를 되풀이하게 된다. 사람이라면 누구나 인생을 살아가면서 체험을 통해 이 같은 교훈을 얻을 수 있다.

설명하는 연습을 한다

수학은 백 번 설명 듣는 것보다 한 번 풀어 보는 것이 효과적이다. 문제를 풀어서 정답을 맞힐 수 있다는 것은 원리를 파악하고 있다는 뜻이다. 대강 공식만 외운다고 해서 될 문제가 아니다. 수학 문제를 자기 것으로 만드는 가장 좋은 방법은 자신 있게 푼 문제를 남에게 설명해 상대방이 완전히 이해할 수 있도록 만드는 것이다. 학생들이라고 해서 누군가의 설명만을 듣는 소극적인 공부 방식을 택해야 할 이유는 없다.

플라톤 시절의 철학과 수학 연구는 남에게 설명해 충분히 이해시키고 설득시킬 수 있는 언어 능력을 중요하게 생각했다. 남에게 설명할 수 없고, 남을 설득시킬 수 없다면, 더 나아가 다른 이가 던지는 "왜?"라는 질문에 대답할 수 없다면 완전한 학문이 아니라고 보았다. 이는 비단 기원전의 아카데미아academia, 플라톤이 BC 385년 무렵 세운 철학 교육기관에만 적용되는 문제는 아닌 듯하다.

혼자서 풀 수는 있는데, 설명을 할 수 없다면 모르는 것과 다를 바 없다. 친한 친구와 수학 짝꿍을 만들어서 함께 문제를 풀어 보고, 정답을 맞히고, 오답을 다시 풀어 보고, 서로에게 설명을 하는 방법도 아주 유용하다. 그것도 안 된다면 집에서 예전의 나처럼 혼자서 중얼거리며 설명하는 연습을 해 보거나 강아지에게 설명해 봐도 괜찮다.

고독한 작업, 그러나 취미처럼 즐겁게!

대부분의 공부는 혼자서 하게 된다. 적당히 통제하는 교사가 없다면 친구들끼리 모여서 공부하는 것은 효과적이지 못하다. 공부한다고 모여서 실컷 놀다가 한두 문제 겨우 풀고는 공부했다고 스스로를 대견하게 생각하는 경우도 많기 때문이다.

집이나 도서관에서 홀로 고독하게 진행되는 공부는 중요하다. 고독한 시간을 견디고 자기와의 싸움을 이겨낸 사람들이 위대한 예술 작품을 탄생시키는 것을 많이 보게 된다. 화려하게 전시회를 하고 있는 화가는 그 수많은 작품들을 만들어 내기 위해 오랜 시간을 작업실에서 홀로 고뇌했다. 작품을 만들 사람은 오직 자기 자신뿐이다. 홀로 고독과 부딪혔던 그 시간들이 없었다면 우리는 그들의 작품을 볼 수 없었을 것이다. 아무도 대신해 주지 않는다. 심지어 부모조차.

혼자서 한참을 고심하다 드디어 문제 푸는 방법을 알아차렸을 땐 "아하!"하고 박수를 치며 즐거워하게 된다. 이럴 때 공부는 마치 놀이와 같다. 오감을 몽땅 이용하는 방법도 있다. 문제를 푼 후에 혼자서 남에게 설명하듯이 말을 하면서 다시 풀어 보는 것이다. 공부방에 작은 칠판이나 화이트보드를 준비해 두고 강의를 준비하는 교수처럼 연구에 몰두하거나, 준비한 것을 다른 이에게 설명하는 연습을 해 봐도 좋겠다. '밑줄 쫙, 돼지 꼬리 땡야' 등 재미난 말투도 섞어 가면서.

자신의 수준을 파악한다

수학은 다른 과목과 달리 왕도가 없다. 즉, 이전 단계를 충분히 이해하지 않고 다음 단계로 넘어가면 반드시 어려움을 겪게 된다. 일차함수도 모르면서 삼차함수를 무식하게 공부해 봐야 아무 소용이 없는 것이다. 곰처럼 온종일 붙들고 공부한다고 해서 실력이 붙을 리가 없다. 영어 공부를 할 때 문자와 발음과의 관계도 이해하지 못한 채 무조건 단어를 외우는 것이 비합리적인 것과 같다.

자신의 수학 수준이 어느 단계인지 정확하게 파악할 필요가 있다. 무조건 처음부터 다시 시작하는 것도 좋지 않다. 무조건 처음부터 하면 처음만 공부하다가 그만두는 경우가 많기 때문이다. 위에 언급한 방식대로 공부를 해 가다 보면 자기에게 부족한 면이 어떤 것인지 정확히 알게 된다. 문제를 풀 때 항상 음수와 양수의 부호 관계에서 틀린다면 자신이 돌아가 공부할 부분은 중1 과정의 '문자와 식'이 될 것이다. 피타고라스의 문제를 푸는 데 항상 피타고라스의 정리로 유도된 방정식을 풀지 못하는 걸 발견했다면 방정식에 대한 공부를 다시 해야 한다.

> 자신의 수준이 어느 정도이고 어디에서 막히는지를 정확하게 알 수 있는 사람은 자기 자신뿐이다. 공부하는 데 자존심은 아무 소용없는 물건이다. 자신의 수준을 지나치게 높게 생각하지 않는 것이 나중의 도약을 위해 더 낫다.

진도를 빠르게 나가야만 좋은 게 아니다. 약간 늦더라도 완전하게 소화하고 넘어가는 것이 장래의 실력 향상에 도움이 된다. 수학은 일주일 만에, 한 달 만에 효과가 바로 나타나는 과목이 아니다. 짧게는 6개월, 길게는 몇 년씩 꾸준히 기초 공사를 해야 할 필요가 있다. 도약은 그 다음의 문제로, 어느 순간 장벽을 넘듯이 한 단계를 툭 뛰어넘게 된다.

공부 스케줄 짜기

공부를 습관화할 때 가장 먼저 해야 할 것이 공부 계획을 세우는 일이다. 계획이란 적절한 시기에 세워 적절하게 실천해야 효과가 있는 것이다. 일이 코앞에 닥쳐서 계획을 세우면 무리한 계획을 세울 수밖에 없고 실천할 가능성 역시 낮아진다. 계획한 일을 3일 이상 실천하지 못할 때 '작심삼일作心三日'이란 말을 쓴다. 작심삼일이 되는 데는 그만한 이유가 있다. 계획이 터무니없거나 구체적이지 못하기 때문이다. '열심히 해서 기말고사 때는 전교 등수를 100등 이상 올릴 거야.'라는 계획은 실현 가능성도 없고 구체적이지도 못하다. 단순히 '살을 뺄 거야.'라는 계획 또한 작심삼일이 되기에 딱 좋은 작심 제목이다. '오늘부터 하루 세 끼 식사 이외의 군것질을 모두 삼가겠어.' 정도는 되어야 실천하기 좋은 계획이라고 하겠다. '무조건 공부를 열심히 해야지.'하는 계획은 너무 추상적이고 어떤 식으로 실천할지 구체적인 내용도 없다. 이런 계획 아래에선 공부를 열심히 하기로 마음을 굳게 먹어도 아무런 변화 없이 하루하루가 흘러가 버린다.

계획은 실천하기 쉽게 구체적으로 세워야 한다. 그리고 계획을 세웠다면 일상생활부터 계획에 맞춰 바꿔야 한다. 내가 먼저 변화하지 않고서 목적을 이루길 바라면 안 된다.

계획이란 한번 세워 두면 끝나는 게 아니기에 매일 점검하고 새롭게 계획을 세워나가며 마음을 환기시키는 것이 좋다.

수학 공부 스케줄을 직접 짜 보면 다음과 같다. 일단 1년 단위부터 계획하는데, 1년은 4분기로 나뉜다. 학습 내용은 중3 학생들을 기준으로 했다. 구체적인 학습 계획표를 세우기 위해서는 교과서나 참고서의 목차를 잘 훑어보는 것이 중요하다.

1학기	여름방학
실수와 계산 무리수 연습(중3에서 처음 나오는 것) 인수분해(기본이 되므로 충분히 연습) 이차방정식(저학년의 일차방정식 연습) 이차함수(저학년의 일차함수 연습)	1학기 정리 2학기 예습 부족한 기초 연습 (인수분해, 방정식, 함수를 중심으로)
2학기	**겨울방학**
통계(1학년의 기초 연습) 피타고라스의 정리 (인수분해, 방정식, 연립방정식 연습) 원(피타고라스의 정리와 연계) 삼각비	고1 연습 인수분해, 방정식, 함수 무리수 등의 복습

위의 계획표는 수학 실력이 부족한 학생들을 기준으로 했기에 내용이 좀 복잡한 편이다. 2학기 때 배우는 피타고라스 부분은 대수식을 능란하게 다루지 못하면 풀기 어렵다. 이에 대비해서 세운 계획이라 다소 복잡하게 느껴질 수도 있겠지만 대부분의 학생들은 이미 충분히 연습이 되어 있으므로 실제 공부를 하다보면 생각보다 수월할 것이다.

중3 때 배우는 삼각비의 경우엔 중학교 모든 과정의 기초가 완전해야 이해할 수 있는 부분이므로 가장 복합적이라 할 수 있다. 또한 중학교 때 배운 수학의 기초들은 고등학교 수학을 배우는데 있어 반드시 필요하므로 고등학교 입학 전에 중학 과정의 모든 것을 마스터해야 한다.

누차 말했듯이 수학은 계단을 오르는 것과 같다. 한 계단을 제대로 밟아야 다음 계단에 오를 수 있고, 차곡차곡 계단을 오르다 보면 어느새 정상에 서게 되는 것이다.

이 계획표는 학교에서 배우는 속도를 기준으로 한 것이므로, 일반인의 경우엔 진도를 더 길게 잡아도 무방하다. 3개월이나 6개월 동안 내내 함수만 공부해도 상관없다. 함수를 통째로 공부하는 것도 가능하다. 일차함수부터 시작해 이차, 삼차 순으로 단계를 밟아가며 공부하는 것도 효과적이다.

한 학기를 5개월로 본다면 그리 많은 분량은 아니므로 이 계획표를 보고 두려움부터 갖지 않기를 바란다. 1년 치의 계획을 대략적으로 세웠으나 공부할 단원은 끊임없이 변할 수 있다. 개개인의 차이에 따라 부족한 부분이 다르고, 공부하는 과정에서 부족한 부분을 새롭게 발견할 수 있기 때문이다.

연간 계획은 월별 계획으로, 월별 계획은 다시 주별로 나눌 수 있다. 피타고라스의 경우엔 학교에서 진도를 나가는 데 한 달 이상이 걸리므로 4주에서 6주 간을 투자해 공부할 수 있다.

아래와 같이 일주일 치의 계획을 잡았다면 좀 더 효과를 얻기 위해 일주일 간 이 주제에만 집중해 공부한다. 이를테면, 피타고라스의 정리가 어떻게 생겼으며 어떤 식으로 만들어져 있는지에 대해 길을 걸을 때나 버스를 타고 등교를 할 때, 언제 어디서건 틈틈이 반복적으로 되짚어 보는 것이다. 마치 어제 본 드라마의 줄거리를 떠올리듯이 하면 되는데, 이런 식으로 하나의 주제에 대해 일주일 간 온 마음을 집중시키면 효과가 더 크다.

9월	피타고라스 1주째 (피타고라스의 기본 정리) 기초 연습 10분 – 연립방정식							
	요일	월	화	수	목	금	토	일
	오전	기초1	기초2	기초3	기초4	기초5	기초6	피타고라스의 기본 정리 문제 풀이
	오후	피타고라스 증명 연구	피타고라스 증명 연구	문제1	문제2	문제3	문제4	
	저녁							

피타고라스의 기본 정리를 이용해 삼각형의 변의 길이를 구하는 문제들은 간단하고 쉽다. 그러나 쉽다고 해서 그냥 지나치면 안 된다. 이 부분은 시간이 많이 걸리지 않으니 매일 조금씩 공부하는 게 좋다. 문제를 풀다 보면 피타고라스 숫자들의 일정한 규칙을 발견하게 될 것이다. 이 기초적인 과정을 충분히 연습해 둬야 나중에 복잡한 과정이 나와도 어렵지 않게 접근할 수 있다. 피타고라스 단원의 야비한 점이 바로 그것이다. 너무 쉬워서 우습게 생각하다가 한 장 한 장 진도가 나가면서 점점 어려워져 나중에 건잡을 수 없이 복잡해진다. 매일 매일 짧은 시간만 투자해도 충분히 따라갈 수 있음을 기억하자. 나중에 한꺼번에 하려면 뒤죽박죽되어 어느 것부터 손대야 할지 헤매게 될 게 틀림없으므로.

일주일 단위로 나눠 놓고 보면 수학 공부도 쉽게 다가갈 수 있다는 걸 알게 된다. 연립방정식이나 인수분해 같은 기초 연습은 하루에 10분씩만 투자하면 되는데, 오전이나 오후의 일정한 시간을 정해 두고 연습하여 습관으로 만드는 것이 중요하다. 아침에 10분 일찍 일어나 할 수도 있고, 오전 중에는 쉬는 시간 또는 점심시간을 이용하거나 아니면 저녁의 휴식 시간을 이용할 수도 있다.

10분 정도면 기초 연습을 하기에 충분한 시간이다. 인수분해나 방정식 등의 대수식 연산에 필요한 기초들은 손에 익으면 술술 풀리는 것들이므로 10분이라도 생각보다 많은 문제들을 풀 수가 있다. 처음엔 더디겠지만 하다보면 속도는 점점 빨라지고 나중엔 더 많은 문제들을 오답 없이 풀어낼 수 있게 된다.

일주일 계획의 마지막 날인 일요일은 한 주 동안 공부했던 부분들을 총정리하는 시간이다. 이 시간엔 그 단원에 해당되는 다양한 문제들을 접한다. 여러 가지 문제집을 이용하는 시간으로 활용하면 되겠다.

피타고라스나 원의 가장 앞부분을 공부하고 있다면 이 시간에 중1, 2 때 배웠던 기하학 기초를 다시 공부해도 좋다. 무게중심의 비율이나 삼각형의 기본 정리들을 다시금 훑어보면 앞으로 나오게 될 복잡한 부분들을 공부할 때 한결 수월하다. 삼각형의 무게중심이 2:1이라는 사실을 알아 두면 삼각형의 무게중심을 이용해 피타고라스 문제를 풀 때 이해가 빠르다. 평면으로만 그려진 도형들을 입체적으로 생각할 줄 알아야 하므로 기초를 확실히 해 두자.

위와 같이 공부한다면 기초 연습에 10분, 진도를 따라가는 것에 20~30분 정도가 걸리므로 하루에 40분 정도를 수학 공부에 투자하는 셈이 된다. 이것으로 충분하다. 우선 눈을 딱 감고 일주일만 실천해 본다. 그러면 다음 주를 실천할 용기가 생길 것이다. 여러 주가 쌓여 한 달이 되면 이미 습관이 되고 생활의 즐거움이 되어 있을 것이다.

가장 쉬운 단계부터 시작하기. 수학은 문제를 쉽게 풀 수 있고, 그렇게 풀어낸 결과가 정답일 때 재밌어지는 법이다.

수학을 취미 삼으려면 반드시 버려야 할 습관

남이 다 풀어서 설명해 주기만을 바라는 습관

무조건 선생님부터 부르고 보는, 의존적인 학생들이 있다. 혼자서 문제를 풀어 볼 노력도 하지 않고 누군가가 손쉬운 방법을 알려 주길 바라는 것은 수학 실력 향상에 별로 도움이 되지 않는다. 재깍재깍 답을 알려 하지 말고 문제들을 끝까지 스스로 풀어 봐야 한다. 일단 혼자 풀어 본 후에 답이 틀렸다면 다시 풀어 보고, 그러고 나서 선생님이나 친구들에게 물어봐도 늦지 않다.

손을 움직이지 않는 습관

그저 눈으로 들여다보며 어떻게 해야 할지 망설이지 말고 먼저 손으로 풀어 본다. 궁예처럼 '관심법觀心法, 다른 사람의 마음을 읽는 것'을 하는 게 아닌 다음에야 눈으로 수학 문제를 뚫어져라 노려봐도 별 소용이 없다. 칼을 뽑듯이 연필을 뽑아들고 문제 안에 뛰어들어 적극적으로 해결 방안을 모색해야 한다.

남이 설명하는 것을 열심히 들었어도 시간이 흘러 똑같은 문제를 접했을 때 다시 난항을 겪게 되는 경우가 많다. 자기 스스로, 손을 사용해 직접 풀어 보지 않았기 때문이다. 손을 움직여 수식을 써 내려가야만 머릿속의 생각이 정리되고, 어떤 식으로 문제를 이끌어 가야 할지 생각이 떠오르는 법이다. 연필은 수학이란 배의 항해에 꼭 필요한 키다. 손으로 키를 잡고 운전해야만 배가 움직일 수 있다는 사실을 명심하자.

그림을 이용하지 않는 습관

수식의 이해를 돕기 위한 그림은 수학을 미술의 분야로 확장시켜 준다. 수학 공부를 한 후에 노트를 펼쳐 보면 갖가지 도형과 그림들로 가득 차 있다는 걸 알게 된다. 연립부등식같이 간단하고 쉬운 부분은 학생들 대부분이 그림 그리는 과정을 생략한다. 그러나 그림을 그리지 않으면 실수할 확률이 높아진다. 쉽다고 해서 머릿속으로만 답을 내기보다 그림을 그려 확실하게 해 두는 것이 현명한 방법이다.

싫어하는 부분은 도전하지 않는 습관

수학 공부에는 각자가 좋아하고 싫어하는 분야가 있다. 대수식을 좋아하는 학생이 기하학을 싫어할 수도 있다. 반대로 도형은 재밌는데 방정식이나 함수가 어렵다는 사람도 있을 것이다. 누군가는 확률과 통계가 재밌고 누군가는 집합이 재미있다. 좋아하는 부분은 열심히 공부하게 되므로 자꾸 잘해지지만, 싫어하는 부분은 계속 외면하므로 계속 못하게 된다. 사람들은 좋아하는 것을 잘하게 되어 있고, 싫어하는 것을 못하게 되어 있다. 그러나 싫어하는 부분을 계속 못하는 채로 내버려둘 수는 없다. 한번 세심하게 공을 들여 공부하는 과정을 겪어 보자. 그 경험 속에서 의외로 재미를 발견할 수도 있고 싫어했던 부분이 좋아하는 부분으로, 팔자가 뒤바뀔 수도 있다.

시험 때만 벼락치기로 공부하는 습관

벼락치기 효과가 없는 과목이 바로 수학이다. 수학 공부란 오랜 세월 연마되어야 빛을 발하므로 시험 전날이라면 수학보다는 다른 과목에 열중하는 게 성적 향상을 위해선 더 나은 방법일 수 있다. 수학 공부는 늘 꾸준히 해야 하는 것이므로 시험 때라고 특별히 많이 할 필요도 없다. 평소에 꾸준히!

왜 틀렸는지 정확하게 파악하지 않는 습관

시험이 끝난 후에 시험지를 찢어 버리거나 아무데나 내버려두지 말고 다시 한 번 살펴보자. 틀린 문제를 다시 풀어 보는 과정에서 자기가 부족한 부분을 발견할 수 있다. 약점을 보완하는 방식으로 공부를 해 나가야 탄탄한 실력이 형성된다.

숫자와 문자를 정확하게 쓰지 않는 습관

요즘 아이들은 숙제를 할 때 인터넷을 많이 이용한다. 이 방법은 다양하고 광범위한 정보를 얻을 수 있고 손쉽게 숙제를 할 수 있어 편리하긴 하지만 여러 가지 문제점 또한 가지고 있다. 일단 연필을 많이 사용할 필요가 없으므로 글씨를 바르게 쓰는 연습을 할 수 없고, 손 근육을 많이 사용하지 않음으로써 두뇌 발달에 나쁜 영향을 끼치게 된다. 결과 또한 창의적인 것을 만들어 내지 못하고 단지 인터넷에 떠도는 정보들을 손쉽게 복사해 편집하는 수준에 머무르게 된다. 아이들의 숙제를 부모가 해 주는 경우도 많아서인지 부모들은 단순히 아이들이 스스로 숙제를 한다는 것에 만족하기도 한다. 그러나 이 아이들이 자라서 대학생이 되거나 사회인이 되었을 때 과연 혼자 창의적인 보고서를 만들어 낼 수 있을까. 과거엔 '전과초등학교의 전 과목에 걸친 학습 참고서의 이름'가, 지금은 인터넷이 어린이들의 상상력을 제한하는 도구가 되었다.

현재의 대학생들 역시 인터넷의 정보를 짜깁기하는 수준의 리포트를 작성하는 경우가 많다. 손쉽게 남의 논문을 베끼거나 외국의 알려지지 않은 논문들을 그대로 가져오는 경우도 많다고 한다. 인터넷의 넘쳐나는 정보 때문에 어디서 어떻게 베껴 왔는지 알 수도 없다는 게 큰 문제다. 학문을 하는 데 가장 중요한 것은 도덕성이다!

아무래도 컴퓨터 세대의 가장 큰 문제점은 글씨조차 제대로 쓰지 못한다는 데 있다. 놀랍게도 초등학생과 중학생들 중에 숫자 3과 5를 전혀 구분할 수 없게 쓰는 아이들이 많다. 예전만 해도 3과 5는 전혀 다른 숫자로, 손으로 적으면 확연하게 구분이 갔다. 그러나 지금은 그렇지가 못하다. 이것은 5의 획순을 다르기 쓰기 때문에 일어나는 현상이다. 원래 5는 밑의 둥근 모양을 먼저 그린 후에 지붕 격의 작대기를 긋게 되어 있다. 그런데 요즘엔 위의 작대기를 먼저 긋고 밑을 그리는 경우가 많다. 여러 학생에게 동시다발적으로 발견되는 현상이라 의아하지 않을 수 없다. 이는 비단 숫자에만 국한되지 않는다. 아이들은 'ㄹ', 'ㅁ', 혹은 기타 여러 가지 문자를 이상한 순서로 희한하게 쓰고 있다. 대체 어떻게 된 일일까?

아무튼 숫자와 문자를 정확하게 구별하지 않으면 수학 공부를 할 때도 난항을 겪을 수밖에 없다. 3인지 5인지 정작 자신이 쓴 것도 구별 못해 5라는 정답을 구해 놓고도 답안지에 오답인 3을 쓰는 불상사가 발생하기도 한다. 6과 b는 예전부터도 많은 사람들이 헷갈려했으므로 주의하자. 채점에서 불이익을 안 당하려면 나쁜 습관은 빨리 고치는 것이 좋다. 노트 사용을 생활화하다 보면 수식을 아무렇게나 흘려 쓰지 않게 될 거라 생각한다.

이밖에도 버려야 할 습관은 많다. 모르는 것을 누군가에게 묻는 것을 꺼리거나, 문제를 끝까지 읽지 않는 습관, 공식만 무조건 외우는 것…. 그중 가장 경계해야 할 것은 수학을 무조건 싫어하고 미워하는 게 아닐까 생각된다.

문제 풀이 그 이상의 수학에 다다르기 위해

지금까지는 중·고등학교 때 배우는 수학에 대해서 이야기했다. 그 중에서도 다양한 문제들을 풀어보는 것이 수학 공부에 가장 쉽게 접근할 수 있는 방법이다. 이보다 더 중요한 것은 이 단계를 뛰어넘어 진짜 수학에 다가가는 일인데 이건 결코 쉬운 일이 아니다.

진짜 수학이란 무엇일까? 물론 수학을 진짜와 가짜로 구분할 수는 없다. 다만 뛰어넘어야할 좀 더 높은 경지가 있는 것은 분명하다. 그걸 알려면 수학자가 되는 방법밖에는 없는지도 모른다. 수학자들은 그것이 무엇인지 알고 있을 테지만 쉽게 대중에게 말해주지 않는다. 어쩌면 운전이 무엇인지를 말로 설명할 수 없는 것과 마찬가지일 것이다. 너무도 추상적이기 때문에 설명하기도, 이해하기도 어렵다.

수학책을 쓴 나도 수학이 무엇인지에 대해 늘 고민한다. 수학을 한다는 것이 무엇을 의미하는지, 어떻게 해야 수학적인 것에 다다를 수 있는지 알고 싶기 때문이다. 고등학교 수학까지는 수학 강사로 일했던 경험으로도 충분히 이야기할 수 있다. 그러나 이 정도로는 수학의 발밑에도 못 간 것 같아 갈증을 느낄 때가 많았다.

문학은 어떨까. 나는 문학이 무엇인지, 글쓰기를 어떻게 해야 하는지에 대해 전문적인 교육을 받아본 일이 없다. 대학에서는 정치학을 전공했다. 그래도 다행스러운 것은 꼭 문학을 전공해야 글을 쓸 수 있는 게 아니라는 점이다. 글이란 각자의 경험과 개성에 맞게 쓰면 된다. 이건 글이고 저건 글이 아니라고 정해진 것은 없다. 자기만의 목소리로 노래를 하듯이, 자기만의 문체를 살려 글로 풀어내면 된다.

그러나 수학적으로 사고하는 것은 무척 전문적인 일이다. 아마추어 수학자라면 고등학교에서 공부한 방식 그 이상으로 넘어가고 싶은 욕구가 생길 것이다. 나는 수학책들을 읽으며 그 욕구들을 채우기 위해 애쓴다. 갈릴레오 갈릴레이Galileo Galilei의 말대로 "수학은 자연이라는 위대한 책을 이해할 수 있는 언어"이므로 우리는 그 언어를 익혀둘 필요가 있다.

> 언어를 통해서 인간을 이해할 수 있듯이 수학을 통해서 자연을 이해할 수 있다는 것을 염두에 두자. 그런 면에서 수학은 신의 언어에 가깝다.

우리는 이미 고등학교 때 증명을 배웠다. 지금까지 우리는 공식을 증명하고, 그에 맞게 문제를 푸는 방식으로 공부를 해왔다. 다음 단계는 다시 증명으로 돌아가 수학의 언어에 집중하는 것이다. 정확해지기 위해 애써야 한다. 모호한 것을 최대한 명징하게 밝히는 연습을 해야 한다. 이는 학생들에게도 유용하다. 시간이 많이 소모될 수도 있지만, 결과적으로는 시간을 절약해주는 방식이 될 것이다. 증명은 논리적이어야 한다. 그래야 남을 설득할 수 있고 그 공식이 제대로 작동한다는 것을 보여줄 수 있다. 증명하는 것, 남을 이해시키는 것. 이것들은 논리적인 언어로 자신을 표현하는 연습이기도 하다. 우리가 수학을 통해 궁극적으로 얻고자 하는 것은 어떤 현상을 바라보는 '논리적이고 합리적인 사고'이다. 논리를 세우는 연습을 꾸준히 하다보면 결국 통찰력을 갖게 된다.

수학의 다음 단계로 나아가기 위해서는 사고의 폭을 더 넓혀야 한다. 지금까지 생각해왔던, 수학은 숫자에서 시작해 숫자로만 끝난다는 단순한 생각은 버려야 한다. 앞에서도 여러 차례 이야기했지만 수학은 다분히 철학적이며 역사적인 것이다. 철학과 수학, 역사와 예술 그리고 문학. 이 모든 것들이 서로 연결되어 있다는 사실을 결코 잊어서는 안 된다.

수학을 알기 위해 내가 처음으로 한 일은 '수학사'를 읽는 것이었다. 이 시작점에서 출발해 나는 지금, 여기에 다다랐다. 앞으로도 멈추지 않고 계속 나아가다보면 언젠가 수학이 무엇인지 알게 될 날이 오리라고 믿는다.

재미로 풀어 보는 워밍업 수학 문제 정답

1. 10°
2. 65°
3. 127°
4. $\angle ABD=30^\circ$
5. $\overline{BC}$ = 7
6. $-\frac{2}{3}$
7. ⑤
8. $y=3x-2$
9. ① $x=8, y=6$

   ② $x=8, y=2$
10. ① $-1<x\le\frac{9}{2}$

    ② $-3\le x< 6$
11. 24가지
12. 6가지
13. 90.5
14. ① 10

    ② 12
15. 6
16. 중심각의 크기와 호의 길이가 정비례한다.
17. ① -2

    ② $2\sqrt{3} - 2\sqrt{5}$
18. ① $x^2 +4x-21$

    ② $x^3 - 3x+2$
19. ① $(3x-5)^2$

    ② x^2
20. -7
21. $k= -1$
22. 2개
23. 30분
24. 본문 내용 참조
25. 본문 내용 참조

아름다운 방정식은 오직 아름답게 쓰일 때만 인류에게 도움이 된다.

과학은 그 어느 때보다 철학을 필요로 하고 있다.

epilogue

4차 혁명과 인간, 그리고 수학

이제 20세기에 시작된 이 이야기를 21세기에서 마무리하고자 한다. 이 책에는 평행 우주처럼 두 가지 시간 축이 있다. 싱글인 나와 삼형제의 엄마인 내가 경험하는 각기 다른 시간들이 서로 충돌하고 있다. 이 책을 고쳐 쓰는 동안, 영화 「인터스텔라Interstellar」의 주인공처럼 다른 차원의 시공간에 있는 내가 과거의 나에게 메시지를 전달하고자 애쓰는 기분이 들었다. 현재의 나는, "어서 글을 써, 빨리 작업을 시작해, 시간이 사라지고 있어!"라거나, "애들은 내가 봐줄게, 너는 빨리 일 해! 지금 하지 않으면 시공간이 꼬이고 말 거야!"와 같은 잔소리를 늘어놓으며 과거의 나를 닦달한다. '시간은 일직선으로 흐르지 않을 수도 있다.'는 가정은 늘 나의 상상력을 자극한다.

같은 21세기라고 해도 2000년대 초반과 2010년대 이후는 무척 다르다. '십 년이면 강산도 변한다.'라는 옛말은 이제 1년 단위로 쪼개어야 할 것 같다. 몇 년 사이에 세계는 이전과는 전혀 다른 차원의 혁명적인 진화를 경험했다.

인류가 시작된 이래로 여러 차례의 혁명이 있었다. 처음 농사를 짓기 시작한 이래 농업은 아주 오랫동안 인류의 삶의 방식이었다. 농업은 인간이 자연의 시계에 맞춰 살아가는 방법을 알려주었고 덕분에 인류는 떠도는 삶을 접고 한 자리에 정착할 수 있었다. 그 결과 문명이 발달하고 문화가 번성했다. 그러나 산업혁명을 거치면서 인류는 전혀 다른 삶에 내던져지게 되었다. 기술은 정신없이 발전했고 인류는 역사상 그 어느 때보다도 더 강력해졌다. 그러나 첨단의 과학기술을 전쟁의 한 수단으로 만들어버린 20세기의 인류는 이 세상을 극단의 비극 속으로 몰아넣었다.

이제 인류는 또 다른 변화의 시기를 거쳐 가는 중이다. 하루하루가 역사의 현장과 같은 삶이다. 디지털 시대는 우리를 이전에는 상상조차 못했던 삶 속으로 데려다 놓았다. 작은 전화기 안에 온 세상이 다 담겨 있고, 내가 원하기만 하면 언제 어디서고 세상과 소통할 수 있다. SF 영화에서나 볼 수 있었던 인공지능은 이제 일상생활에도 등장했다.

머지않아 인공지능은 7만 년이 넘는 인류의 역사를 통틀어 가장 새롭고도 기이한 시대를 열게 될 것이다. 4차 혁명은 이미 시작되었다.

얼마 전 이세돌 구단九段과 알파고AlphaGo의 바둑 대결을 통해 인공지능의 시대가 가까이 왔음을 모두가 실감했다. 이제껏 경험해보지 못했던 일 앞에서 사람들은 두려움을 느낀다. 가까운 미래에 기계가 우리의 일자리를 모두 빼앗을 거라 걱정하며 앞으로 아이들은 어떻게 키워야하나 혼란을 느끼기도 한다.

인공지능의 시대가 그토록 인류에게 위험하다면 왜 그런 시대를 추구하는 것일까. 4차 혁명 시대의 긍정적인 면에 대해서도 생각해 볼 필요가 있다. 가장 먼저 떠오르는 것은 인간이 할 수 없는 위험한 일을 기계가 대신할 수 있다는 것이다. 위험한 건설 현장, 가파른 절벽에서의 구조 활동, 정교하고 정확한 작업이 필요한 모든 일들. 일자리를 빼앗길 수도 있지만, 지금까지 없었던 전혀 새로운 직업이 생겨날 수도 있다. 그것도 인간만이 할 수 있는 일들이. 한편으로, 기계가 우리의 노동을 대신한다면 인류는 산업 혁명 이후 고달프게 살아왔던 삶으로부터 해방될 수 있을지도 모른다. 고되고 무의미한 임금노동으로부터 해방되어 인간답게 살 수 있는 날이 올지도 모를 일이다.

이런 희망적인 상상은 오직 기술이 윤리적으로 쓰일 때에만 가능하다. 인류는 20세기에 있었던 수차례의 대규모 전쟁을 통해 기술이 파괴적으로 사용되면 안 된다는 사실을 깨달았다.

아름다운 방정식은 오직 아름답게 쓰일 때만 인류에게 도움이 된다. 과학은 그 어느 때보다 철학을 필요로 하고 있다.

만약 드론drone이 전쟁에 쓰이게 된다면 인류 역사상 가장 잔인한 전쟁, 인류를 종말로 몰아붙이게 될 무서운 재앙이 될 것이다. 아무도 살아남을 수 없는 전쟁이라면 대체 누가, 무엇을 위해 이런 전쟁을 벌인단 말인가. 인간의 사유능력이 어느 때보다 중요한 시기이다. 우리 인류는 도덕적인 판단을 내릴 능력이 있고, 또 마땅히 그래야 한다.

이렇게 급변하는 시대를 살아가는 우리들에게 지식을 갖는다는 것은 중요한 일이다. 수학을 안다는 것은 새로운 시대를 준비하는 일이기도 하다. 수학적으로 생각하는 방식을 터득해야 하고 논리적 체계를 세울 줄 알아야 하며 '제대로' 생각할 줄 알아야 한다. 니콜라스 카Nicholas Carr는 『생각하지 않는 사람들*The Shallows*』이란 책에서 인간의 뇌가 과거와 달라지고 있다고 경고한다. 스마트한 시대를 살지만 많은 것을 기계에 의존하는 사람들은 정작 스마트하지 않을 수도 있다.

수학적으로 사고한다는 것은 상상력을 잃지 않는 일이기도 하다. 수학자가 될 수는 없어도 아마추어 수학자가 될 수는 있다는 걸 잊지 않길 바란다. 이 책을 읽은 이들은 아마추어 수학자로서 수학이 무엇인지에 대해 계속 생각을 이어나갔으면 좋겠다. 수학자처럼 걸으면서 주변을 관찰하고, 수학자처럼 글을 쓰거나 그림을 그리면서 삶에 대해 사색해 보자. 인생이란 오묘한 수학 방정식[1]이니 말이다.

1 『인생은, 오묘한 수학 방정식』, 클레망스 강디요Clémencegandillot 글·그림, 김세리 옮김, 재미마주

지금까지 수학을 소설처럼 아름다운 이야기로 전달하고자 애썼다.

왜 이야기일까. 이야기는 인류를 지금까지 살아남게 한 중요한 도구이다. 원시시대 때부터 인류는 이야기를 통해서 살아남았다. 사람들은 이야기를 통해서 많은 지식들을 습득했으며 맹수에게 접근하면 죽는다는 사실 또한 이야기를 통해서 전달되었다. 인간은 이야기 없이는 살 수 없는 존재이며 본능적으로 재미있는 이야기를 좋아한다. 자기가 경험한 것만으로는 살 수 없기에 사람들은 끝없이 상상을 한다.

21세기는 인류의 역사 중에서 수학이 가장 중요하게 부상한 시대이기도 하다. 학교에선 코딩coding 교육을 시작했다. 코딩으로 컴퓨터 프로그래밍을 위한 언어를 배운다. 그 언어가 바로 수학이다. 수학을 통해서 우리는 다양한 소프트웨어를 개발할 수 있다. 소프트웨어는 예술적인 창작물이다. 수학과 과학 그리고 예술이 결합되고 있는 셈이다. 다양한 소프트웨어, 다양한 콘텐츠를 개발하기 위해 수학적 지식과 더불어 상상력과 예술적 감각이 필요해졌다. 먼 미래에 수학이 어떤 새로운 것을 생산해낼지 궁금해진다.

인류에게 가장 오래되고 중요한 것, 수학과 이야기의 만남은 이제 시작일 뿐이다.

21세기야말로 수학의 아름다움과 수학의 실용성이 결합하는 시대인 것이다. 바야흐로 아마추어 수학자들의 나날이 시작되었다. 브라보Bravo! 브라바Brava!

소설처럼 아름다운
수학 이야기

1판 1쇄 발행 2002년 3월 30일 | **1판 22쇄 발행** 2012년 6월 15일
개정판 1쇄 발행 2013년 6월 3일 | **개정판 13쇄 발행** 2017년 8월 7일
개정2판 1쇄 발행 2018년 3월 23일 | **개정2판 8쇄 발행** 2024년 7월 30일

지 은 이 | 김정희
일러스트 | 백경신
펴 낸 이 | 이정훈 · 정택구
펴 낸 곳 | 혜다

출판등록 | 2017년 7월 4일(제406-2017-000095호)
주　　소 | 경기도 파주시 산남로 195번길 11
대표전화 | 031-901-7810
팩　　스 | 031-902-7810
홈페이지 | www.hyedabooks.co.kr
이 메 일 | hyeda@hyedabooks.co.kr

인　　쇄 | ㈜재능인쇄

책값은 뒤표지에 있습니다.
제본, 인쇄가 잘못되거나 파손된 책은 구입하신 곳에서 교환해 드립니다.

ISBN 979-11-962193-1-4

이 도서의 국립중앙도서관 출판예정도서목록(CIP)은 서지정보유통지원시스템 홈페이지(http://seoji.nl.go.kr)와 국가자료공동목록시스템(http://www.nl.go.kr/kolisnet)에서 이용하실 수 있습니다.(CIP제어번호: CIP2018006569)